重庆市骨干高等职业院校建设项目规划教材
重庆水利电力职业技术学院课程改革系列教材

土力学

主　编　张军红　闵志华
副主编　陈永志　舒乔生　徐义萍
主　审　刘　洋

黄河水利出版社
·郑州·

内 容 提 要

本书是重庆市骨干高等职业院校建设项目规划教材、重庆水利电力职业技术学院课程改革系列教材之一，由重庆市财政重点支持，根据高职高专教育土力学课程标准及理实一体化教学要求编写完成。本教材包括工程地质和土力学两部分内容，采用项目化设置，共分12个项目，每个项目又分解为若干个任务。其中工程地质基础及应用部分包含6个项目，土力学原理与应用部分包含4个项目，试验部分包含两个项目。本书的主要内容包括矿物与岩石、地质构造、物理地质作用、地下水、水利工程常见的地质问题、工程地质勘察、土的物理性质、土的力学性质、挡土墙与土压力、地基处理、土力学试验、工程地质试验等。本书重在理论联系实际，内容简要，实用性强，案例丰富。

本书可作为高等职业技术学院、高等专科学校等水利水电工程建筑、农田水利工程、水利工程施工、城市水利、给水排水工程等专业的教材，也可供土木建筑类其他专业、中等专业学校相应专业的师生及工程技术人员参考。

图书在版编目(CIP)数据

土力学/张军红，闵志华主编. —郑州：黄河水利出版社，2016. 11

重庆市骨干高等职业院校建设项目规划教材

ISBN 978-7-5509-1586-2

Ⅰ. ①土… Ⅱ. ①张…②闵… Ⅲ. ①土力学-高等职业教育-教材 Ⅳ. ①TU43

中国版本图书馆 CIP 数据核字(2016)第287093号

组稿编辑：王路平　电话：0371-66022212　E-mail：hhslwlp@163. com

出 版 社：黄河水利出版社　网址：www. yrcp. com

地址：河南省郑州市顺河路黄委会综合楼14层　邮政编码：450003

发行单位：黄河水利出版社

发行部电话：0371-66026940、66020550、66028024、66022620(传真)

E-mail：hhslcbs@126. com

承印单位：河南承创印务有限公司

开本：787 mm×1 092 mm　1/16

印张：16. 5

字数：380 千字　印数：1—1 500

版次：2016年11月第1版　印次：2016年11月第1次印刷

定价：40. 00 元

前 言

按照“重庆市骨干高等职业院校建设项目”规划要求，水利水电建筑工程专业是该项目的重点建设专业之一，由重庆市财政支持、重庆水利电力职业技术学院负责组织实施。按照子项目建设方案和任务书，通过广泛深入的行业、市场调研，与行业、企业专家共同研讨，不断创新基于职业岗位能力的“三轮递进，两线融通”的人才培养模式，以水利水电建设一线的主要技术岗位核心能力为主线，兼顾学生职业迁徙和可持续发展需要，构建基于职业岗位能力分析的教学做一体化课程体系，优化课程内容，进行精品资源共享课程与优质核心课程的建设。经过三年的探索和实践，已形成初步建设成果。为了固化骨干建设成果，进一步将其应用到教学之中，最终实现让学生受益，经学院审核，决定正式出版系列课程改革教材，包括优质核心课程和精品资源共享课程等。

本书注重职业性、实践性、实用性，突出学生技能培养和实践能力的培养，强调基本理论以应用为目的，力求避免烦琐公式推导，使教材结构简单，重点突出，实用性强。同时采用新的法规、规范，反映当前新技术、新材料、新工艺、新方法和岗位资格特点。教材以学生能力培养为主线，具有鲜明的时代特点。

本书由重庆水利电力职业技术学院张军红、闵志华担任主编，陈永志、舒乔生、徐义萍担任副主编，水利部长江水利委员会长江科学院刘洋担任主审，参与本书编写的主要人员还包括邓晓、王世儒、谢立亚、刁明月、王文鑫、常允艳、王鹿振、谢谦。全书由张军红、闵志华统稿。

在编写过程中，重庆水利电力职业技术学院院领导，水利工程系、教务处和院骨干办的领导及同志们给予了极大的支持，谨此致以衷心的感谢！

由于本次编写时间仓促，参编人员还缺乏高等职业技术教育的经验，书中难免会出现缺点、错误及不妥之处，欢迎广大师生及读者批评指正。

编 者

2016 年 6 月

目 录

前 言
项目一 矿物与岩石 ……………………………………………………………(1)
任务一 矿 物 ……………………………………………………………(2)
任务二 岩浆岩 ……………………………………………………………(7)
任务三 沉积岩 ……………………………………………………………(11)
任务四 变质岩 ……………………………………………………………(16)
任务五 岩石的工程地质性质评述 …………………………………………(19)
小 结 ……………………………………………………………………(21)
思考题 ……………………………………………………………………(21)
项目二 地质构造 ……………………………………………………………(22)
任务一 地质作用 …………………………………………………………(22)
任务二 地质年代 …………………………………………………………(24)
任务三 岩层产状 …………………………………………………………(27)
任务四 褶皱构造 …………………………………………………………(29)
任务五 断裂构造 …………………………………………………………(32)
小 结 ……………………………………………………………………(39)
思考题 ……………………………………………………………………(39)
项目三 物理地质作用 ………………………………………………………(40)
任务一 风化作用 …………………………………………………………(40)
任务二 流水的地质作用 …………………………………………………(44)
任务三 岩 溶 ……………………………………………………………(49)
任务四 斜坡的地质作用 …………………………………………………(52)
任务五 地 震 ……………………………………………………………(57)
小 结 ……………………………………………………………………(60)
思考题 ……………………………………………………………………(60)
项目四 地下水 ………………………………………………………………(61)
任务一 地下水的赋存 ……………………………………………………(62)
任务二 地下水的物理性质与化学成分 ……………………………………(64)
任务三 地下水的基本类型及特征 …………………………………………(66)
小 结 ……………………………………………………………………(72)
思考题 ……………………………………………………………………(73)

项目五　水利工程常见的地质问题 …………………………………… (74)
任务一　水库的工程地质问题 …………………………………… (74)
任务二　坝的工程地质问题 …………………………………… (76)
任务三　输水建筑物的工程地质问题 …………………………………… (83)
小　结 …………………………………… (87)
思考题 …………………………………… (87)
项目六　工程地质勘察 …………………………………… (88)
任务一　地质勘察的任务和内容 …………………………………… (88)
任务二　地质勘察与勘探方法 …………………………………… (90)
任务三　地质勘察报告 …………………………………… (96)
小　结 …………………………………… (103)
思考题 …………………………………… (103)
项目七　土的物理性质 …………………………………… (105)
任务一　土的形成 …………………………………… (106)
任务二　土的组成 …………………………………… (109)
任务三　土的结构和构造 …………………………………… (114)
任务四　土的物理性质指标 …………………………………… (116)
任务五　土的物理状态指标 …………………………………… (121)
任务六　地基岩土的分类 …………………………………… (127)
任务七　土的渗透性和渗流问题 …………………………………… (132)
任务八　渗透变形 …………………………………… (138)
小　结 …………………………………… (141)
思考题 …………………………………… (142)
习　题 …………………………………… (143)
项目八　土的力学性质 …………………………………… (145)
任务一　概　述 …………………………………… (146)
任务二　土的自重应力 …………………………………… (147)
任务三　基底压力 …………………………………… (149)
任务四　地基附加应力 …………………………………… (153)
任务五　土的压缩性 …………………………………… (162)
任务六　地基的最终沉降量 …………………………………… (168)
任务七　土的抗剪强度与极限平衡条件 …………………………………… (177)
任务八　地基承载力 …………………………………… (191)
小　结 …………………………………… (195)
思考题 …………………………………… (195)
习　题 …………………………………… (196)
项目九　挡土墙与土压力 …………………………………… (198)
任务一　土压力类型及静止土压力计算 …………………………………… (198)

任务二　朗肯土压力理论 …………………………………………………… (201)
任务三　库仑土压力理论 …………………………………………………… (206)
任务四　边坡与挡土墙设计 ………………………………………………… (209)
小　结 ………………………………………………………………………… (215)
思考题 ………………………………………………………………………… (216)
习　题 ………………………………………………………………………… (216)
项目十　地基处理 ………………………………………………………… (217)
任务一　概　述 ……………………………………………………………… (217)
任务二　浅层地基处理 ……………………………………………………… (221)
任务三　排水固结法 ………………………………………………………… (225)
任务四　散体材料桩复合地基 ……………………………………………… (227)
小　结 ………………………………………………………………………… (229)
习　题 ………………………………………………………………………… (229)
项目十一　土力学试验 …………………………………………………… (230)
任务一　土的含水率试验 …………………………………………………… (230)
任务二　土的密度试验 ……………………………………………………… (232)
任务三　土的界限含水率试验 ……………………………………………… (233)
任务四　土的固结试验 ……………………………………………………… (235)
任务五　土的剪切试验 ……………………………………………………… (238)
任务六　土的颗粒分析试验 ………………………………………………… (241)
项目十二　工程地质试验 ………………………………………………… (244)
任务一　主要造岩矿物鉴别 ………………………………………………… (244)
任务二　常见岩浆岩的鉴别 ………………………………………………… (246)
任务三　常见沉积岩的鉴别 ………………………………………………… (248)
任务四　变质岩鉴别及三大岩类鉴别 ……………………………………… (250)
任务五　地质图及其阅读 …………………………………………………… (252)
参考文献 …………………………………………………………………… (255)

项目一　矿物与岩石

【情景提示】

1. 位于我国广东省韶关市仁化县境内的丹霞山是由联合国教科文组织批准的全球首批世界地质公园之一，因由红色砂砾岩石构成，“色如渥丹，灿若明霞”，故名丹霞山。你知道岩石为什么不一样吗？岩石是怎样形成的吗？

2. 近年来，我国玉器市场繁荣，著名的有新疆的“和田玉”、河南南阳的“独山玉”、陕西西安的“蓝田玉”及辽宁岫岩的“岫玉”。好的玉器价值连城，你知道这些玉石的成分是什么吗？

3. 同样都是岩石，有的质地坚硬、强度高，有的岩石却能被水溶解，还有的质地十分软弱，你知道它们的差别在哪里吗？

【项目导读】

矿物和岩石是在工程中十分常见的事物，了解矿物和岩石的基本知识十分必要。本项目主要介绍矿物、岩石的概念及常见矿物的物理性质，常见造岩矿物的鉴别方法；三大类岩石的成分、结构及构造特征；三大类岩石的工程地质性质特征。

【教学要求】

1. 掌握造岩矿物的概念及常见矿物的主要物理性质。

2. 熟悉岩石的成分、构造及结构特征，常见岩石的鉴别方法。

3. 肉眼鉴定矿物及岩浆岩、沉积岩、变质岩的方法。

地球是一个具有圈层结构的旋转椭球体，由表及里可分为外圈和内圈。内圈（固体部分）的平均半径为 6 371 km，根据地震波传播速度的突变，将其分为地壳、地幔和地核；外圈则有水圈、大气圈和生物圈（见图 1-1）。

地核是自古登堡面以下至地心部分，包括内核、过渡层和外核。地幔介于地核和地壳之间，其上部分与地壳的分界面为莫霍面，地幔下部与地核的分界面为古登堡面。

地壳位于莫霍面上部，主要由各种岩石组成，其厚度在各地有很大差异。它可分为大陆型和大洋型两种。大陆型地壳厚度较大，平均为 33 km；大洋型地壳较薄，平均厚度只有 6 km。整个地壳平均厚度约为 16 km，仅占地球半径的 1/400。所以，地壳是地球表层很薄的一层坚硬固体外壳。

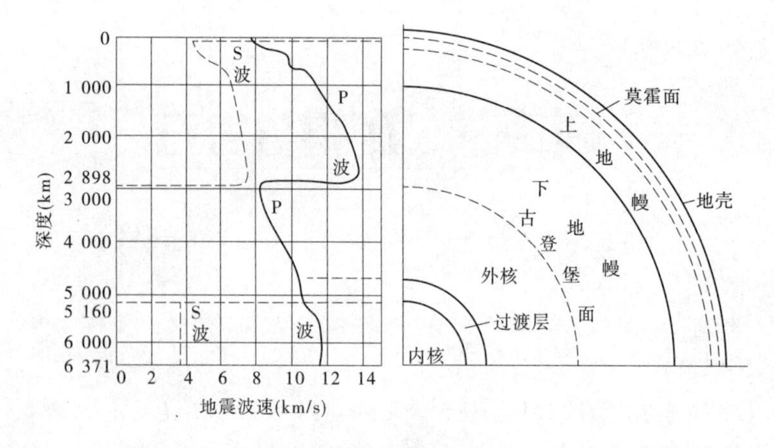

图1-1 地球内部结构图

组成地壳的化学元素有百余种,其中最主要的有10种,它们占地壳总质量的99.21%(见表1-1)。地壳中的化学元素在一定的地质条件下聚集形成矿物,矿物的集合体又构成岩石。矿物的种类不同,组成的岩石就不同,它们对工程建设的影响也是不相同的。所以,必须对组成地壳的主要矿物和常见岩石以及它们的工程地质性质进行研究。

表1-1 地壳中主要元素平均含量 (%)

元素	氧(O)	硅(Si)	铝(Al)	铁(Fe)	钙(Ca)	钠(Na)	钾(K)	镁(Mg)	氢(H)	钛(Ti)	其他
克拉克值	49.52	25.75	7.51	4.70	3.29	2.64	2.40	1.94	0.88	0.58	0.79

任务一 矿 物

一、矿物的概念

矿物是天然条件下形成的具有一定化学成分和物理性质的单质和化合物,例如金刚石(C)、石英(SiO_2)、方解石($CaCO_3$)等。地壳中的矿物通常以固态形式存在,只有少数是液态(如石油)和气态(如天然气)。固态矿物根据其内部结构的特点可分为结晶质矿物和非结晶质矿物。前者是指组成矿物内部的原子或离子按一定规则排列,形成稳定的结晶格架构造,例如岩盐是由钠离子和氯离子按立方体格式排列的,其外形如图1-2所示。结晶矿物在适宜的条件下,能生成具有一定几何外形的晶体,但自然界中大多数矿物结晶时,由于受到许多条件和因素的控制,往往形成不规则的外形。

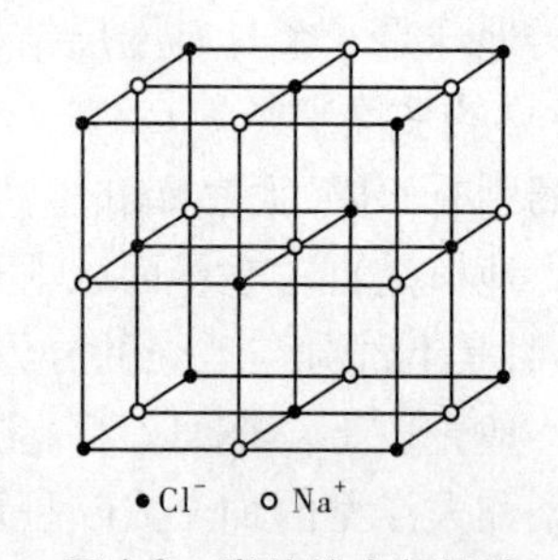

图1-2 岩盐的内部构造

自然界中的矿物绝大多数是结晶质的。根据结晶矿物的大小,可将其分为显晶质矿物和隐晶质矿物。

少数非晶质矿物又称为玻璃质矿物,是指组成矿物的原子或离子不按一定规则排列,也就不具有规则的几何外形。

二、矿物的物理性质

不同矿物的内部构造和化学组成不同，因而具有不同的物理特征，这也是肉眼鉴定矿物的重要依据。

（一）形态

形态是指结晶质矿物的晶体外形或集合体形状，常见矿物的形态有以下三种：

（1）柱状、针状。例如石英、石棉等。

（2）片状、板状、鳞片状。例如云母、石膏、绿泥石等。

（3）集合体形态。有晶簇状（如石英（见图1-3））、纤维状（如纤维石膏）、钟乳状（如方解石）、鲕状（如赤铁矿）和土状（如高岭土）等。

（二）颜色

颜色是矿物对不同波长可见光的吸收程度，它是矿物最明显、最直观的物理性质。根据成色原因可将矿物颜色分为自色和他色等。自色是矿物本身固有的成分、结构决定的颜色，具有鉴定意义，例如黄铁矿为浅铜黄色；他色则是矿物混入某些杂质所引起的颜色，例如纯净的石英是无色透明的，若混入其他元素微粒，则呈现紫色（紫水晶）、褐色（烟水晶）及黑色（墨晶）等。

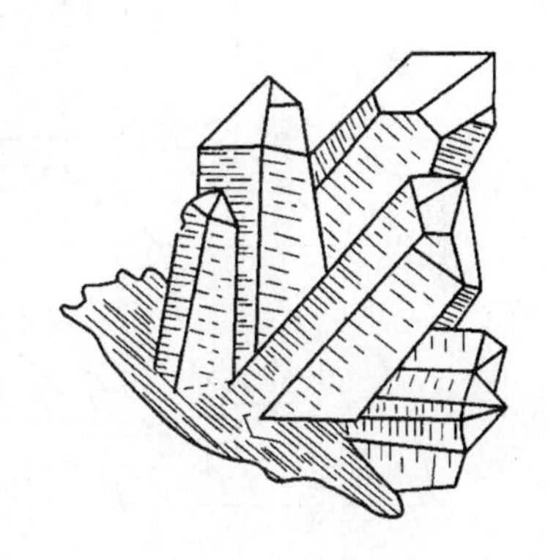

图1-3 石英晶簇

（三）条痕

条痕是矿物粉末的颜色，一般是指矿物在白色无釉瓷板（条痕板）上划擦时所留下的痕迹。某些矿物的条痕与它的颜色是不同的，例如黄铁矿的颜色为浅铜黄色，而条痕为绿黑色。条痕比矿物颜色更为固定，它是鉴定深色矿物的重要依据。

（四）光泽

光泽是矿物表面的反光能力。光泽的强弱程度常分为4个等级：金属光泽，即反光很强，犹如电镀的金属表面那样光亮耀眼；半金属光泽，比金属的光亮弱，似未磨光的铁器表面；金刚光泽及玻璃光泽。此外，由于其他原因，还可形成某些独特的光泽，例如丝绢光泽、油脂光泽、蜡状光泽、珍珠光泽、土状光泽等。

（五）透明度

透明度是指矿物透过可见光的能力，即光线透过矿物的程度。根据透明度，可将矿物分为透明矿物、半透明矿物和不透明矿物。肉眼鉴定矿物时，应用矿物的边缘较薄处加以比较确定。

（六）硬度

硬度是指矿物抵抗外力作用的能力。一般用10种矿物分为10个相对等级作为标准，称为莫氏硬度计（见表1-2）。肉眼鉴定矿物时，常用一些矿物互相刻划比较来测定其相对硬度。

表 1-2 矿物硬度

硬度	1	2	3	4	5	6	7	8	9	10
矿物	滑石	石膏	方解石	萤石	磷灰石	长石	石英	黄玉	刚玉	金刚石

(七)解理与断口

矿物受外力作用后,沿一定方向破裂成光滑平面的性质称为解理。破裂面称为解理面,根据解理产生的难易程度,可将其分为极完全解理(如云母)、完全解理(如方解石)、中等解理(如辉石)和不完全解理(如橄榄石)等。根据解理面方向数目,又可分为一组解理(如云母)、二组解理(如长石)和三组解理(如方解石(见图 1-4))。如果矿物受外力作用后,无固定方向破裂并呈各种凹凸不平的断面,则称为断口。常见的断口有贝壳状(见图 1-5)、参差状等。

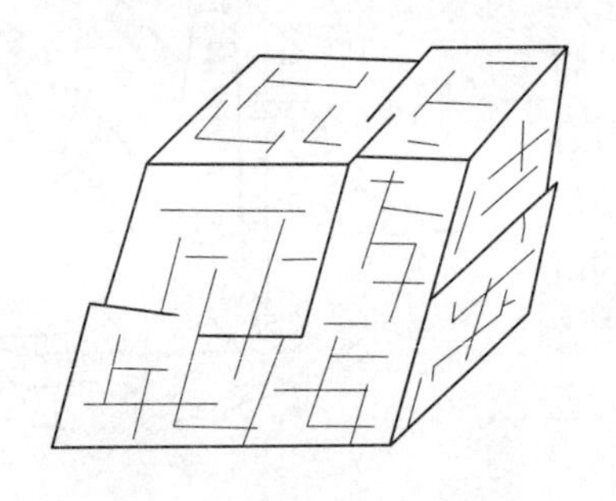

图 1-4 方解石的三组解理

图 1-5 贝壳状断口

(八)其他性质

矿物除上述性质外,还具有一些特殊的性质,这些性质对鉴定矿物是非常重要的。例如,云母薄片具有弹性,绿泥石薄片具有挠性,磁铁矿具有磁性,滑石具有滑感,岩盐具有咸味,以及方解石滴稀盐酸能剧烈起泡等。

三、造岩矿物

自然界已发现的矿物有 3 000 多种,但组成岩石的主要矿物仅 30 余种。这些组成岩石的主要矿物称为造岩矿物。常见的造岩矿物有以下几种。

(一)石英 SiO_2

石英常见于六棱柱晶簇、致密块状或粒状集合体。纯者无色、乳白色,含杂质时可见多种颜色。晶面为玻璃光泽,断口为油脂光泽。无解理、贝壳状断口。比重为 2.6。质坚性脆,硬度为 7,抗风化能力强。无色透明的石英晶体称为水晶。在地表岩土中广泛分布。

(二)正长石 $K[AlSi_3O_8]$

晶体常为柱状、厚板状。肉红色、浅玫瑰色等浅色调。玻璃光泽。硬度为 6。有两组近于正交的完全解理。比重为 2.5 ~ 2.6。易风化形成高岭石和绢云母等次生矿物。地表岩土中长石含量小于石英。

(三)斜长石 $Na[AlSi_3O_8]Ca[Al_2Si_2O_8]$

晶体为板状或条板状。常为白色或浅灰色。玻璃光泽。硬度同正长石。比重为2.6~2.8。风化特征、地表分布特征同正长石。

(四)角闪石$(Ca,Na)(Mg,Fe)_4(Al,Fe)[(Si,Al)_4O_{11}](OH)_2$

晶体常呈长柱状或纤维状集合体。暗绿色或绿黑色。玻璃光泽。硬度为5~6。两组解理平行柱面。晶体横截面为六角菱形。比重为3.1~3.6。易风化后形成黏土矿物。

(五)辉石 $Ca(Mg,Fe,Al)[(Si,Al)_2O_5]_2$

晶体常呈短柱状或粒状集合体。绿黑色或深黑色。玻璃光泽。硬度为5~6。两组解理平行柱面。晶体横截面为正八边形。比重为3.2~3.5。易风化后形成黏土矿物。

(六)橄榄石$(Mg,Fe)_2[SiO_4]$

晶体常呈粒状集合体。橄榄绿色、淡绿色至黑绿色。玻璃光泽。硬度为6.5~7,贝壳状断口。比重为3.2~4.4。性脆,在绿色矿物中硬度较大。易风化,风化后呈暗色。

(七)黑云母 $K(Mg,Fe)_3[AlSi_3O_{10}](OH)_2$

晶体为板状或短柱状,多呈片状或磷片状集合体。黑色、深褐色。硬度为2.5~3。一组极完全解理,解理面具珍珠光泽。比重为2.7~3.1。薄片透明,有弹性。风化后可变为蛭石,薄片失去弹性。在岩浆岩和变质岩中广泛分布。

(八)白云母 $KAl_2[AlSi_3O_{10}](OH)_2$

晶体为板状或短柱状,多呈片状或鳞片状集合体。白色、浅黄色、浅绿色。硬度为2.5~3。一组极完全解理,解理面具珍珠光泽。比重为2.7~3.1。薄片无色透明具有弹性。主要分布在变质岩中。

(九)方解石 $CaCO_3$

晶体一般为菱面体,集合体有晶簇状、粒状、致密块状、钟乳状等。白色,含杂质时可呈多种颜色。玻璃光泽。硬度为3。三组完全解理。比重为2.6~2.8。遇冷稀盐酸剧烈起泡。无色透明的方解石晶体称为冰洲石。

(十)白云石 $CaMg[CO_3]_2$

晶体为菱面体,通常为粒状、致密块状集合体。白色,有时为淡红色或淡黄色。玻璃光泽。硬度为3.5~4。三组完全解理。比重为2.8~3.0。粉末遇冷稀盐酸起泡微弱,以此与方解石区别。

(十一)石膏 $CaSO_4 \cdot 2H_2O$

晶体常为板状,集合体为块状、粒状及纤维状。白色或无色。玻璃光泽,纤维状集合体呈丝绢光泽。硬度为2。易沿发育完全的解理面劈成薄片,薄片具挠性。比重为2.2~2.4。脱水后变为硬石膏($CaSO_4$),硬石膏吸水又可变为石膏($CaSO_4 \cdot 2H_2O$)。

(十二)高岭石 $Al_4[Si_4O_{10}](OH)_8$

致密细粒状、土状集合体。白色,含杂质时可呈黄色、浅褐色等。蜡状或土状光泽。硬度为2~3.5。常具土状断口。比重为2.6~2.7。干时易吸水,湿时具可塑性、压缩性。

(十三)蒙脱石$(Na,Ca)(Mg,Al)_2[Si_4O_{10}](OH)_2 \cdot nH_2O$

常呈隐晶质土状块体,有时为磷片状集合体。白色、浅灰色、浅粉红色或微带绿色。硬度为2~2.5。土状或蜡状光泽。比重为2~2.7。亲水性比高岭石更强,吸水后体积可膨胀几倍。

(十四)滑石 $Mg_3[Si_4O_{10}](OH)_2$

呈致密块状、片状或鳞片状集合体。白色、淡红色或浅灰色。油脂光泽或珍珠光泽。硬度为1。一组极完全解理,块状集合体可见贝壳状断口。比重为2.6~2.8。极软,手摸时有滑腻感,薄片可挠曲而无弹性。

(十五)绿泥石$(Mg,Fe)_3Al[AlSi_2O_{10}](OH)_3$

集合体常呈片状、鳞片状或粒状。浅绿色、深绿色或黑绿色。玻璃光泽,解理面珍珠光泽。硬度为2~2.5。一组极完全解理。比重为2.7~3.4。薄片具挠性,在变质岩中分布最多。

(十六)蛇纹石 $Mg_6[Si_4O_{10}](OH)_8$

集合体常呈致密块状,有时为纤维状或片状。浅黄绿或深暗绿等色。块状为油脂光泽、蜡状光泽,纤维状为丝绢光泽。硬度为2~3。无解理。比重为2.6~2.7。常有似蛇皮状青、绿色花纹,可溶于盐酸。

(十七)石榴子石 $Fe_3Al_2(SiO_4)_3$**或** $Ca_3Fe_2(SiO_4)$

晶体为菱形十二面体、四角三八面体,集合体呈粒状或致密块状。深褐或紫红、褐黑等色。玻璃光泽,断口为油脂光泽。硬度为6.5~8.5。无解理,不平坦断口。比重为3.5~4.3。

(十八)黄铁矿 FeS_2

晶体为立方体、五角十二面体,常为致密块状。浅铜黄色,条痕为绿黑色。金属光泽。硬度为6~6.5。不规则断口。比重为4.9~5.2。易风化,风化后会生成硫酸及褐铁矿。

(十九)褐铁矿 $Fe_2O_3 \cdot nH_2O$

褐铁矿常呈块状、土状、肾状或钟乳状。黄褐色或黑褐色,条痕为黄褐色。半金属或土状光泽。硬度为4~5。比重为3.3~4.0。为含铁矿物的风化产物,呈铁锈状,易染手。常分布于地壳表层。

(二十)赤铁矿 Fe_2O_3

集合体常呈致密块状、土状、鲕状、豆状及肾状。钢灰色至铁黑色,条痕为樱桃红色。金属光泽及半金属光泽。硬度为5~6。土状断口。比重为5.0~6。为重要的铁矿石,土状者硬度低,可染手。

(二十一)铝土矿 $Al_2O_3 \cdot nH_2O$

铝土矿常呈鲕状、土状、致密块状等胶体形态。浅灰、灰褐、砖红等色。土状光泽。硬度为3左右。不平坦断口。比重为2.5~3.5。粉末略具滑感,常有其他微细矿物颗粒混入,例如高岭石、赤铁矿、蛋白石等。

四、对水工建筑影响较大的几种矿物特征

(一)黑云母与绿泥石

黑云母比白云母容易风化,风化后失去弹性并呈松散状态,降低了原岩强度。所以,当岩石中含黑云母较多且呈定向排列时,建筑物易沿此方向产生滑动,直接影响水工建筑物地基的稳定。绿泥石的特性与黑云母相似,绿泥石薄片具有挠性,抗滑性能很低。

(二)石膏与硬石膏

两者皆能溶于水。当石膏呈夹层状存在于岩层之间时,就会形成软弱夹层,在流水的作用下,会被溶解带走,这样就使原岩强度显著降低,透水性大大增强;硬石膏遇水作用后会变为石膏($CaSO_4 + 2H_2O \rightarrow CaSO_4 \cdot 2H_2O$),体积将膨胀60%。所以,含有石膏和硬石膏夹层的岩石要避免作为水工建筑物的地基。

(三)黄铁矿

黄铁矿易风化而析出硫酸($FeS_2 + O_2 \rightarrow Fe_2O_3 + SO_2 \rightarrow SO_2 + O_2 \rightarrow SO_3 + H_2O \rightarrow H_2SO_4$),而硫酸对钢筋和混凝土具有侵蚀作用,故含黄铁矿较多的岩石不宜作为建筑物的地基和建筑材料。

(四)黏土矿物

黏土矿物(包括高岭石、蒙脱石和水云母等)硬度小,吸水性强,吸水后体积膨胀,易软化,具可塑性,尤其是蒙脱石吸水后体积可膨胀数倍。所以,黏土矿物具有高压缩性,易引起建筑物较大的沉降,而且吸水后其强度大为降低。因此,由黏土质岩石构成的斜坡和地基,在水的作用下容易失稳破坏。

任务二　岩浆岩

岩石是由一种或多种矿物组成的天然集合体。岩浆岩又称为火成岩,是构成地壳最基本的岩石。它的分布极为广泛,约占地壳重量的95%。

一、岩浆岩的成因

岩浆岩是由岩浆冷凝而形成的岩石。岩浆是一种以硅酸盐为主和一部分金属硫化物、氧化物、水蒸气及其他挥发性物质(CO_2、CO、SO_2、HCl及H_2S等)组成的高温(940～1 200 ℃)高压(10^8 Pa)熔融体。岩浆在地下深处与周围环境处于一种平衡状态,当地壳运动出现深大断裂或软弱带后,平衡被破坏,岩浆向压力小的方向运动,沿着断裂带或软弱带侵入地壳或喷出地表冷凝而成岩浆岩。由岩浆侵入地壳而形成的岩浆岩称为侵入岩,它可分为深成岩和浅成岩;而喷出地表形成的岩浆岩称为喷出岩,又称火山岩。

二、岩浆岩的产状

岩浆岩的产状是指岩浆岩体的大小、形态和围岩的相互关系及其分布特点。由于岩浆岩形成时所处的地质环境不同,岩浆活动也有差异,因而岩浆岩的产状是多种多样的(见图1-6)。

(一)岩基

岩基是一种规模巨大的深成侵入岩体,出露面积大于100 km^2,形状不规则,表面起伏不平,多由花岗岩等酸性岩石组成,如天山、秦岭等地的岩基。三峡坝址区就是选定在面积200多km^2岩基的南部。

(二)岩株

岩株是一种规模较岩基小的深成侵入岩体,平面上近于圆形,与围岩接触面比较陡,

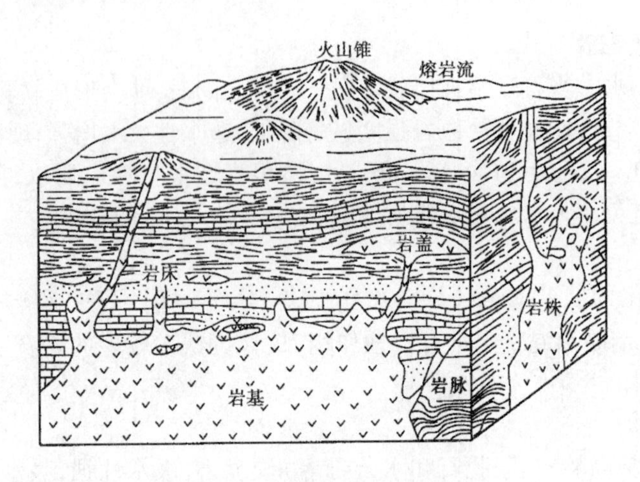

图 1-6 岩浆岩体的产状

下部与岩基相连，多由中酸性岩组成，如黄山的花岗岩等。

（三）岩盘和岩盆

上凸下平似面包状的岩体称为岩盘（又称岩盖），规模一般不大，直径可达数千米；中央凹下，四周高起的岩体称为岩盆，规模一般较大，直径可达数十千米至数百千米。

（四）岩床

岩床是岩浆沿岩层层面侵入而形成的板状岩体，其产状与围岩层面一致，厚度小于数十米，但延伸广，主要由基性岩组成，如黄河三门峡坝基就是一处岩床。

（五）岩脉和岩墙

岩脉是岩浆沿裂隙侵入而形成的狭长形岩体，其产状与围岩层面斜交，宽度为数厘米至数十米，长度可达数十千米以上。其中，产状近于直立的又称岩墙。

（六）熔岩流

熔岩流指岩浆喷出地表后沿山坡或河谷流动，经冷凝而形成的岩体。

（七）火山锥

火山锥指岩浆沿火山颈喷出地表而形成的圆锥状岩体。

三、岩浆岩的组成成分

岩浆岩的化学成分以 SiO_2、Al_2O_3、Fe_2O_3、FeO、MgO、CaO、K_2O 和 Na_2O 等为主。其中 SiO_2 的含量最大，SiO_2 的含量在不同岩浆中有多有少，很有规律。

岩浆岩的矿物成分分为两大类：第一类为硅铝矿物（又称浅色矿物），富含硅、铝，如石英、长石、白云母等；第二类为铁镁矿物（又称深色矿物），富含铁、镁，如黑云母、角闪石、辉石等。但是，对某种岩石而言，并不是这些矿物都同时存在，通常仅由两三种主要矿物组成，如花岗岩的主要矿物是石英、长石、黑云母。

四、岩浆岩的结构

岩浆岩的结构是指岩石中矿物的结晶程度、晶粒大小、晶体形状，以及彼此间相互组合关系等。岩浆岩的结构特征是岩浆成分和岩浆冷凝时物理环境的综合反映，是区分和鉴定岩浆岩的重要标志之一。常见岩浆岩结构如下。

(一)显晶质结构

岩石中的矿物,凭肉眼观察或借助于放大镜能分辨出矿物结晶颗粒的结构称为显晶质结构。按矿物颗粒大小可分为粗粒(粒径大于 5 mm)、中粒(粒径为 1 ~ 5 mm)、细粒(粒径小于 1 mm)等结构。显晶质结构为侵入岩所特有的结构,如图 1-7(a)所示。

(二)隐晶质结构

岩石中的矿物颗粒非常细小,肉眼和放大镜均不能分辨,只有在显微镜下才能看出矿物晶粒特征,称为隐晶质结构。隐晶质结构为浅成岩和喷出岩常有的一种结构,如图 1-7(b)所示。

(三)玻璃质结构

岩石几乎全部由玻璃质所组成的结构,称为玻璃质结构。多见于喷出岩中,它是岩浆迅速上升至地表时温度骤然下降,来不及结晶所致。

(四)斑状结构与似斑状结构

岩石由两组直径相差甚大的矿物颗粒组成,其大晶粒散布在细小晶粒中,大的叫斑晶,细小的叫基质。基质为隐晶质及玻璃质的,称为斑状结构;基质为显晶质的,则称为似斑状结构(见图 1-7(c)、(d))。斑状结构为浅成岩及部分喷出岩所特有的结构,似斑状结构主要分布于浅成岩和部分深成岩中。

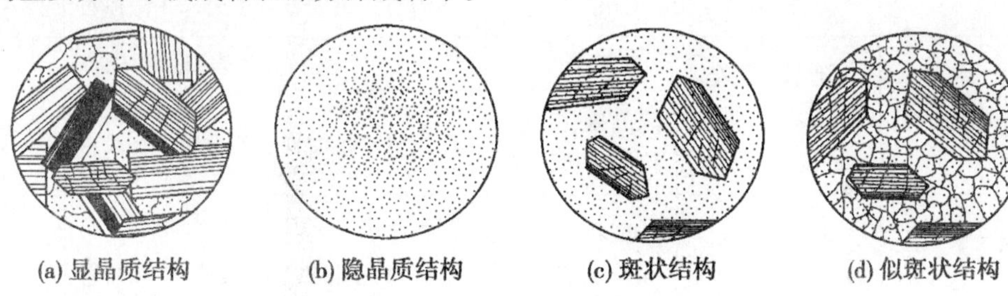

(a) 显晶质结构　(b) 隐晶质结构　(c) 斑状结构　(d) 似斑状结构

图 1-7　岩浆岩的主要结构类型

五、岩浆岩的构造

岩浆岩的构造是指岩石中矿物在空间的排列、配置和充填方式,反映的是岩石的外貌特征。常见岩浆岩的构造如下。

(一)块状构造

块状构造是指岩石中矿物分布比较均匀,岩石结构也均一的构造。它是岩浆岩中最常见的一种构造。

(二)流纹构造

流纹构造是指岩石中由不同颜色的粒状矿物、玻璃质和拉长的气孔等,沿熔岩流动方向作平行排列所形成的一种流动构造。它是酸性岩中最常见的一种构造(见图 1-8)。

图 1-8　流纹构造

(三)气孔构造和杏仁构造

岩石中分布有大小不同的圆形或椭圆形孔洞称为气孔

构造。气孔是岩浆快速冷却时,气体逸出所造成的空洞,如果气孔被后来的物质所充填,则称为杏仁构造。喷出岩常具有这种构造。

六、岩浆岩的分类

岩浆岩的分类方法甚多。首先,按岩石中 SiO_2 含量的多少分为酸性岩、中性岩、基性岩和超基性岩。其次,根据岩浆岩的形成条件,将岩浆岩分为喷出岩、浅成岩和深成岩。最后,进一步考虑岩浆岩的产状、结构、构造等因素,如表 1-3 所示。

表 1-3 主要岩浆岩分类

<table>
<tr><td colspan="4">岩石类型</td><td>酸性岩</td><td colspan="2">中性岩</td><td>基性岩</td><td>超基性岩</td></tr>
<tr><td colspan="4">SiO_2 含量(%)</td><td>>65</td><td colspan="2">65~52</td><td>52~45</td><td><45</td></tr>
<tr><td colspan="4">颜色</td><td colspan="3">浅色(浅红、浅灰、浅绿等)</td><td colspan="2">深色(深灰、黑色、暗绿等)</td></tr>
<tr><td rowspan="2">矿物成分</td><td colspan="3">主要矿物</td><td>正长石
石英</td><td>正长石</td><td>斜长石
角闪石</td><td>斜长石
辉石</td><td>辉石
橄榄石</td></tr>
<tr><td colspan="3">次要矿物</td><td>黑云母
角闪石</td><td>角闪石
黑云母</td><td>辉石
黑云母</td><td>角闪石
橄榄石</td><td>角闪石</td></tr>
<tr><td rowspan="4">岩石的成因及结构和构造</td><td rowspan="2">喷出岩</td><td rowspan="2">流纹、气孔、杏仁及块状构造</td><td>玻璃质结构</td><td colspan="5">火山岩(浮岩、黑曜岩等)</td></tr>
<tr><td>隐晶质、细粒结构或斑状结构</td><td>流纹岩</td><td>粗面岩</td><td>安山岩</td><td>玄武岩</td><td>少见</td></tr>
<tr><td>浅成岩</td><td>块状构造,少数可见气孔状构造</td><td>斑状、显晶质细粒或隐晶质细粒结构</td><td>花岗斑岩</td><td>正长斑岩</td><td>闪长玢岩</td><td>辉绿岩</td><td>少见</td></tr>
<tr><td>深成岩</td><td>块状构造</td><td>全晶质、等粒状结构或似斑状结构</td><td>花岗岩</td><td>正长岩</td><td>闪长岩</td><td>辉长岩</td><td>辉岩
橄榄岩</td></tr>
</table>

七、常见的岩浆岩特征

(一)花岗岩

花岗岩是分布最广的一种酸性深成岩,多呈肉红色、浅灰色,其主要矿物为石英、正长石、斜长石,次要矿物为黑云母、角闪石等。显晶质结构,块状构造。花岗岩质地坚硬,性质均一,可作为良好的建筑地基及天然建筑材料。

(二)正长岩

正长岩呈浅肉红、浅灰红等色,主要矿物为正长石,次要矿物有角闪石、黑云母等。显晶质结构,块状构造。其物理力学性质与花岗岩相似,但不如花岗岩坚硬,且易风化。极少单独产出，主要与花岗岩等共生。

（三）闪长岩

闪长岩呈浅灰色至深灰色，主要矿物为斜长石、角闪石，其次为黑云母、辉石等。块状构造。分布广泛，多与辉长岩或花岗岩共生，常为小型侵入岩产出。岩石坚硬，不易风化，可作为各种建筑地基和建筑材料。

（四）辉长岩

辉长岩为基性深成岩，呈黑色或灰黑色，主要矿物为斜长石和辉石，含少量角闪石、橄榄石等。显晶质结构，块状构造。岩石坚硬，抗风化能力强，是很好的建筑地基和建筑材料。

（五）花岗斑岩

花岗斑岩为酸性浅成岩，呈肉红色或灰色，矿物成分与花岗岩相同。斑状或似斑状结构，斑晶和基质均主要由正长石和石英组成，块状构造。

（六）闪长玢岩

闪长玢岩为中性浅成岩，矿物成分与闪长岩相同。斑状结构，斑晶以斜长石为主，基质为细粒隐晶质。块状构造。

（七）辉绿岩

辉绿岩为基性浅成岩，暗绿色或黑色，矿物成分与辉长岩相同。隐晶质致密结构，杏仁或块状构造。常节理发育，较易风化。多呈岩床或岩脉产出。

（八）流纹岩

流纹岩为酸性喷出岩，呈岩流状产出，颜色一般较浅，常呈浅灰至浅红、浅黄褐等色。矿物成分为石英、正长石和斜长石。斑状结构，流纹构造。

（九）粗面岩

粗面岩为中性喷出岩，呈浅灰、浅褐、肉红等色，矿物成分与正长岩相同。斑状结构，斑晶常为正长石，块状或气孔构造。表面常有粗糙感。

（十）安山岩

安山岩是分布较广的一种中性喷出岩，呈深灰、黄绿、紫红等色，矿物成分与闪长岩相同。斑状结构，斑晶以斜长石和角闪石为主，基质为隐晶质或玻璃质。块状或气孔构造。常呈岩流产出。

（十一）玄武岩

玄武岩是分布较广的基性喷出岩，呈黑、灰绿及暗紫等色，主要矿物成分与辉长岩相同。多呈细粒至隐晶质结构，气孔及杏仁构造。柱状节理发育。岩石致密坚硬、性脆，是良好的建筑地基和建筑材料。

（十二）火山碎屑岩

火山碎屑岩是由火山喷发的碎屑物而形成的火山集块岩、火山角砾岩、火山凝灰岩等岩石。其中由火山灰形成的凝灰岩分布广泛，性质软弱，强度低，易风化。

任务三　沉积岩

沉积岩是地表或接近地表的岩石遭风化剥蚀后，被破碎成碎屑，经流水、风、冰川等搬运，而沉积在地表洼地，并经压密、脱水、固结等复杂作用而形成的岩石。沉积岩是地壳表面分布最广的一种岩石，占陆地面积的75%。

一、沉积岩的形成

沉积岩的形成可分为4个阶段。

（一）风化阶段

地表或接近地表的岩石受温度变化、水、氧气和生物等因素作用，使原来坚硬完整的岩石，逐渐破碎成松散的碎屑或形成新的风化产物。

（二）搬运阶段

原岩风化产物除少部分残留在原地外，大部分被流水、风、冰川、海水和重力等搬运带走，其中起主要作用的是流水搬运。搬运方式主要有机械搬运和化学搬运两种。

（三）沉积阶段

当搬运能力减弱或物理化学环境变化，被搬运的物质便逐渐沉积下来。一般可分为机械沉积、化学沉积和生物化学沉积等作用。沉积下来的物质最初是松散状态，故称为松散沉积物。

（四）硬结成岩阶段

早期沉积的松散物质被后来的沉积物不断覆盖，在上覆物质压力和一些胶结物质的作用下，逐渐使原物质压密、孔隙减小、脱水固结或重结晶而形成致密坚硬的岩石。

二、沉积岩的矿物组成

组成沉积岩的矿物，按成因可分为以下几类。

（一）碎屑矿物（继承矿物）

碎屑矿物为原岩风化后残留下来的抗风化能力相对较强、耐磨损的矿物碎屑，如石英、长石、白云母等。

（二）黏土矿物

黏土矿物为原岩经风化分解后产生的次生矿物，如高岭石、蒙脱石、水云母等。

（三）化学沉积矿物

化学沉积矿物是经化学作用和生物化学作用，从水溶液中析出或结晶而形成的新矿物，如方解石、白云石、石膏、岩盐、铁和锰的氧化物等。

（四）有机物质

有机物质是由生物作用或生物遗骸经有机化学变化而形成的物质，如石油、泥炭、贝壳等。

三、沉积岩的结构

沉积岩的结构是指组成岩石矿物的颗粒大小、形状及结晶程度。常见的有下列几种。

（一）碎屑结构

碎屑结构是由直径大于0.005 mm的碎屑物质被胶结而形成的一种结构。按颗粒大小可分为砾状结构（粒径大于2 mm）、砂状结构（粒径为0.05 ~2 mm）、粉砂状结构（粒径为0.005～0.05 mm)；按颗粒形状可分为棱角状结构、次棱角状结构、圆状结构和次圆状结构；按胶结类型可分为基底胶结、孔隙胶结和接触胶结(见图1-9)；按胶结物的成分又可分为硅质、钙质、铁质、泥质等。

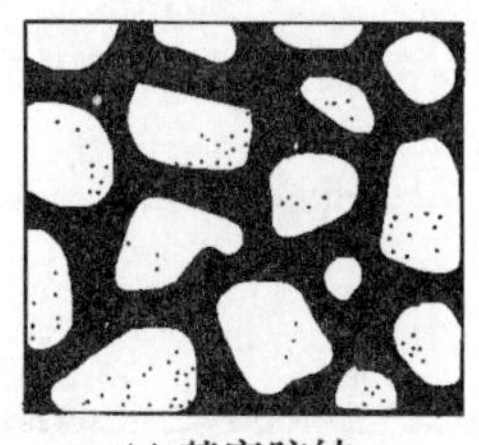
(a) 基底胶结

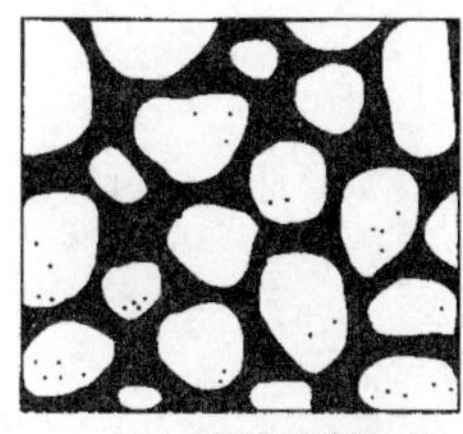
(b) 孔隙胶结

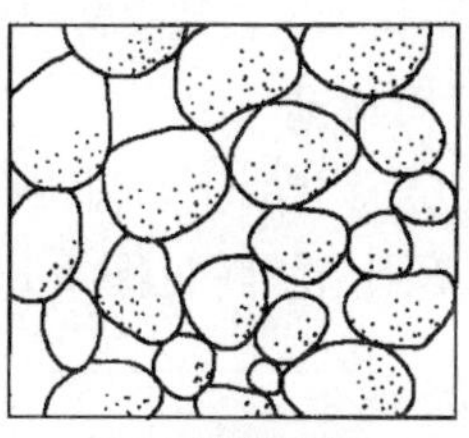
(c) 接触胶结

图1-9 沉积岩的胶结类型

(二)泥质结构

泥质结构是由粒径小于0.005 mm的黏土矿物和细小矿物碎屑所组成的结构，它具有黏土岩的主要特征。

(三)结晶结构

结晶结构是由溶液中的沉淀物经结晶作用和重结晶作用而形成的一种结构，它是化学岩或生物化学岩所特有的结构。

(四)生物结构

生物结构的岩石几乎全由生物遗体或碎片所组成，如贝壳状结构、生物碎屑结构等。

四、沉积岩的构造

沉积岩的构造是指沉积岩各个组成部分的空间分布和排列方式。

(一)层理构造

层理是沉积岩在形成过程中，由于沉积环境的改变，使先后沉积的物质在颗粒大小、形状、颜色和成分在垂直方向上发生变化而显示出来的成层现象。层理构造是沉积岩最重要的一种构造特征，是沉积岩区别于岩浆岩和变质岩的最主要标志。

根据层理的形态，可将层理分为下列几种类型(见图1-10)：

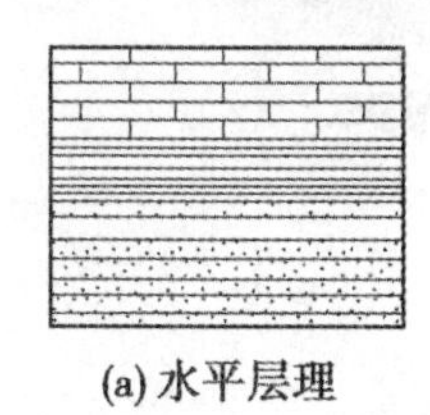
(a) 水平层理

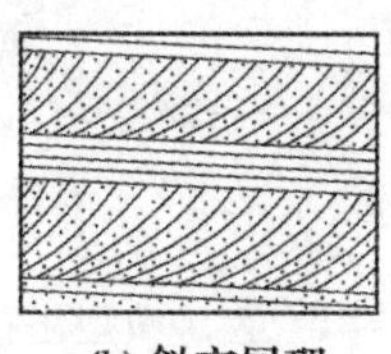
(b) 斜交层理

(c) 交错层理

图1-10 层理类型

(1)水平层理。层理面与层面相互平行，主要见于细粒岩石(黏土岩、粉细砂岩等)中。它是在比较稳定的水动力条件下形成的，如闭塞海湾、海和湖的深水带沉积物中。

(2)斜交层理。层理面向一个方向倾斜，与层面斜交，这种斜交层理在河流及滨海三角洲沉积物中均可见到，主要是由单向水流所造成的。

(3)交错层理。由多组不同方向的斜层理互相交错重叠而成，它是由水流的运动方向频繁变化造成的，多见于河流沉积层中。

层与层之间的界面称为层面，上下层面之间的垂直距离称为岩层厚度。岩层按其厚薄可分为块状层（层厚大于 1 m）、厚层（层厚 0.5 ~ 1 m）、中厚层（层厚 0.1 ~ 0.5 m）、薄层（层厚小于 0.1 m）。

（二）层面构造

沉积岩层面上由于水流、风、生物活动、阳光暴晒等作用留下的痕迹，称为层面构造。如泥裂、波痕、雨痕等（见图 1-11、图 1-12）。

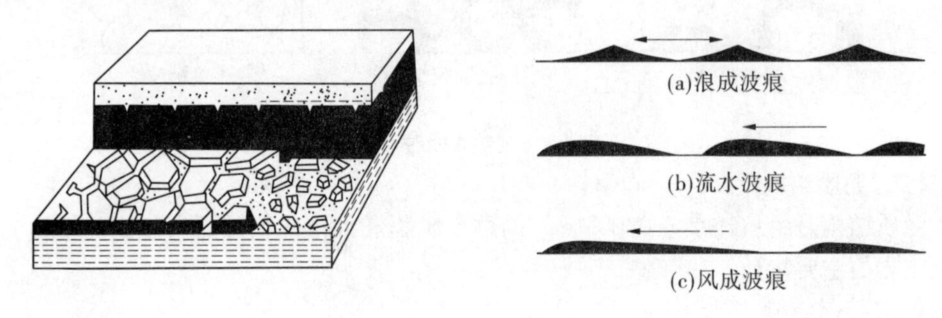

图 1-11　泥裂的立体示意图　　　图 1-12　波痕

（三）化石

保存在岩石中被石化了的古代生物遗骸、遗迹统称为化石。化石可以确定岩石形成的环境和地质年代，也是沉积岩独有的构造特征（见图 1-13）。

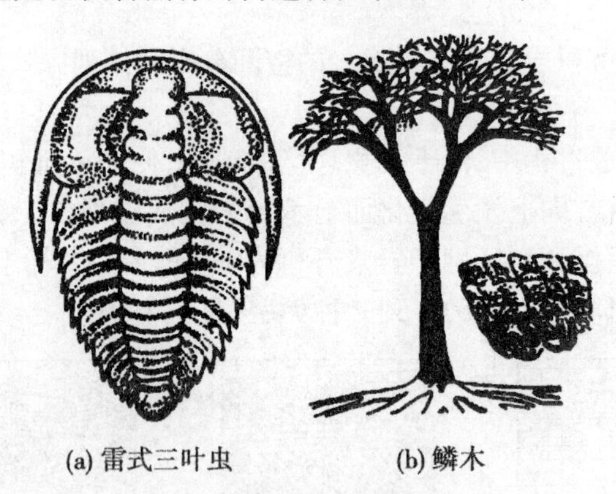

图 1-13　两种典型化石

（四）结核

结核是指沉积岩中含有与周围沉积物质在成分、颜色、结构、大小等方面不同的物质团块，如石灰岩中常见的燧石结核、黄土中的钙质结核等。

五、沉积岩的分类

根据沉积岩的矿物组成、结构和形成条件，可将沉积岩分为碎屑岩、黏土岩、化学岩及生物化学岩（见表 1-4）。

表 1-4　主要沉积岩分类

<table>
<tr><th rowspan="2">岩类</th><th rowspan="2" colspan="2">结构</th><th rowspan="2">主要矿物成分</th><th colspan="2">主要岩石</th></tr>
<tr><th>松散的</th><th>胶结的</th></tr>
<tr><td rowspan="4">碎屑岩</td><td rowspan="2" colspan="2">砾状结构(＞2 mm)</td><td rowspan="2">岩石碎屑或岩块</td><td>角砾、碎石、块石</td><td>角砾岩</td></tr>
<tr><td>卵石、砾石</td><td>砾岩</td></tr>
<tr><td colspan="2">砂质结构(0.05～2 mm)</td><td>石英、长石、云母、角闪石、辉石、磁铁矿等</td><td>砂土</td><td>石英砂岩
长石砂岩</td></tr>
<tr><td colspan="2">粉砂状结构
(0.005～0.05 mm)</td><td>石英、长石、黏土矿物、碳酸盐矿物</td><td>粉砂土</td><td>粉砂岩</td></tr>
<tr><td>黏土岩</td><td colspan="2">泥质结构(＜0.005 mm)</td><td>黏土矿物为主，含少量石英、云母等</td><td>黏土</td><td>泥岩
页岩</td></tr>
<tr><td rowspan="5">化学岩
及生物
化学岩</td><td rowspan="5">化学结
构及生
物结构</td><td rowspan="2">致密状
粒状
鲕状</td><td>方解石为主，白云石</td><td></td><td>泥灰岩
石灰岩</td></tr>
<tr><td>白云石、方解石</td><td></td><td>白云质灰岩
白云岩</td></tr>
<tr><td rowspan="3">结核状
鲕状
块状
纤纹状
致密状</td><td>石英、蛋白石、硅胶</td><td>硅藻土</td><td>燧石岩
硅藻岩</td></tr>
<tr><td>钾、钠、镁的硫酸盐及氧化物</td><td></td><td>石膏、岩盐、钾盐</td></tr>
<tr><td>碳、碳氢化合物、有机质</td><td>泥岩</td><td>煤、油页岩</td></tr>
</table>

六、常见沉积岩特征

（一）砾岩及角砾岩

砾岩及角砾岩是由50%以上大于2 mm的碎屑颗粒胶结而成的。由磨圆度较好的砾石胶结而成的称为砾岩；由带棱角的角砾胶结而成的称为角砾岩。胶结物的成分与胶结类型，对砾岩的强度有很大影响。例如，硅质基底胶结的石英砾岩，非常坚硬、难以风化，而泥质胶结的砾岩则相反。

（二）砂岩

砂岩是由50%以上2～0.05 mm的砂粒组成。按颗粒大小可分为粗砂岩、中砂岩和细砂岩；按碎屑成分又可分为石英砂岩（含石英大于90%）、长石砂岩（含长石大于25%、石英小于75%）和岩屑砂岩（含岩屑大于25%）。砂岩也随胶结物的成分和胶结类型的不同，其强度也不相同。例如，硅质基底胶结的砂岩质地坚硬，而泥质接触胶结的砂岩松散易碎。

（三）粉砂岩

粉砂岩是由50%以上粒径为0.05～0.005 mm的粉砂组成的，成分以石英为主，长石次之。胶结物常为黏土、钙质和铁质。颜色多为棕红色或褐色,常显水平层理。

(四)泥岩

泥岩由黏土经脱水固结而成,矿物成分主要为高岭石、蒙脱石和水云母等。其特点是固结不紧密、不牢固、强度较低;层理不发育,常呈厚层状、块状;遇水易泥化,其强度显著降低。

(五)页岩

页岩成因与泥岩相同,但具明显薄层理(又称页理),能沿层理面分成薄片,岩性致密均一、不透水。根据混入物的成分或岩石的颜色可分为钙质页岩、硅质页岩、黑色页岩或碳质页岩等。除硅质页岩强度稍高外,其余的易风化,性质软弱,浸水后强度显著降低。

(六)石灰岩

石灰岩又称灰岩,常呈浅灰至深灰等色。矿物成分以方解石为主,其次含少量的白云石和黏土矿物等。结构致密,质地坚硬,强度较高,遇冷稀盐酸剧烈起泡,可溶蚀成各种岩溶形态。按成因和结构不同,还有生物碎屑灰岩、竹叶状灰岩、鲕状灰岩等类型。

(七)白云岩

白云岩多为浅灰、淡黄等色,矿物成分主要为白云石,其次含有少量的方解石。白云岩的外观与石灰岩相似,但滴上冷稀盐酸基本不起泡。硬度较灰岩略大。岩石风化面上常有刀砍状溶蚀沟纹(刀砍纹)。

(八)泥灰岩

石灰岩中黏土矿物含量达25%~50%时,称为泥灰岩,颜色有灰色、黄色、褐色等,强度低,易风化。

任务四 变质岩

地壳中已成岩石,由于构造运动和岩浆活动等所造成的物理化学环境的改变,使原来岩石在成分、结构和构造上发生一系列变化而形成的新岩石称为变质岩。这种改变岩石的作用称为变质作用。

一、变质作用的类型

促使岩石变质的因素主要是温度、压力及化学性质活泼的气体和液体,它们主要来源于地壳运动和岩浆活动。根据各种变质因素所起的主导作用不同,可将变质作用分为以下几种类型(见图1-14)。

(一)接触变质作用

岩浆上升侵入围岩时,围岩受到岩浆高温或岩浆分离出来的挥发组分及热液的影响,从而使接触带附近的围岩发生变质的作用,称为接触变质作用。其中主要变质因素是温度的变质作用,称为热接触变质作用;变质因素除温度外,主要是从岩浆中分离出来的挥发物质所产生的交代作用,称为接触交代变质作用。接触变质作用带的岩石一般较破碎、裂隙发育、透水性大、强度较低。

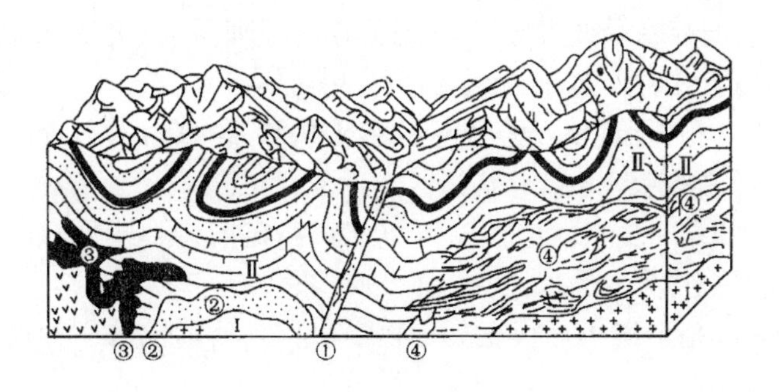

①动力变质作用带;②热接触变质作用带;③接触交代变质作用带;④区域变质作用带;
Ⅰ—岩浆岩;Ⅱ—沉积岩

图 1-14 变质作用的类型示意图

(二)区域变质作用

在广大范围内发生,并由温度、压力等多种因素引起的变质作用,称为区域变质作用。区域变质作用方式以重结晶、重组合为主,例如黏土质岩石可变为片岩和片麻岩。

(三)动力变质作用

地壳运动产生的强烈定向压力,使岩石发生的变质作用,称为动力变质作用,也称为碎裂变质作用。其特征是常与较大的断层伴生,原岩挤压破碎、变形并有重结晶现象。

二、变质岩的矿物成分

组成变质岩的矿物,一部分是与原岩所共有的,如石英、长石、云母、角闪石、辉石、方解石等;另一部分是变质作用后产生的特有变质矿物,如红柱石、蓝晶石、硅灰石、绿泥石、绿帘石、绢云母、滑石、叶蜡石、蛇纹石、石榴子石等。这些矿物可作为鉴别变质岩的重要标志。

三、变质岩的结构

(一)变余结构

原岩在变质过程中,由于重结晶、变质结晶作用不完全,使原岩的结构特征被部分保留下来的一种结构,称为变余结构。这种结构在低级变质岩中较常见。

(二)变晶结构

原岩在固体状态下发生重结晶、重组合等变质作用过程中所形成的结构,称为变晶结构。这是变质岩中最常见的结构。

(三)碎裂结构

原岩在定向压力作用下,岩石发生破裂、弯曲,形成碎块状甚至粉末状后又被黏结在一起的结构,称为碎裂结构。它是动力变质岩中常见的一种结构。

四、变质岩的构造

(一)片理构造

片理构造是指岩石中含有大量片状、板状和柱状矿物,在定向压力作用下平行排列而

形成的一种构造。岩石极易沿此方向劈开,劈开面为片理面。一般片理面平整光亮,延伸不远。它又可分为以下几种构造:

(1)片麻状构造。指石英、长石等浅色粒状矿物和云母、角闪石等暗色片状、柱状矿物相间定向排列所形成的断续条带状构造。

(2)片状构造。指岩石中片状、柱状、纤维状矿物定向排列所形成的薄层状构造,具有沿片理面可劈成不平整薄板的特征。

(3)千枚状构造。指由细小片状变晶矿物定向排列所形成的一种构造,片理面上具有丝绢光泽。

(4)板状构造。指岩石结构致密,矿物颗粒细小,沿片理面易裂开成厚度近于一致的薄板状构造,它是岩石受较轻的定向压力作用而形成的。

(二)块状构造

块状构造是指岩石中矿物均匀分布、结构均一,无定向排列的一种构造。它是大理岩、石英岩等常有的构造。

五、变质岩的分类

变质岩的种类很多,通常是按其构造特征来划分岩石类型的,见表1-5。

表1-5 主要变质岩分类

类别	构造	岩石名称	主要亚类或矿物成分
片理状岩类	片麻状	片麻岩	花岗片麻岩、黑云母片麻岩、斜长石片麻岩、角闪石片麻岩
	片状	片岩	云母片岩、绿泥石片岩、滑石片岩、角闪石片岩
	千枚状	千枚岩	以绢云母为主,其次有石英、绿泥石等
	板状	板岩	黏土矿物、绢云母、石英、绿泥石、黑云母、白云母等
块状岩类	块状	大理岩	以方解石为主,其次有白云石等
		石英岩	以石英为主,有时含有绢云母、白云母等
		碎裂岩	主要由较小的岩石碎屑和矿物碎屑组成
		糜棱岩	主要为石英、长石及少量绢云母、绿泥石等组成

六、常见变质岩特征

(一)片麻岩

片麻岩颜色深浅不一。变晶结构,是典型的片麻状构造。主要矿物为长石、石英、黑云母、角闪石等,有时出现红柱石、石榴子石等。根据成分又进一步分为花岗片麻岩、角闪石片麻岩、斜长石片麻岩、黑云母片麻岩等。一般较坚硬,强度较高,若云母含量增多且富集在一起,则强度大为降低,并较易风化。

(二)片岩

片岩颜色深浅不一,视矿物成分而定,变晶结构,片状构造。片状矿物含量大,粒状矿物以石英为主。根据矿物成分不同,又可分为云母片岩、绿泥石片岩、滑石片岩、角闪石片岩等。片岩强度较低，且易风化，由于片理发育，易于沿片理裂开。

（三）千枚岩

千枚岩多为黄绿、红、灰等色，岩石细密，具千枚状构造。矿物成分主要有绢云母、绿泥石、石英等。片理面具强丝绢光泽，性质较软弱，易风化破碎。

千枚岩与片岩相似，但千枚岩的颗粒很细，即重结晶程度较差。千枚岩与板岩也相似，但千枚岩的丝绢光泽明显，并具千枚构造，而无明显的板状构造。

（四）板岩

板岩常为深灰、灰绿、紫红等色。变余结构，具明显的板状构造，易裂开成薄板。矿物颗粒细小，主要成分为泥质和硅质。岩性均匀致密，敲之发声清脆。板岩与页岩相似，但页岩较软，没有板状构造，没有光泽。板岩常用作建筑材料。

（五）石英岩

石英岩常呈白色，含杂质时，又显黄褐、褐红等色，由石英砂岩和硅质岩经变质而成。矿物成分以石英为主，其次为云母等。变晶结构，块状构造。岩石坚硬，抗风化能力强，可作为良好的建筑物地基。

（六）大理岩

大理岩由石灰岩或白云岩经重结晶作用变质而成，主要矿物成分为方解石、白云石。变晶结构，块状构造。洁白的细粒大理岩（汉白玉）和带有各种花纹的大理岩，常用作建筑材料和装饰材料等。硬度较小，与盐酸作用起泡，具有可溶性。

（七）碎裂岩

碎裂岩是由原岩经强烈挤压破碎而形成的动力变质岩，由大小不一的各种棱角状碎屑聚集而成，具碎裂结构。分布常与断裂和褶皱作用有关，如断层角砾岩、压碎岩等。

任务五　岩石的工程地质性质评述

不同岩石具有不同的工程地质性质，同一岩石由于外部条件不一，其工程地质性质也不一样。岩石的工程地质性质主要受其矿物成分、结构、构造、成因、水和风化作用等因素的影响。

一、岩浆岩的工程地质性质

（一）深成岩

深成岩常形成岩基等大型侵入体，岩性较均一，致密坚硬，孔隙率小，透水性弱，抗水性强，常被选为理想的建筑物地基。但深成岩抗风化能力差，特别是含铁镁矿物较多时，更易风化破碎，风化层厚度较大。此外，深成岩经过多期地壳变动影响，一般裂隙比较发育，强度和抗水性都减弱，但可储存地下水。

（二）浅成岩

浅成岩的岩体规模一般较小，有时相互穿插，岩性较复杂，颗粒大小不均一，较易风化，特别是与围岩接触部位，岩性不均，节理裂隙发育，岩石破碎，风化变质严重，透水性增大。当浅成岩很致密时，岩石透水性小，强度高，是良好的隔水层。岩体体积较大时，也是良好的建筑地基。

(三)喷出岩

喷出岩一般原生孔隙和节理发育,产状不规则,厚度变化大,岩性很不均一,因此强度低,透水性强,抗风化能力差。但对玄武岩和安山岩等岩石,如果孔隙、节理不发育,颗粒细小或是致密的玻璃质,则强度高、抗风化能力强,也是良好的建筑地基和建筑石材。但需注意,喷出岩呈岩流产出时,与下伏岩层或多次喷发之间存在的松散软弱土层或风化层会对建筑地基的稳定产生影响。

二、沉积岩的工程地质性质

沉积岩的重要特征是具层理构造,因而它具有明显的各向异性。

(一)胶结的碎屑岩

此类岩石主要取决于胶结物的成分、胶结类型。例如,硅质胶结的岩石强度高、抗水性强;钙质、石膏质和泥质胶结的岩石强度低,抗水性弱;基底胶结的岩石,则较坚硬、强度高、透水性弱;接触胶结的岩石强度较低,透水性强;孔隙胶结的岩石强度和透水性介于两者之间。此外,碎屑岩的成分等对岩石的工程地质性质也有一定影响,如石英质砂岩和砾岩就较长石质的砂岩和砾岩强度高。

(二)黏土岩

黏土岩主要有泥岩和页岩。质地软弱,强度低,容易风化,受力后压缩变形量大,遇水后易软化和泥化。若含高岭石、蒙脱石成分,还具有较大的膨胀性和崩解性。因此,不宜作大型水工建筑物的地基。作为岸坡岩石,也易发生滑动破坏。但其透水性小,可作为隔水层和防渗层。

(三)化学岩

化学岩最常见的是石灰岩和白云岩,一般岩性致密,强度高,但抗水性弱,具有可溶性,在水流作用下易形成溶隙、溶洞、地下暗河等岩溶现象。所以,在这类岩石地区进行水工建筑时,渗漏及塌陷是主要的工程地质问题。此外,当石灰岩中夹有薄层泥灰岩时,可能会沿此层产生滑动。

三、变质岩的工程地质性质

变质岩的工程地质性质与原岩及变质作用特点密切相关。一般情况下,由于原岩矿物成分在高温高压下重结晶作用的结果,岩石的力学性质、抗水性等较变质前相对提高。但如果在变质过程中形成滑石、绿泥石、绢云母等软弱变质矿物,则其力学强度降低,抗风化能力减弱。动力变质作用和接触变质作用形成的岩石,构造破碎、裂隙发育、透水性强、强度较低,但断层破碎带可储存地下水。

变质岩的片理构造会使岩石具有各向异性特征,沿片理方向抗剪强度低,易产生滑动,一般不利于坝基和边坡稳定。

通常而言,板岩、千枚岩、云母片岩、滑石片岩及绿泥石片岩等岩石的工程地质性质较差;而片麻岩、石英岩及大理岩等岩石致密坚硬、岩性较均一、强度高,是建筑物的良好地基,但裂隙发育时,可使其工程地质性质降低。

小　结

矿物和岩石是人类从事工程建设的物质基础。学习本项目的目的是通过掌握常见矿物和岩石特征,达到识别它们和评价其工程地质性质的目的。

地壳由岩石组成,岩石由矿物组成,矿物由化学元素组成,而组成地壳的化学元素主要有10种。肉眼鉴定矿物的依据是矿物的物理性质。虽然岩石的外貌千差万别,但从成因上来讲可分为三大岩。三大岩的区别表现在成因、矿物组成、结构构造等方面。不同岩石的工程地质性质主要表现在强度、溶水性、透水性、风化性,以及对建筑物的影响等方面。

思考题

1. 什么是矿物、造岩矿物? 矿物的主要物理特征有哪些?
2. 黑云母、绿泥石、石膏、黄铁矿和黏土矿物的存在对岩石的工程地质性质有何影响?
3. 对比下列矿物,指出它们之间的异同点。

   A. 正长石—斜长石—石英　　B. 角闪石—辉石—黑云母

   C. 方解石—白云石—石膏
4. 何谓岩石的结构与构造?
5. 试比较下列岩石间的异同点。

   A. 花岗岩—辉长岩　　B. 流纹岩—玄武岩　　C. 闪长岩—安山岩
6. 下列岩石之间有何区别及关系?

   A. 花岗岩与片麻岩　　B. 页岩与板岩

   C. 石英砂岩与石英岩　　D. 石灰岩与大理岩
7. 试述解理与断口之间的主要区别。
8. 试述三大岩的工程地质性质。

项目二 地质构造

【情景提示】

1. 恐龙最早出现在约2亿4千万年前的三叠纪,灭亡于约6 500万年前的白垩纪所发生的中生代末白垩纪生物大灭绝事件。你知道地质年代是怎么划分的吗?

2. 位于重庆武隆的“天坑”被列入世界自然遗产名录,天坑里悬崖绝壁随处可见,崖壁上的岩石呈现出明显的分层结构。你知道这些岩层构造是怎么形成的吗?

3. 山区修建高速公路、铁路时经常需要开挖隧洞,怎样开挖隧洞才能使其结构最为稳固呢?

【项目导读】

把各个地质历史时期形成的岩石以及包含在岩石中的生物组合,按先后顺序确定下来,展示出岩石的新老关系,称之为相对地质年代;不同岩层的产状不同,其工程性质不同,因此要了解岩层产状的测量方法;褶皱构造是十分常见的地质构造,要了解褶皱的基本类型及其性质;了解地震的基本知识。

【教学要求】

1. 掌握相对地质年代的确定方法,岩层产状三要素的测量方法。

2. 熟悉褶皱的基本类型及野外识别方法。

3. 掌握断层的基本类型及野外识别,了解地震的相关知识。

任务一 地质作用

在地球漫长的演变历史中,地壳的内部结构、物质成分和表面形态不断地发生着变化。一些变化速度快,易被人们感觉到,例如地震和火山爆发等;另一些变化则进行得很慢,不易被人们发现,例如地壳的缓慢上升、下降以及地块的水平移动等。这种由于自然动力所引起,促使地壳物质成分、结构及地表形态发生变化的作用称为地质作用。根据地质作用的动力来源,可将其分为外力地质作用和内力地质作用。

一、外力地质作用

外力地质作用主要是由地球以外的能源，例如太阳辐射能、日月引力能和陨石碰撞等引起的。其中太阳辐射起着最主要的作用，它造成地面温度的变化，产生空气对流、大气环流及各种水流和冰川等。外力地质作用的表现形式有风化作用、剥蚀作用、搬运作用和沉积作用等。外力地质作用往往带来地壳物质成分、内部结构、地表形态的缓慢变化，称为地球的“渐变说”。但经过漫长的地质年代，可导致地球面貌的巨大变化。

二、内力地质作用

内力地质作用是由地球内部的能源，例如旋转能、重力能、放射性元素衰变产生的热能以及化学能、结晶能等引起的，根据其动力来源和作用方式可分为构造运动、岩浆活动、变质作用和地震等。内力地质作用往往带来地壳物质成分、内部结构、地表形态的突然变化，例如岩浆活动、变质作用、地震等，称为地球演变的“灾变说”。

构造运动又称地壳运动，是内力地质作用所引起的地壳岩石发生变形、变位（如弯曲、断裂等）的运动。残留在岩层中的这些变形、变位现象称为地质构造。构造运动在内力地质作用中常起主导作用，它可分为水平运动和垂直运动。

（一）水平运动

水平运动主要表现为地壳岩层的水平位移，结果使岩层相互挤压、弯曲或错开等。它使岩层褶皱、断裂（见图 2-1），形成裂谷、盆地及褶皱山系，例如非洲大陆和美洲大陆的分离以及我国的横断山脉、喜马拉雅山脉、天山等褶皱山系。

(a) 岩层的原始状态

(b) 岩层弯曲产生褶皱构造

(c) 褶皱进一步发展成断裂构造

图 2-1　褶皱构造与断裂构造形成示意图

（二）垂直运动

垂直运动主要表现为地壳大面积整体缓慢上升或下降，上升形成山岳、高原，下降则形成湖海、盆地，例如喜马拉雅山上的大量新生代早期海洋生物化石的存在，反映了五六千万年前，这里曾是汪洋大海，可见垂直运动幅度之大。目前，我国西部总体相对上升，而东部相对下降。

同一地区构造运动的方向随着时间推移而不断变化。某一时期以水平运动为主，另一时期则以垂直运动为主，且水平运动的方向和垂直运动的方向也会发生更替。不同地区的构造运动常有因果关系，一个地区块体的水平挤压可引起另一地区的上升或下降，反之亦然。

内力地质作用与外力地质作用相互关联,相互矛盾。内力地质作用在地壳演化中起着主导作用,它使地表产生大陆、海洋、山脉、平原等巨型地形起伏。而外力地质作用则进一步加工塑造,起着削高补低的作用,即所谓的“平原化”过程。总之,在内力和外力地质作用下,地壳不断向前发展和变化。

任务二　地质年代

地球形成至今已有46亿年,对整个地质历史时期而言,地球的发展演化及地质事件的记录和描述需要有一套相应的时间概念,即地质年代。地质学上以绝对地质年代和相对地质年代两种方法来描述时间。表示地质事件发生距今的实际年数称为绝对年代(实际年龄),而表示地质事件发生的先后顺序称为相对年代。

一、绝对地质年代的确定

绝对地质年代主要是根据保存在岩层中的放射性元素蜕变的速度特征产物来确定的。

二、相对地质年代的确定

(一)地层层序法

地层是指在一定地质时期内所形成的层状岩石的总称。未经构造运动改变的岩层大都是水平岩层,且按照下老上新的规律排列(见图2-2(a));若后期构造运动使某些岩层发生变动(倾斜、直立或倒转),可利用沉积物中的某些构造特征(如斜层理、泥裂、波痕等)来恢复岩层顶、底面后,再进一步判断岩层之间的相对新老关系(见图2-2(b))。

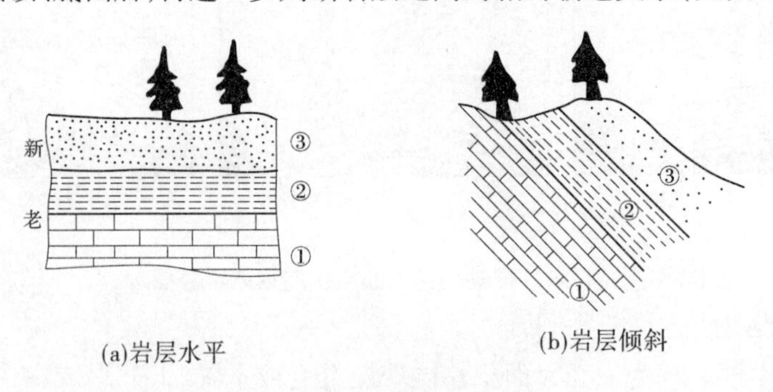

(a)岩层水平　　(b)岩层倾斜

注:①、②、③依次由老到新。

图2-2　地层层序法(岩层层序正常时)

(二)古生物化石法

自然界中的生物是从无到有,由简单到复杂,由低级到高级不断发展、变化着的,而且这种演化是不可逆转的,不同地质时期形成的地层中会保存不同的古生物化石,这样就可以根据岩层中化石的复杂与繁简程度来推断地层的相对新老关系。

(三)地层接触关系法

不同时期形成的岩层,其分界面特征即互相接触关系,可以反映各种构造运动和古地理环境等在空间和时间上的演变过程。因此,它是确定和划分地层年代的重要依据。岩层接触关系有以下几种类型(见图2-3):

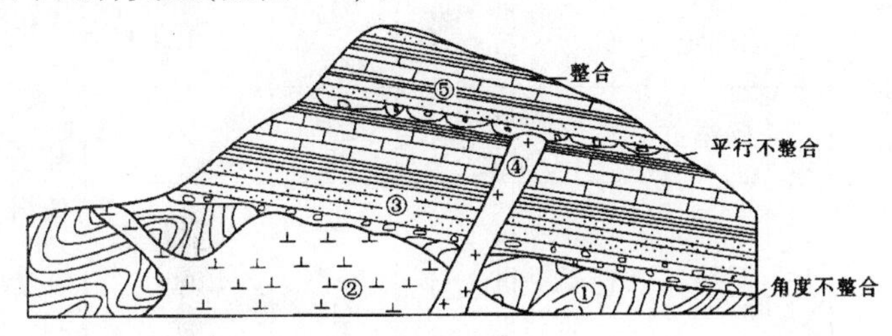

注:①、②、③、④、⑤依次由老到新。

图2-3 岩层接触关系示意图

(1)整合。指上下两套岩层产状一致,互相平行,连续沉积形成。反映岩层形成期间地壳比较稳定,没有强烈的构造运动,地层自下而上依次由老到新。

(2)平行不整合。又称假整合,是指上、下两套地层的产状彼此平行一致,但其间缺失某些地质年代的岩层。上下两套岩层之间的接触面往往起伏不平,常分布一层砾岩(俗称底砾岩),据此可以判断上下两套岩层的新老关系。

(3)角度不整合。指上、下两套地层产状不同,彼此呈角度接触,其间缺失某些时代的地层,接触面多起伏不平,也常有底砾岩和风化壳。不整合面的存在标志着地壳曾发生过强烈的地壳运动。与平行不整合相同,据此也可以判断地层之间的新老关系。

上述三种接触类型是沉积岩之间或少量变质岩之间的接触关系。此外,利用岩浆岩和其他围岩之间的接触关系,也可以来判断岩层之间的相对新老关系(见图2-3)。

不同时代的岩层常被岩浆侵入穿插,侵入者年代新,被侵入者年代老,切割者年代新,被切割者年代老。

三、地质年代表

通过对全球各个地区地层划分和对比,以及对相关岩石的实际年龄测定,按年代先后顺序进行科学系统性的编年,建立起国际上通用的地质年代表(见表2-1)。

地质年代表中使用了不同级别的地质年代单位和地层单位。地质年代单位根据时间的长短依次划分为宙、代、纪、世,与此相对应的地层单位是宇、界、系、统。例如太古代形成的地层称为太古界,石炭纪形成的地层称为石炭系等。

此外,除上述地层单位外,还有按照岩性特征来划分的地层单位,称为地方性地层单位,常用群、组、段表示。

表 2-1　地质年代表

宙(宇)	代(界)	纪(系)	世(统)	国际代号		距今年龄（百万年）	生物界 植物	生物界 动物	主要地壳运动
显生宙	新生代（K_z）	第四纪	全新世 更新世	Q	Q_4 $Q_{1\sim3}$	0.01~3	被子植物	人类	喜马拉雅运动
		第三纪 晚第三纪	上新世 中新世	N	N_2 N_1	25		哺乳动物	
		第三纪 早第三纪	渐新世 始新世 古新世	E	E_3 E_2 E_1	40 60 80			
	中生代（M_z）	白垩纪	晚白垩世 早白垩世	K	K_2 K_1	140	裸子植物	爬行动物	燕山运动
		侏罗纪	晚侏罗世 中侏罗世 早侏罗世	J	J_3 J_2 J_1	195			
		三叠纪	晚三叠世 中三叠世 早三叠世	T	T_3 T_2 T_1	230			印支运动
	古生代（P_z） 晚古生代	二叠纪	晚二叠世 早二叠世	P	P_2 P_1	280	蕨类植物	两栖类动物	海西运动
		石炭纪	晚石炭世 中石炭世 早石炭世	C	C_3 C_2 C_1	350			
		泥盆纪	晚泥盆世 中泥盆世 早泥盆世	D	D_3 D_2 D_1	410		鱼类	
	古生代（P_z） 早古生代	志留纪	晚志留世 中志留世 早志留世	S	S_3 S_2 S_1	440	孢子植物、高级藻类	海生无脊椎动物	加里东运动
		奥陶纪	晚奥陶世 中奥陶世 早奥陶世	O	O_3 O_2 O_1	500			
		寒武纪	晚寒武世 中寒武世 早寒武世	ϵ	ϵ_3 ϵ_2 ϵ_1	600			

续表 2-1

地质年代					国际代号	距今年龄（百万年）	生物界		主要地壳运动
宙(宇)	代(界)		纪(系)	世(统)			植物	动物	
隐生宙	元古代(P_t)	晚	震旦纪		Z	800	真核生物（绿藻）		吕梁运动
		中				1 900			
		早				2 500			
	太古代(A_r)					4 000	原核生物（菌藻类）		五台运动
	地球初期发展阶段					4 600	无生物		

任务三　岩层产状

一、岩层产状要素

岩层产状是指岩层在空间的位置，用走向、倾向和倾角表示，地质学上称为岩层产状三要素。

（一）走向

岩层面与水平面的交线称为走向线（见图 2-4 中的 *AOB* 线）。走向线两端所指的方向即为岩层的走向。走向有两个方位角数值，且相差 180°，如 NW350°和 SE170°。岩层的走向表示岩层的延伸方向。

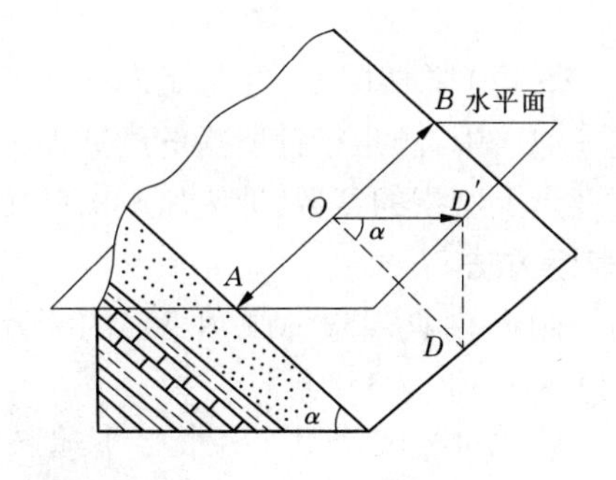

AOB—走向线；*OD*—倾斜线；*OD′*—倾斜线在水平面上的投影；
箭头方向为倾向；α—倾角

图 2-4　岩层产状要素图

（二）倾向

岩层面上与走向线垂直并沿倾斜面向下所引的直线称为倾斜线（见图 2-4 中的 *OD* 线），倾斜线在水平面上投影（见图 2-4 中的 *OD′*线）所指的方向就是岩层的倾向。对于同一岩层面，倾向与走向垂直，且只有一个方向。岩层的倾向表示岩层的倾斜方向。

(三)倾角

倾角是岩层面和水平面所夹的最大锐角(或二面角),如图 2-4 中的 α 角。

除岩层面外,岩体中其他面(如节理面、断层面等)的空间位置也可以用岩层产状三要素来表示。

二、岩层产状要素的测量

岩层产状要素需用地质罗盘仪(见图 2-5)测量。测量要素(见图 2-6)如下:

图 2-5　地质罗盘仪

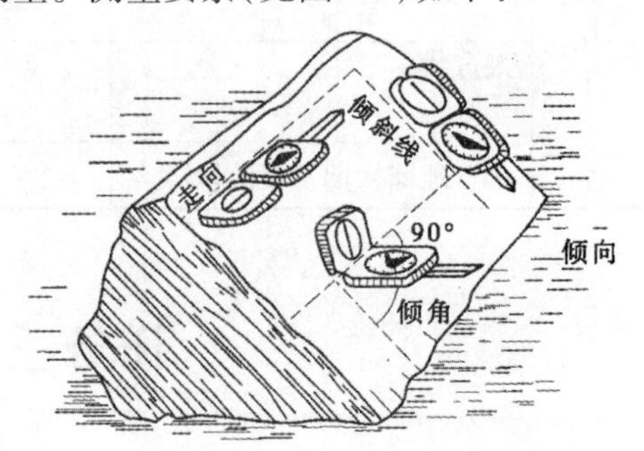

图 2-6　岩石产状要素测量

(一)测走向

将罗盘的长边与岩层面贴触,并使罗盘放水平(水准气泡居中),此时磁针(无论南针或北针)所指的度数即为所求的走向。

(二)测倾向

把罗盘的 N 极指向岩层层面的倾斜方向,同时使罗盘的短边与层面贴触,罗盘放水平,此时北针所指的度数即为所求的倾向。

(三)测倾角

将罗盘侧立,以其长边(NS 边)紧贴层面,并与走向线垂直,然后转动罗盘背面的旋钮,使下刻度盘的活动水准气泡居中,倾角指针所指的度数即为倾角大小。若是长方形罗盘,此时桃形指针在倾角刻度盘上所指的度数,即为所测的倾角大小。

(四)岩层产状要素的表示方法

一组走向为北西 320°,倾向南西 230°,倾角 35°的岩层产状,可写成:N320°W,S230°W,∠35°,也可记录为 SW230°∠35°形式。在地质图上,岩层的产状用符号“$\underset{35^\circ}{\curlywedge}$”表示,长线表示走向,短线表示倾向,数字表示倾角。长短线必须按实际方位画在图上。

三、水平构造、倾斜构造和直立构造

(一)水平构造

水平构造岩层产状呈水平(倾角 $\alpha = 0°$)或近似水平($\alpha < 5°$),如图 2-2(a)和图 2-7 所示。

图 2-7　水平岩层

岩层呈水平构造,表明该地区地壳相对稳定。

(二)倾斜构造(单斜构造)

倾斜构造岩层产状的倾角 $0° < \alpha < 90°$,岩层呈倾斜状(见图 2-2(b)、图 2-8)。岩层呈倾斜构造,说明该地区地壳不均匀抬升或受到岩浆作用的影响。

(三)直立构造

直立构造岩层产状的倾角 $\alpha \approx 90°$,岩层呈直立状(见图 2-9)。

图 2-8　倾斜岩层

图 2-9　直立岩层

岩层呈直立构造,说明岩层受到强力的挤压。

任务四　褶皱构造

岩层受构造应力作用后产生的连续弯曲变形称为褶皱构造。绝大多数褶皱构造是岩层在水平挤压力作用下形成的,如图 2-10 所示。褶皱构造是岩层在地壳中广泛发育的地质构造之一,它在层状岩石中最为明显,在块状岩体中则很难见到。褶皱构造的每一单个向上或向下的弯曲称为褶曲。褶皱构造的规模大小不一,大者可达几十千米至几百千米,小者手标本上可见。

一、褶皱要素

褶皱构造的各个组成部分称为褶皱要素(见图 2-11)。

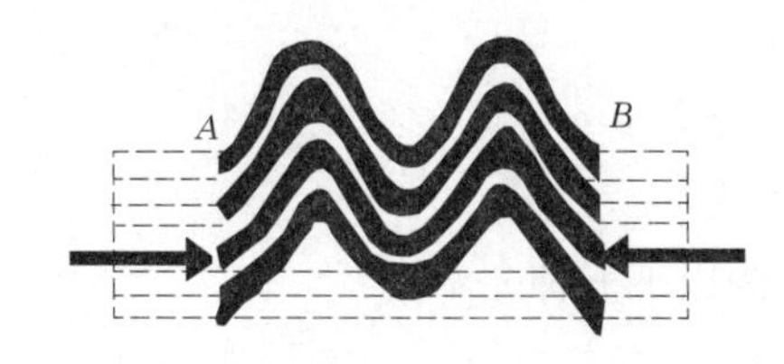

图 2-10　褶皱构造

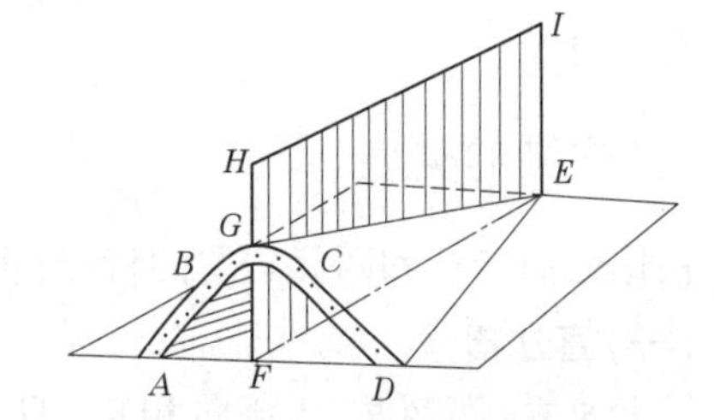

AB—翼;被 *ABGCD* 包围的内部岩层—核;

BGC—转折翼;*EFHI*—轴面;*EF*—轴线;*EG*—枢纽

图 2-11　褶皱要素示意图

(一)核部

核部是褶曲中心部位的岩层。当风化剥蚀后,常把出露在地表最中心的岩层称为核部。

(二)翼部

核部两侧的岩层称翼部。一个褶曲有两个翼。

(三)翼角

翼角是翼部岩层的倾角。

(四)轴面

轴面是对称平分两翼的假想面。轴面可以是平面,也可以是曲面。轴面与水平面的交线称为轴线;轴面与岩层面的交线称为枢纽。

(五)转折端

从一翼转到另一翼的弯曲部分为转折端。在横剖面上,转折端常呈圆弧形。

二、褶皱的基本形态和特征

褶皱的基本形态是背斜和向斜(见图 2-12)。

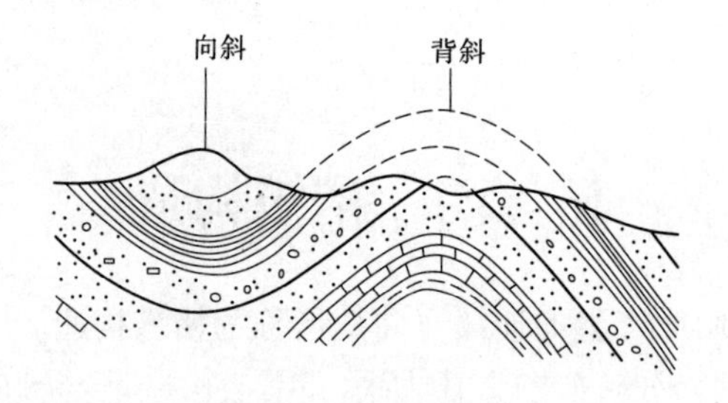

图 2-12　背斜和向斜

(一)背斜

背斜通常岩层向上弯曲,两翼岩层相背倾斜,核部岩层时代较老,两翼岩层依次变新并呈对称分布。

(二)向斜

向斜通常岩层向下弯曲,两翼岩层相向倾斜,核部岩层时代较新,两翼岩层依次变老并呈对称分布。

三、褶皱的类型

根据轴面产状和两翼岩层的特点,将褶皱分为以下五种。

(一)直立褶皱

轴面直立,两翼岩层倾向相反,且倾角大小近似相等的褶皱,称为直立褶皱,如图 2-13(a)所示。

(二)倾斜褶皱

轴面倾斜,两翼岩层倾向相反,倾角大小不等的褶皱,称为倾斜褶皱,如图 2-13(b)

所示。

(三)倒转褶皱

轴面倾斜,两翼岩层向同一方向倾斜,倾角大小不等,其中一翼岩层倒转,老岩层位于新岩层之上,另一翼岩层层序正常的褶皱,称为倒转褶皱,如图 2-13(c)所示。

(四)平卧褶皱

轴面产状近于水平,一翼岩层层序正常,另一翼岩层则倒转的褶皱,称为平卧褶皱,如图 2-13(d)所示。

(五)翻卷褶皱

轴面弯曲的平卧褶皱称为翻卷褶皱,如图 2-13(e)所示。

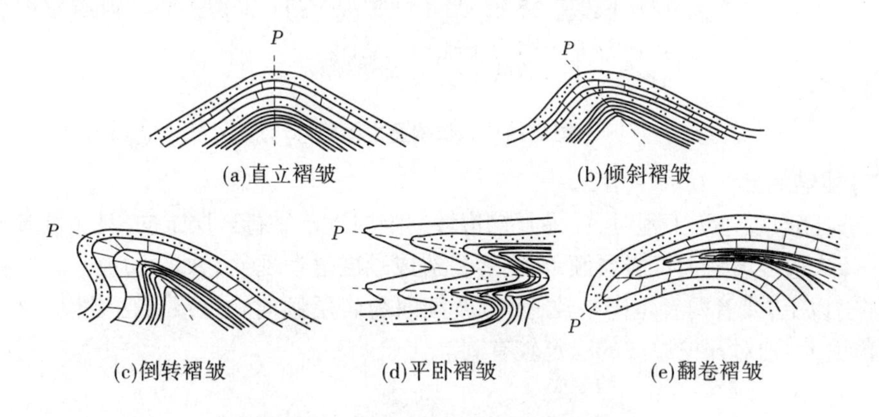

图 2-13 根据轴面产状褶皱的分类

四、褶皱构造的野外识别

首先判断褶皱是否存在,并区别背斜和向斜,然后确定其形态特征。

在少数情况下,沿河谷或公路两侧,岩层的弯曲常直接暴露,背斜或向斜易于识别。而多数情况下,由于岩层遭受风化剥蚀,出露情况不好,无法看到它的完整形态。这时需按下列方法进行分析:

首先,垂直于岩层走向观察,若岩层对称重复出现,便可肯定有褶皱构造;否则,没有褶皱构造(见图 2-14)。

其次,分析岩层的新老组合关系。若中间是老岩层,两侧是新岩层,则为背斜;若中间是新岩层,两侧是老岩层,则为向斜。

最后,根据两翼岩层产状和轴面产状,对褶皱进行分类和命名。

五、褶皱构造对工程的影响

(一)褶皱核部

褶皱核部岩层由于受水平挤压作用,节理发育、岩石破碎、易于风化、岩石强度低、渗透性强,在石灰岩地区还往往使岩溶较为发育,所以在核部布置各种建筑工程时,必须注意岩层的塌落、漏水即涌水问题。

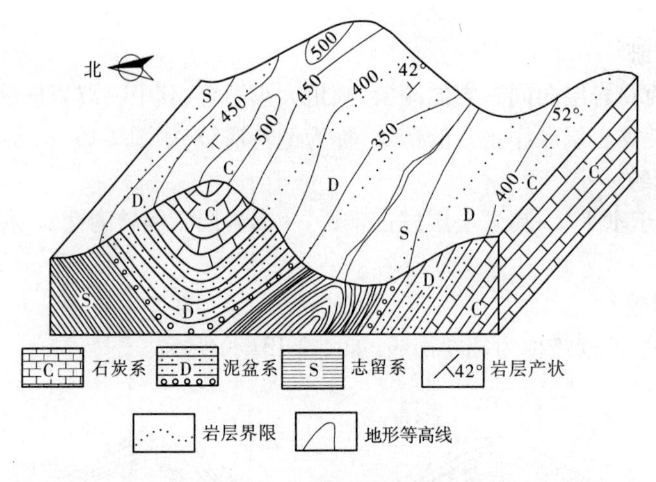

图 2-14 褶皱构造立体图

(二)褶皱翼部

褶皱翼部布置建筑工程时,如果开挖边坡的走向近于平行岩层走向,且边坡倾向与岩层倾向一致,边坡坡角大于岩层倾角,则容易造成顺层滑动现象。如果边坡与岩层走向的夹角在40°以上,或者两者走向一致,而边坡倾向与岩层倾向相反或者两者倾向相同,但岩层倾角更大,则对开挖边坡的稳定较有利。

任务五 断裂构造

岩层受力后产生变形,当作用力超过岩石强度时,岩石的连续性和完整性遭到破坏而发生破裂,形成断裂构造。断裂构造在地壳中广泛存在。毫无疑问,断裂构造的发生,必将对岩体的稳定性、透水性及其工程性质产生较大影响。

根据断裂之后的岩层有无明显位移,将断裂构造分为节理和断层两种形式。

一、节理

没有明显位移的断裂称为节理(或裂隙)。节理在岩层中广泛分布,且往往成组、成群出现,规模大小不一,可从几厘米到几百米。

节理按成因分为三种类型:第一种为原生节理,指岩石在成岩过程中形成的节理,例如地表的岩浆冷凝收缩产生的裂缝;第二种为次生节理,指风化、爆破等原因形成的裂隙,这种节理产状无序,一般局限于地表,规模不大,分布也不规则,通常只称为裂隙而不称为节理;第三种为构造节理,指由构造应力所形成的节理。

上述三种节理中,构造节理分布最广,几乎所有的大型水利水电工程都会遇到,以下重点介绍构造节理。

(一)构造节理的分类

构造节理按照形成的力学性质分为张节理和剪节理。

1. 张节理

由张应力作用产生的节理称为张节理,多发育在褶皱的轴部。其主要特征为:节理面粗糙不平,无擦痕,节理多开口,一般被其他物质充填;在砾岩或砂岩中的张节理常常绕过砾石或砂粒;张节理一般较稀疏、间距大,而且延伸不远;张节理有时沿先期形成的剪节理发育而成,被称为追踪张节理。

2. 剪节理

由剪应力作用产生的节理称为剪节理。其主要特征为:节理面平直光滑,有时可见擦痕,节理一般是闭合的,没有充填物;在砾岩或砂岩中的剪节理常常切穿砾石或砂粒;剪节理产状较稳定,间距小,延伸较远;发育完整的剪节理呈 X 型。若 X 型节理发育良好,则可将岩石切割成棋盘状(见图 2-15)。

图 2-15　X 型剪节理

(二)节理的统计

节理在岩层中广泛分布,对水利工程的不良影响主要是水库的渗漏和岩体的稳定两方面,但其影响程度取决于节理的成因、产状、数量、大小、连通以及充填等诸多因素。因而,在工程地质勘察中首先要查明这些特征,然后对其分析统计整理,以评价其对工程造成的影响。

首先,进行资料整理,将测点上所测的节理走向都换成北东和北西象限的角度,按走向方向大小,以 10°为一组统计各组节理条数,如表 2-2 所示。其次,确定作图比例尺,以等长或稍长于按线条比例尺表示最多那一组节理条数的线段长度为半径,画一个上半圆,通过圆心标出东、北、西三个方向,并标出 10°倍数的方向角度量值。然后,将表示各组节理条数的点标在相应走向方位角中间的半径上(见图 2-16)。如走向北东 41°~45°的节理有 35 条,按比例点在北东 45°的半径上。连接相邻组各点即成节理走向玫瑰图。为表示最发育组节理的倾向和倾角,将该组节理走向沿半径延伸出半圆以外,沿径向按比例划分出 9 个刻度(0°,10°,…,90°)代表倾角,切线方向代表倾向,并按比例取一定长度代表条数,如图 2-16 所示。图中最发育的一组节理的走向区间为 321°~330°,倾向北东的有两组,它们的倾角和条数分别为 21°~30°、25 条和 71°~80°、10 条。倾向南西的只有一组,其倾角为 51°~60°,条数为 15 条。

表 2-2　某坝址节理统计

走向(°)	条数	走向(°)	条数	走向(°)	条数	走向(°)	条数
0~10	0	51~60	19	271~280	0	321~330	50
11~20	0	61~70	10	281~290	0	331~340	22
21~30	20	71~80	20	291~300	14	341~350	30
31~40	25	81~90	0	301~310	10	351~360	0
41~50	35			311~320	30		

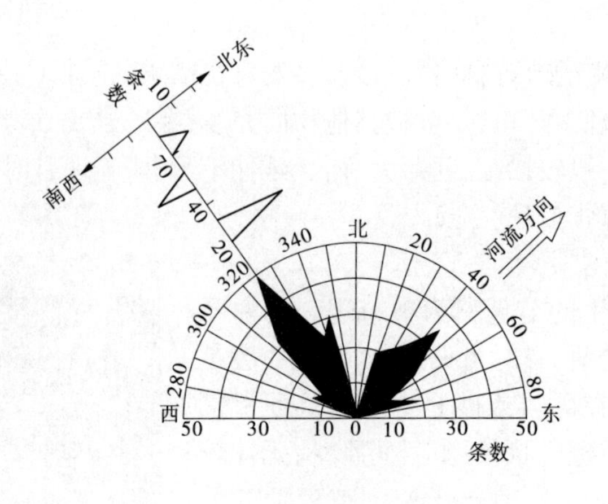

图 2-16　某坝址节理玫瑰图

二、断层

有明显位移的断裂称为断层。断层在岩层中也比较常见，其规模大小不一，可从几厘米到几千米，甚至达上百千米。

（一）断层要素

断层的基本组成部分，称为断层要素（见图 2-17）。它包括断层面、断层线、断层带、断盘及断距。

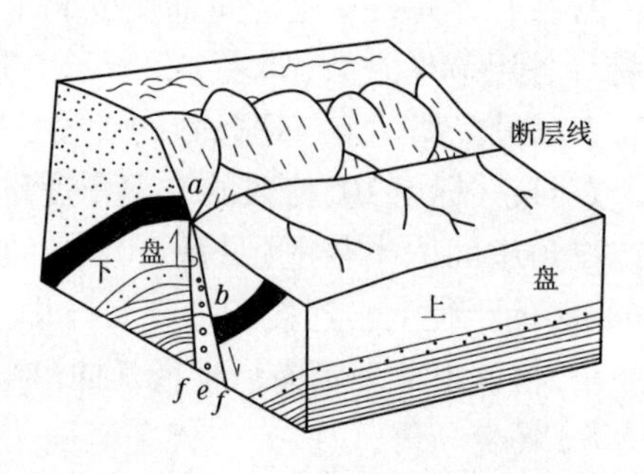

ab—断距；*e*—断层破碎带；*f*—断层影响带

图 2-17　断层要素图

1. 断层面

岩层断裂后，发生相对位移的破裂面称为断层面。它的空间位置仍由走向、倾向和倾角表示，它可以是平面，也可以是曲面。

2. 断层线

断层面与地面的交线称为断层线。它的方向表示断层的延伸方向。

3. 断层带

断层带包括断层破碎带和影响带。破碎带是指被断层错动搓碎的部分，常由岩块碎屑、粉末、角砾及黏土颗粒组成，其两侧被断层面所限制，如图 2-17 中的 *e*。影响带是指靠近破碎带两侧的岩层受断层影响，裂隙发育或发生牵引弯曲的部分，如图 2-17 中的 *f*。

4. 断盘

断层面两侧相对位移的岩块称为断盘。其中，断层面之上的称为上盘，断层面之下的称为下盘。

5. 断距

断层两盘沿断层面相对移动的距离称为断距。

（二）断层的基本类型

按照断层两盘相对位移的方向，可将断层分为以下三种类型。

1. 正断层

上盘相对下降、下盘相对上升的断层称为正断层（见图 2-18（a））。正断层的断层线一般较为平直，破碎带较宽，断层面的倾角多大于 45°。

2. 逆断层

上盘相对上升、下盘相对下降的断层称为逆断层（见图 2-18（b））。逆断层的规模一般较大，断层破碎带宽度较小，断层面较为弯曲或波状起伏，常有上、下方向的擦痕。逆断层一般在构造运动强烈的地区出现较多。按断层面倾角大小又将逆断层分以下几种：

（1）冲断层：断层面倾角大于 45°。

（2）逆掩断层：断层面倾角为 45°～25°。

（3）辗掩断层：断层面倾角小于 25°。

3. 平移断层

两盘沿断层面做相对水平位移的断层称为平移断层（见图 2-18（c））。平移断层的断层面较陡，甚至直立，且平直光滑。

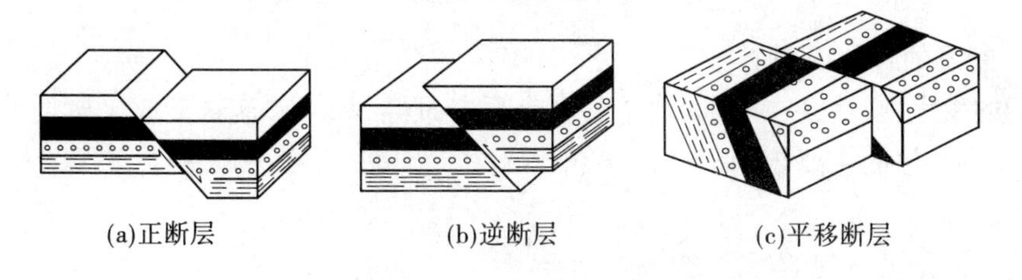

(a)正断层　(b)逆断层　(c)平移断层

图 2-18　断层类型示意图

（三）断层的组合形式

在自然界中，有时断层不是单独存在的，而是呈组合形式存在，常见的组合形式有以下四种。

1. 阶梯状断层

阶梯状断层由多个断层面倾向相同（或相近）而又相互平行的正断层组合而成，在剖面上各个断层的上盘依次下降呈阶梯状（见图 2-19）。

2. 地堑

地堑由两条以上正断层组合而成，两边岩层沿断层面相对上升，中间岩层相对下降（见图 2-19）。

3. 地垒

地垒由两条以上正断层组合而成，与地堑相反，断层面之间的岩层相对上升，两边岩层相对下降(见图 2-19)。

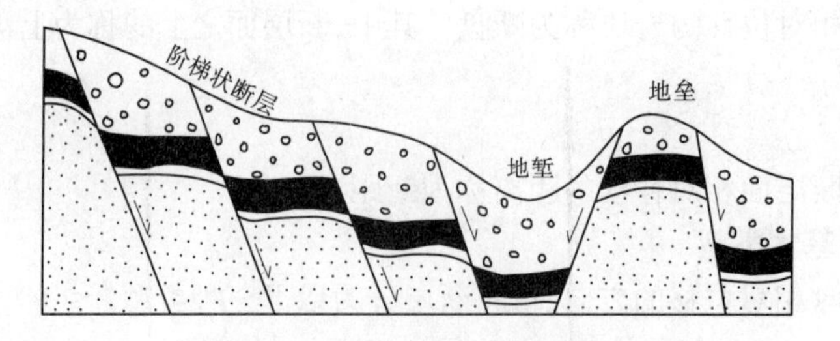

图 2-19　阶梯状断层、地堑和地垒

4. 叠瓦式断层

叠瓦式断层由一系列产状平行的冲断层或逆掩断层组合而成(见图 2-20)。各断层的上盘依次逆冲形成像瓦片般的叠覆。

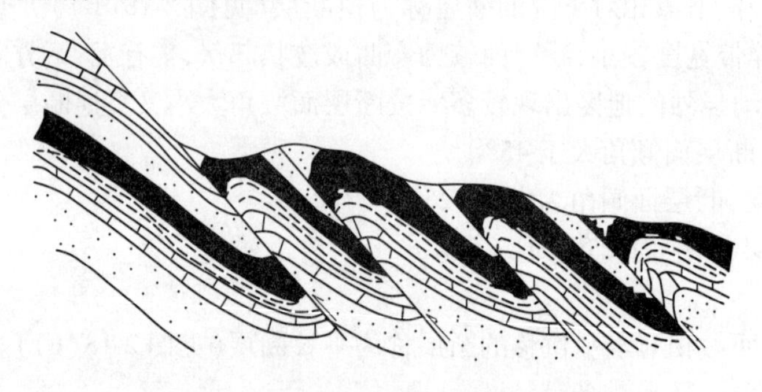

图 2-20　叠瓦式断层

(四)断层的野外识别

断层的发生,必然会在地貌、地层及构造等方面得到反映,这就形成了所谓的断层标志,也是识别断层的主要依据。

1. 地貌标志

地貌标准是最直观的标志之一。

(1)断层崖。由于断层两盘的相对运动,常使断层的上升盘形成陡崖,称为断层崖。例如东非大裂谷形成的断层崖(见图 2-21);太行山前断裂带使太行山拔地而起,成为华北平原的西部屏障等。

(2)断层三角面。断层崖受到与崖面垂直方向的水流侵蚀切割,便可形成沿断层走向分布的一系列三角形陡崖,称为断层三角面(见图 2-22)。

(3)错断的山脊。错断的山脊往往是断层两盘相对平移等运动的结果。

(4)串珠状湖泊洼地。这种洼地往往是大断层存在的标志。这些湖泊洼地主要是由断层引起的断陷或破碎带形成的。

(5)泉水的带状分布。泉水呈带状分布往往也是断层存在的标志。因为断层破碎带是地下水的良好通道。

2. 地层标志

地层标志是识别断层的可靠证据之一。

图 2-21　东非大裂谷形成的断层崖

图 2-22　断层三角面

（1）岩层沿走向突然中断，而和另一岩层相接触，则说明有断层发生（见图 2-23）。

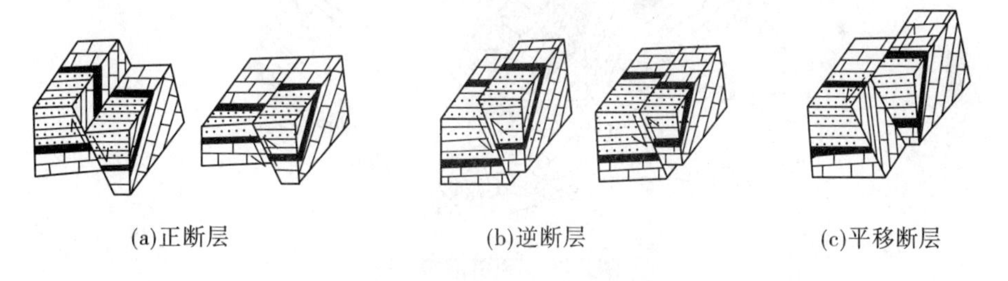

(a)正断层　(b)逆断层　(c)平移断层

图 2-23　断层造成岩层中断

（2）垂直岩层走向，若发现地层出现不对称的重复或缺失，则可判定有断层发生（见图 2-24）。

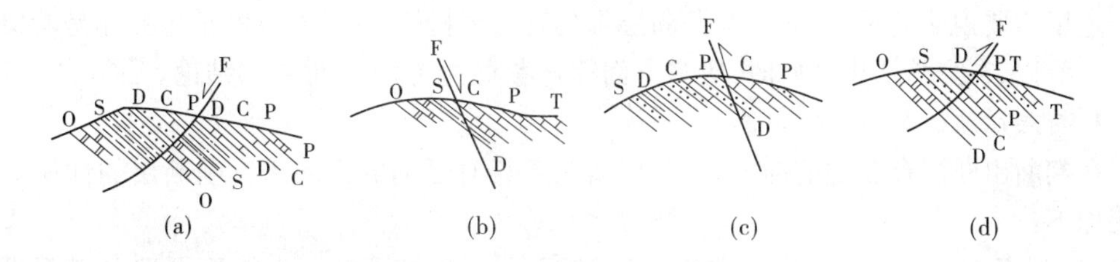

(a)　(b)　(c)　(d)

图 2-24　断层造成的地层重复和缺失

3. 构造标志

由于构造应力的作用,沿断层面或断层破碎带及其两侧,常常出现一些伴生的构造变动现象。这些现象是识别和确定断层性质的又一重要标志。常见的有擦痕、阶步、牵引褶皱及构造岩等。

(1)擦痕和阶步。断层两盘相互错动时,在断层面上留下的摩擦痕迹称为擦痕。有时在断层面上存在有垂直于擦痕方向的小台阶称为阶步(见图2-25)。

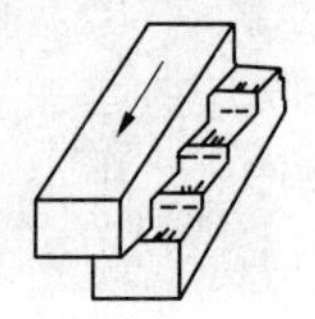

图2-25 擦痕和阶步

(2)牵引褶皱。断层两盘相对错动时,断层附近的岩层因受摩擦力的作用而发生弧形弯曲形成的拖拽现象,称为断层的牵引褶皱(见图2-26)。

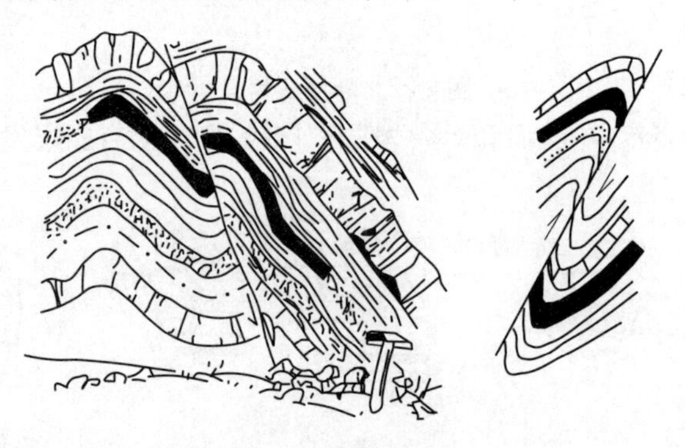

图2-26 牵引褶皱

(3)构造岩。构造岩是指断层发生时,由于构造应力的作用,断层带中岩石的矿物成分、结构、构造等发生强烈变化,甚至变质形成新的岩石,主要有断层角砾岩、断层泥、糜棱岩等。

这里需要说明的是,并非每一条断层都具有上述特征,而且有些特征也并非是断层的专利。所以,在野外认识断层时,应多方面综合考察,才能得出可靠的结论。

4. 断层性质的判断

在判断出断层存在的前提下,需要根据两盘相对运动的方向来判断断层的性质。其方法如下:

(1)根据擦痕判断。擦痕表现为一端粗而深,一端细而浅。由粗而深端向细而浅端指示另一盘的运动方向。另外,用手指顺擦痕轻轻抚摸,常常可以感觉顺一个方向比较光滑,而相反方向比较粗糙,感觉光滑的方向表示另一盘的运动方向。

（2）根据阶步判断。阶步的陡坎面指向另一盘的运动方向（见图2-25）。

（3）根据牵引褶皱判断。牵引褶皱弧形弯曲突出的方向指示本盘的运动方向（见图2-26）。

三、断裂构造对工程的影响

断裂构造的存在，破坏了岩体的完整性，降低了岩体强度，增大了岩体的透水性，加速了风化作用、地下水的活动及岩溶的发育，可能对工程建筑产生影响。

（1）断层破碎带力学强度低、压缩性大，建于其上的建筑物地基易产生较大的沉陷，还会使水工建筑物产生集中渗漏。

（2）跨越断裂构造带的建筑物，由于断裂带及其两侧上、下盘的岩体均可能不同，易产生不均匀沉降，从而使建筑物造成断裂和倾斜。

（3）断裂构造带在新的地壳运动影响下，可能发生新的移动，从而进一步影响建筑物的稳定。

小　结

地壳运动是由内力地质作用引起的，它能形成各种构造形态，所以又称为构造运动。最常见、最重要的地质构造是褶皱构造和断裂构造。

地层接触关系是研究地壳运动发展和地质构造形成历史的一个重要依据。地质年代表反映了地球演化的序列。地质构造是最重要的工程地质条件之一，研究地质构造对工程影响甚大，不同的构造形态和不同的构造部位对工程建设的影响是截然不同的，而要研究地质构造就必须掌握地质年代和岩层产状。

思考题

1. 什么是地质作用？地质作用的基本类型有哪些？
2. 简述相对地层年代的确定方法。
3. 何谓岩层产状要素？怎样测定？
4. 背斜和向斜的主要区别是什么？在野外如何识别褶皱？
5. 张节理和剪节理有何特征？
6. 断层的基本类型有哪些？各有何特征？野外如何识别断层？
7. 简述褶皱构造与断裂构造对工程的影响。

项目三 物理地质作用

【情景提示】

1. 位于我国吉林省的长白山天池像一块瑰丽的碧玉镶嵌在雄伟的长白山群峰之中，是我国最大的火山湖，也是世界海拔最高、积水最深的高山湖泊。你知道长白山天池为什么会出现在山顶吗?

2. 我国的华北平原、长江中下游平原、松嫩平原是粮食主产区和人口聚集区，你知道这几大平原是怎么形成的吗? 其他一些被称为大自然“鬼斧神工”的地貌又是怎样形成的呢?

3. 地震、滑坡、泥石流等自然地质灾害往往造成巨大的经济损失和人员伤亡，你知道这些自然地质灾害发生的原因及防范措施吗?

【项目导读】

工程地质学把对建筑物稳定安全或经济效益有一定影响的自然产生的地质作用，称为物理地质作用。本章介绍与水利工程建设密切相关的风化作用，流水的地质作用，岩溶、斜坡的地质作用，地震等物理地质作用。

【教学要求】

1. 熟悉风化作用的类型，影响岩石风化的因素。
2. 熟悉流水侵蚀作用、沉积作用、河流阶地的成因及类型。
3. 熟悉岩溶发育的基本条件及影响因素。
4. 了解泥石流的形成条件及类型。

任务一 风化作用

地表或接近地表的岩石在太阳辐射、水和生物活动等因素的影响下，使岩石遭受物理和化学的变化，称为风化。引起岩石这种变化的作用，称为风化作用。风化作用能使岩石成分发生变化，能把坚硬岩石变成松散的碎屑或土层，降低岩石的力学强度；风化作用又能使岩石产生裂隙，破坏岩石的完整性，影响斜坡和地基的稳定。

一、风化作用的类型

(一)物理风化作用

由于温度的变化,岩石孔隙、裂隙中水的冻融以及盐类物质的结晶膨胀等,使岩石发生机械破碎的作用,称为物理风化作用。

1. 热力风化

岩石在白天受到阳光照射时,表层首先受热发生膨胀,而内部还未受热,仍然保持着原来的体积。在夜间,外层首先冷却收缩,而内部余热未散,仍保持着受热状态时的体积。这样,岩石由于长期处于表里胀缩不一,便逐渐产生了纵横交错的裂隙以致破裂,岩体便由表及里一层一层地遭受破坏。同时因大多数岩石是由多种矿物组成的,而不同矿物的膨胀系数不同,当温度变化时矿物胀缩也不一致,天长日久,也能使岩体崩裂破碎。

2. 冻融风化

在高寒地区,当气温降到0 ℃或0 ℃以下时,岩石裂隙中的水由液态变成固态,体积膨胀,产生了很大压力,使岩石裂隙扩大;当冰融化后,水沿着扩大了的裂隙向深部渗入,如此一冻一融反复进行,就像冰楔子一样直到把岩体劈开破裂,称为冰劈作用(见图3-1)。

此外,当水中溶解有盐类物质时,水分蒸发后盐类便在裂隙中结晶,对岩石产生了撑胀作用,也会使岩石裂隙扩大,导致岩石崩解。

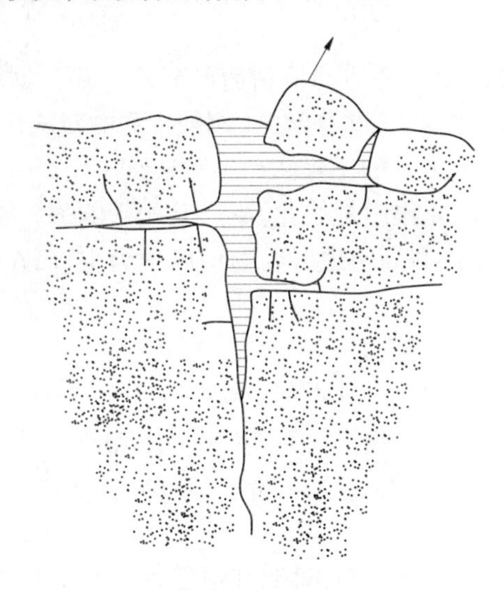

图3-1　冰劈作用

(二)化学风化作用

化学风化作用是指岩石在水、水溶液和空气中的氧与二氧化碳等作用下所引起的破坏作用。这种作用不仅使岩石破碎,更重要的是使岩石成分发生变化,形成新矿物。化学风化作用的方式主要有以下四种。

1. 水化作用

水化作用是指水和某种矿物结合形成新矿物。例如:

$$CaSO_4 + 2H_2O \rightarrow CaSO_4 \cdot 2H_2O$$

（硬石膏）　　（石膏）

水化作用可使岩石因体积膨胀而致破坏。

2. 氧化作用

氧化作用是指氧气与矿物发生化学反应，形成新矿物。例如，黄铁矿氧化后生成的硫酸对岩石和混凝土具有强烈的侵蚀破坏作用。

$$2FeS_2 + 7O_2 + 2H_2O \rightarrow 2FeSO_4 + 2H_2SO_4$$

（黄铁矿）　　（硫酸亚铁）

3. 水解作用

水解作用是指矿物与水的成分发生化学作用形成新的化合物。例如，水解作用会使岩石成分发生改变，结构破坏，从而降低岩石的强度。

$$4K(AlSi_3O_8) + 6H_2O \rightarrow 4KOH + Al_4(Si_4O_{10})(OH)_8 + 8SiO_2$$

（正长石）　　（高岭石）　　（硅胶）

4. 溶解作用

溶解作用是指水直接溶解岩石矿物的作用。例如：

$$CaCO_3 + H_2O + CO_2 \rightarrow Ca(HCO_3)_2$$

（碳酸钙）　　（重碳酸钙）

溶解作用促使岩石孔隙率增加，裂隙加大，使岩石遭受破坏。

（三）生物风化作用

生物风化作用是指岩石由生物活动所引起的破坏作用。这种破坏作用包括机械的（例如植物根系在岩石裂隙中生长）和化学的（例如生物的新陈代谢中析出的有机酸对岩石产生的腐蚀、溶解）。此外，人类的工程活动也对岩石风化产生一定的影响。

在自然界中，上述三种风化作用是彼此并存，互相影响的。在不同地区，它们作用的强弱有主次之分。例如在干燥和高山地区以物理风化为主，而在湿热多雨地区则以化学风化为主。

二、岩体的风化程度分级

岩石风化后产生的碎屑物质，残留在原地的称为残积物（层）。残积物与其下伏的风化岩石构成了地表的风化层。由于受原岩岩性、地质构造、地形、气候等因素的影响，风化层的厚度各处不一。

不同规模、不同类型的水工建筑物，对地基强度等的要求和工程处理措施是不同的。对大多数建筑物来说，并不是将风化岩石全部开挖，基础置于新鲜岩石之上，而是在保证建筑物安全稳定、经济合理的前提下，只对那些风化较严重、工程地质性质不能满足设计要求的岩体，加以开挖或进行工程处理，而对那些风化轻微，稍加处理后就能满足要求的岩体，就不必开挖。所以，为了说明岩体的风化程度及其变化规律，正确评价风化岩石对水利工程建设的影响，就必须对岩体按风化程度进行分级（垂直分带）。《水利水电工程地质勘察规范》（GB 50487—2000）将岩石按风化程度分为全风化、强风化、弱风化、微风化和新鲜岩石 5 个等级（见表 3-1）。

表 3-1　岩体的风化程度分级

风化带	主要地质特征	风化岩纵波速与新鲜岩纵波速比
全风化	全部变色，光泽消失； 岩石的组织结构完全破坏，已崩解和分解成松散的土状或砂状，有很大的体积变化，但未移动，仍残留有原始结构痕迹； 除石英颗粒外，其余矿物大部分风化蚀变为次生矿物； 锤击有松软感，出现凹坑，矿物手可捏碎，用锹可以挖动	<0.4
强风化	大部分变色，只有局部岩块保持原有颜色； 岩石的组织结构大部分破坏，小部分岩石已分解或崩解成土，大部分岩石呈不连续的骨架或心石，风化裂隙发育，有时含有大量次生夹泥； 除石英外，长石、云母和铁镁矿物已风化蚀变； 锤击哑声，岩石大部分变酥，易碎，用镐撬可以挖动，坚硬部分需爆破	0.4~0.6
中等风化（弱风化）	岩石表面或裂隙面大部分变色，但断口仍保持新鲜岩石色泽； 岩石原始组织结构清楚完整，但风化裂隙发育，裂隙壁风化剧烈； 沿裂隙铁镁矿物氧化锈蚀，长石变得浑浊、模糊不清； 锤击哑声，开挖需爆破	0.6~0.8
微风化	岩石表面或裂隙面有轻微褪色； 岩石组织结构无变化，保持完整组织结构； 大部分裂隙闭合或被钙质薄膜充填，仅沿大裂隙有风化蚀变现象，或有锈膜浸染； 锤击发音声脆，开挖需用爆破	0.8~0.9
新鲜	保持新鲜色泽，仅大的裂隙面偶见褪色； 裂隙面紧密，完整或焊接状充填，仅个别裂隙面有锈膜浸染或轻微蚀变； 锤击发音清脆，开挖需用爆破	0.9~1.0

注：通常在一个区域或一个剖面里从全风化带到新鲜岩石均有发育，但也常有缺失个别风化带或仅有一两个风化带的情况。

三、防治岩石风化的主要方法

（一）挖除法

挖除法适用于风化层较薄的情况，当厚度较大时通常只将严重影响建筑物稳定的部分剥除。

（二）抹面法

抹面法是用水和空气不能透过的材料（例如沥青、水泥、黏土层等）覆盖岩层。

（三）胶结灌浆法

胶结灌浆法是用水泥、黏土等浆液灌入岩层或裂隙中，以加强岩层的强度，降低其透水性。

(四)排水法

排水法是为了减少具有侵蚀性的地表水和地下水对岩石中可溶性矿物的溶解,适当做一些排水工程。

任务二　流水的地质作用

地面流水按其流动方式可分为坡流、洪流和河流三种。其中前两种都出现在降水或降水后很短一段时间内,故称为暂时性流水,而后者(河流)多为经常性流水。

一、坡流的地质作用

降落在斜坡上的雨水和冰雪融水,呈片状或网状沿坡面漫流,称为坡流。坡流沿着斜坡坡面做散状流动,将地表的碎屑物质(岩石风化产物)顺斜坡向下搬动或移动,其结果是使地形逐渐变得平缓,造成水土流失。坡流将它们所挟带的碎屑物质搬至坡度较平缓的山坡或山麓处逐渐堆积下来,形成坡积物(层)(见图3-2)。

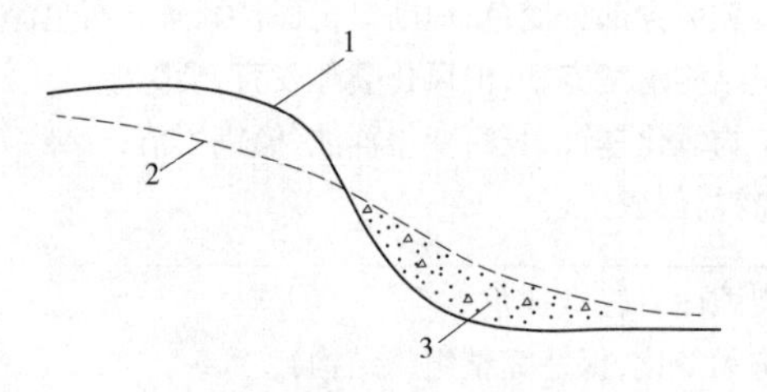

1—原始斜坡地面;2—洗刷后的坡面;3—坡积物

图3-2　坡积物

坡积物结构松散,孔隙率高,压缩性大,抗剪强度低,在水中易崩解。当黏土质成分含量较多时,透水性较弱;含粗碎屑石块较多时,则透水性强。当坡积物下伏基岩表面倾角较陡,坡积层与基岩接触处为黏性土而又有地下水沿基岩面渗流时,则易发生滑坡。

在山区的河谷谷坡和山坡上,坡积物广泛分布,这对基坑开挖、开渠、修路等危害很大。在坡积物上修建建筑物时,还应注意地基的不均匀沉降问题。

二、洪流的地质作用

(一)洪流与冲沟

洪流是暴雨或骤然大量的融雪水沿沟槽做快速流动的暂时性水流。洪流由于雨量大、流速快,并挟有大量泥沙石块,对流经的地面产生强烈冲刷,这种作用称为洪流的冲刷作用。冲刷作用的结果是使沟槽不断加长、加宽、加深形成冲沟(见图3-3)。

冲沟的形成发育主要受沟底坡度、岩性、气候以及植被等因素所控制。例如我国西北黄土高原地区,植被稀少、土质疏松、降雨集中,所以冲沟发展很快,造成大面积水土流失。洪流所挟带的大量泥沙还会带入河流,使水库淤积。冲沟的发展还会强烈切割地面,给渠道、铁路和公路的修建和使用带来极大的威胁。

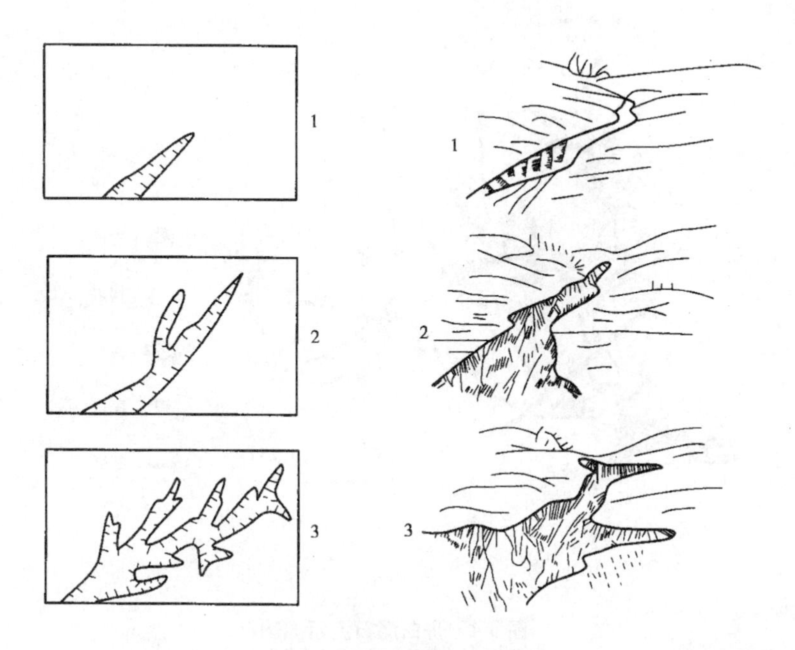

图 3-3　冲沟发育示意图

冲沟的防治一般采取水土保持措施,例如在荒坡陡壁上种草植树,保水固土;在山坡地上垒土换土,蓄水改田;在山间河谷中修筑水库、谷坊,拦蓄山洪和泥沙等。

(二)泥石流

泥石流是发生在山区的一种含有水和大量泥沙石块的特殊洪流。它的形成条件是山坡及沟谷坡度陡,汇水面积大,汇水区内有厚层岩石风化碎屑覆盖,且山坡植物覆盖率低,降水强度大或短期内冰雪迅速消融。值得注意的是,人为的滥伐森林、陡坡开荒等,可使水土流失加剧,为泥石流活动创造了条件。2010 年 8 月 7 日 22 时左右,甘南藏族自治州舟曲县城东北部山区突降特大暴雨,降雨量达 97 mm,持续 40 多 min,引发三眼峪、罗家峪等四条沟系特大山洪地质灾害(见图 3-4),泥石流长约 5 km,平均宽度 300 m,平均厚度 5 m,总体积 750 万 m^3,流经区域被夷为平地。舟曲“8 · 7”特大泥石流灾害导致 1 481 人遇难,284 人失踪。

由于泥石流的发生极为迅速,它又是一种水、泥、石的混合物,而且来势突然、凶猛,冲刷力和摧毁力强,有着掩埋和破坏工程的威胁及危及人们生命的危险,故对泥石流应予以防治。

(三)洪积物(层)

洪流出沟口后,由于地势开阔,水流分散,坡度变缓,流速降低,大量碎屑物质在沟口堆积,形成洪积物(层)。堆积的形状似“扇子”,故又称为洪积扇。若相邻沟谷的洪积扇相连,形成山前倾斜平原。

洪积物的厚度由沟口向四周逐渐减小,且有一定的分选性。在洪积扇后缘,堆积物颗粒较粗、孔隙大、透水性强、承载力高,为良好的天然地基,对水工建筑物来说,要注意渗漏问题。洪积扇前缘,堆积物则以细小的黏性土为主,一般孔隙率高、孔隙小、压缩性大而透水性较弱,不宜做大型建筑物地基。

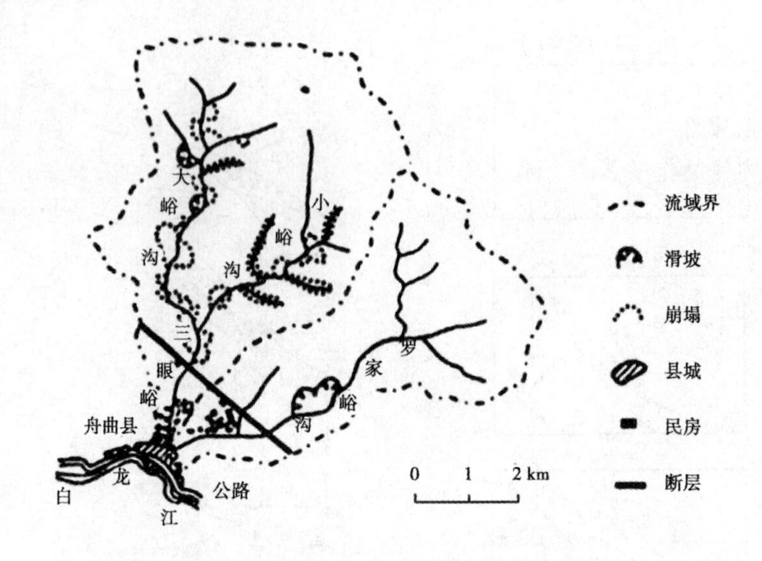

图 3-4 舟曲泥石流示意图

三、河流的地质作用

河流是在河谷中流动的经常性流水。河谷包括谷坡和谷底，谷坡上有河流阶地，谷底可分为河床和河漫滩（见图 3-5）。

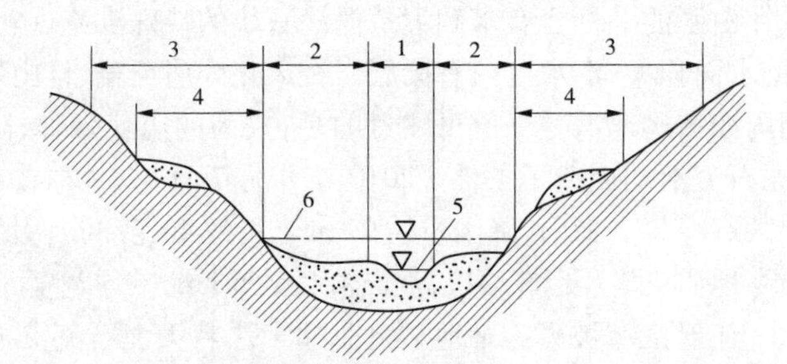

1—河床；2—河漫滩；3—谷坡；4—阶地；5—平水位；6—洪水位

图 3-5 河谷的组成

河流的地质作用可分为侵蚀作用、搬运作用和沉积作用。

（一）河流的侵蚀作用

河流侵蚀作用是指河水冲刷河床，使河床岩石发生破坏的作用。破坏的方式主要有机械破坏（冲蚀和磨蚀）和化学溶蚀，河流以这两种方式不断刷深河床和拓宽河谷。按河流侵蚀作用方向，又可分垂直侵蚀作用和侧向侵蚀作用两种。

1. 垂直侵蚀作用

河流的垂直侵蚀作用是指河水冲刷河底、加深河床的下切作用。其侵蚀强度取决于河水具有的能量大小和河底的地质条件。

河流上游，由于河床的纵向坡度较陡，流速较大，河流的垂直侵蚀作用强烈，常形成 V

形深切峡谷。我国长江、黄河等河流的上游，就有很多峡谷出现，例如三峡、龙羊峡、刘家峡等。

2. 侧向侵蚀作用

河流的侧向侵蚀作用是指河流冲刷两岸，加宽河床的作用。主要发生在河流的中下游地区。侧向侵蚀作用的结果是使河谷愈来愈宽，河床愈来愈弯曲（见图 3-6），形成河曲。河曲发展到一定程度时，可使同一河床上、下游非常靠近，在洪水时易被冲开，河床便截弯取直。被废弃的弯曲河道便形成牛轭湖（见图 3-7）。

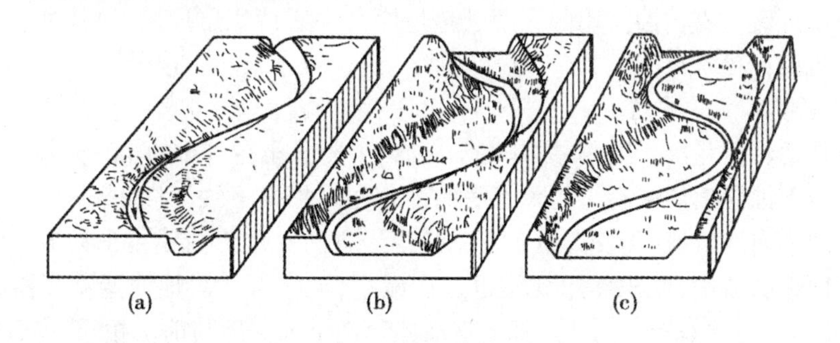

图 3-6　侧向侵蚀作用使河谷不断加宽

（二）河流的搬运作用

河流将其挟带的物质向下游方向运移的过程，称为河流的搬运作用。河水搬运物质能力的大小，主要取决于河水的流量和流速。河流搬运物质的方式有推运、悬运和溶运三种。

（三）河流的沉积作用

在河床坡降平缓地带及河口附近，由于河水的动能减小、流速变缓，水流所搬运的物质在重力作用下便逐渐沉积下来，此沉积过程称为河流的沉积作用。所沉积的物质称为冲积物（层）。

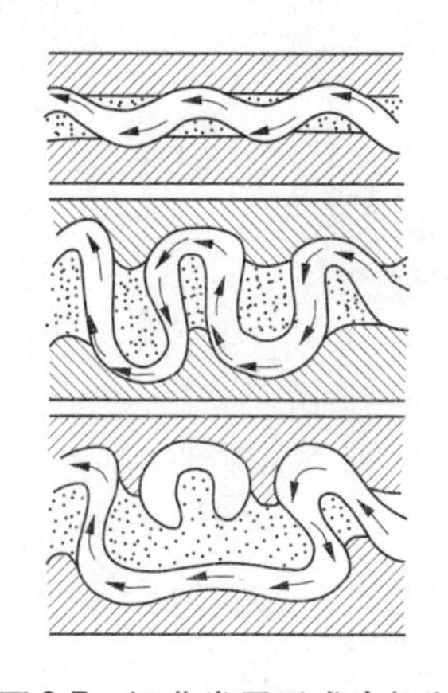

图 3-7　河曲发展形成牛轭湖

河流搬运物质的颗粒大小和重量，严格受流速控制。当流速逐渐减缓时被搬运的物质就按颗粒大小和比重，依次从大到小、从重到轻沉积下来，因此冲积层的物质具有明显的分选性。上游及中游沉积物质多为大块石、卵石、砾石及粗砂等，下游沉积物多为中砂、细砂、黏土等。河流在搬运过程中，碎屑物质相互碰撞摩擦，棱角磨损，形状变圆，所以冲积层颗粒磨圆度较好，且多具层理，并时有尖灭、透镜体等产状。

（四）河流阶地

河谷两岸是由流水作用所形成的狭长而平坦的阶梯平台，称为河流阶地。它是河流侵蚀、沉积和地壳升降等作用的共同产物。当地壳处于相对稳定时期，河流的侧向侵蚀和沉积作用显著，塑造了宽阔的河床和河漫滩。然后地壳上升，河流垂直侵蚀作用加强，使河床下切，将原先的河漫滩抬高，形成阶地。若上述作用反复交替进行，则老的河漫滩位置不断抬高，新的阶地和河漫滩相继形成。因此，多次地壳运动将出现多级阶地。河流阶地主要可分三种类型。

1. 侵蚀阶地

侵蚀阶地的特点是阶地面由裸露基岩组成，有时阶地面上可见很薄的沉积物（见图3-8(a)）。侵蚀阶地只分布在山区河谷。它作为厂房地基或者桥梁和水坝接头是有利的。

2. 基座阶地

基座阶地由两层不同物质组成，冲积物组成覆盖层，基岩为其底座（见图3-8(b)），它的形成反映了河流垂直侵蚀作用的深度已超过原来谷底冲积层厚度，已经切入基岩。基座阶地在河流中比较常见。

3. 堆积阶地

堆积阶地的特点是沉积物很厚，基岩不出露，主要分布在河流的中下游地区。它的形成反映了河流下蚀深度均未超过原来谷底的冲积层。根据下蚀深度不同，堆积阶地又可分为上迭阶地和内迭阶地（见图3-8(c)、(d)）。上迭阶地的形成是由于河流下蚀深度和侧向侵蚀宽度逐次减小，堆积作用规模也逐次减小，说明每一次地壳运动规模在逐渐减小，河流下蚀均未到达基岩。内迭阶地的特点是每次下蚀深度与前次相同，将后期阶地套置在先成阶地内，说明每次地壳运动规模大致相等。

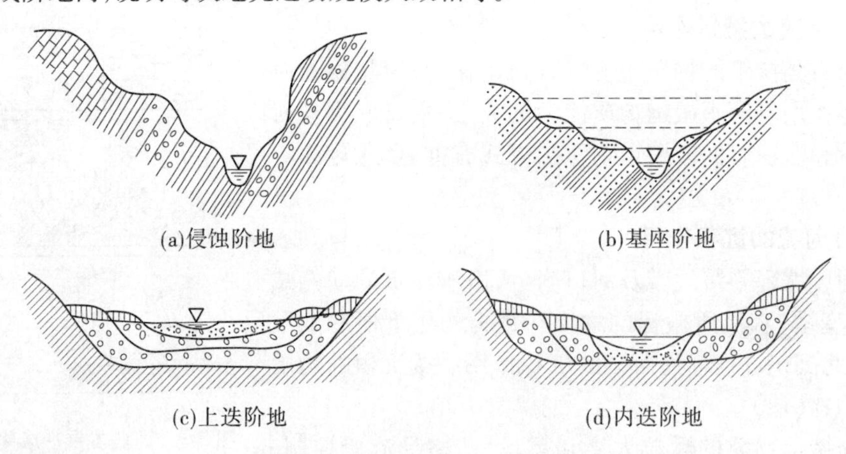

图3-8　河流阶地类型示意图

巨大河流的中下游，河谷非常开阔，河流堆积作用十分强烈，当阶地非常大时，形成一片平缓的广阔平原，称为冲积平原。

阶地分布于顺河方向的河床两侧，地形较开阔平坦，土地肥沃，是农业生产、工程建设和人类居住的重要场所。渠道、公路、铁路常沿阶地选线。在水工建筑物中，常利用阶地作为库房、加工厂和工人住宅的场所。堆积阶地一般具二元结构，应注意下层砂砾石的透水问题。此外，还应注意阶地内斜坡的稳定性，防止崩塌、滑坡等不良地质现象的发生。

（五）河流侵蚀、淤积作用的防治

对于河流侧向侵蚀及因河道局部冲刷而造成的塌岸等灾害，一般采取护岸工程或使主流线偏离被冲刷地段等防治措施。

1. 护岸工程

(1)直接加固岸坡。常在岸坡或浅滩地段植树、种草。

(2)护岸。有抛石护岸和砌石护岸两种,即在岸坡砌筑石块(或抛石),以削减水流能量,保护岸坡不受水流直接冲刷。石块的大小,应以不致被河水冲走为原则。抛石体的水下边坡一般不宜超过1:1,当流速较大时,可放缓至1:3。石块应选择未风化、耐磨、遇水不崩解的岩石。抛石层下应有垫层。

2. 约束水流

(1)顺坝和丁坝。顺坝又称导流坝,丁坝又称半堤横坝。常将丁坝和顺坝布置在凹岸以约束水流,使主流线偏离受冲刷的凹岸。丁坝常斜向下游,夹角为60°~70°,它可使水流冲刷强度降低10%~15%(见图3-9)。

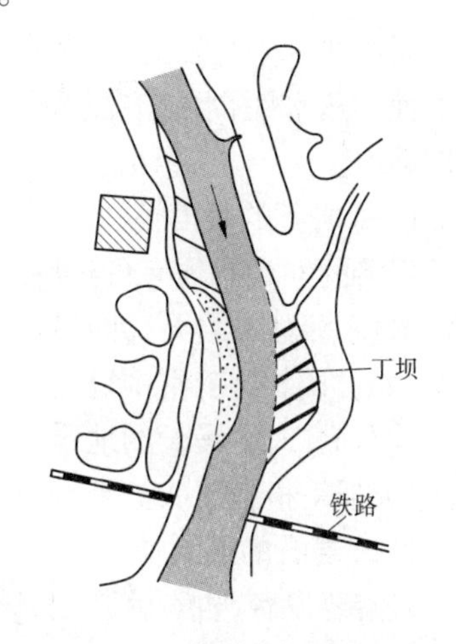

图3-9　丁坝示意图

(2)约束水流、防止淤积。束窄河道、封闭支流、截直河道、减少河道的输沙率等均可起到防止淤积的作用。也常采用顺坝、丁坝或二者组合使河道增加比降和冲刷力,以达到防止淤积的目的。

任务三　岩　溶

岩溶是指在可溶性岩石(主要是石灰岩、白云岩及其他可溶性盐类岩石)分布地区,岩石长期受水的淋漓、冲刷、溶蚀等地质作用而形成的一些独特的地貌景观,如溶洞、落水洞、溶沟、石林、石笋、石钟乳、暗河等(见图3-10、图3-11)。岩溶现象主要发育在碳酸盐类岩石分布地区,尤以南斯拉夫北部的喀斯特高原地区发育比较典型,也最早引起人们的注意,因而国际上称之为喀斯特。

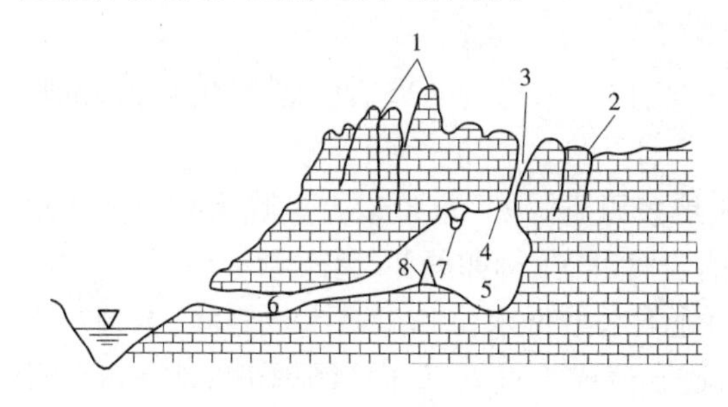

1—石林;2—溶沟;3—漏斗;4—落水洞;
5—溶洞;6—暗河;7—石钟乳;8—石笋

图3-10　岩溶形态示意图

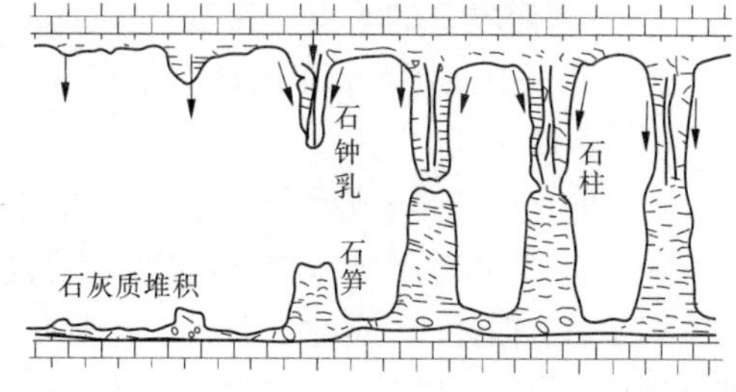

图3-11　石钟乳、石笋和石柱生成示意图

一、岩溶的形成条件

岩溶的发生与发展,受多种因素的影响。总地来说,岩溶发育的基本条件有:岩石的可溶性和透水性,水的溶蚀性和流动性。前者是产生岩溶的内在因素,后者是产生岩溶的外部动力。

(一)岩石的可溶性

岩溶的发育必须有可溶性岩石的存在。由岩石的溶解度知,能造成岩溶的岩石可分三大组:碳酸盐类岩石,如石灰岩、白云岩和泥灰岩;硫酸盐类岩石,如石膏和硬石膏;卤素岩石,如岩盐。这三组中以卤素岩石溶解度最大,碳酸盐类岩石溶解度最小,但碳酸盐类岩石分布最广,在漫长的地质年代中,所形成的溶蚀现象能够保存下来。因而一般所谓的岩溶,大都是指在碳酸盐类岩石中已形成的各种地质地貌现象。

(二)岩石的透水性

岩溶要发育,岩石就必须具有透水性。一般在断层破碎带、裂隙密集带和褶皱轴部附近,岩石裂隙发育且连通性好,有利于地下水的运动,从而促进了岩溶的发育,并且往往沿此方向发育着溶洞、地下河等。另外,在地表附近,由于风化裂隙增多,所以岩溶一般比深部发育。

(三)水的溶蚀性

水对碳酸盐类岩石的溶解能力,主要取决于水中侵蚀性 CO_2 的含量。水中侵蚀性 CO_2 的含量越多,水的溶蚀能力也越强。

(四)水的流动性

水的流动性反映了水在可溶性岩石中的循环交替程度。只有水循环交替条件好,水的流动速度快,才能将溶解物质带走,同时促使含有大量 CO_2 的水源源不断地得到补充,则岩溶发育速度就快;反之,岩溶发育就慢,甚至处于停滞状态。

二、岩溶的分布规律

(一)岩溶发育的垂直分带性

在岩溶地区,地下水流动具有垂直分带现象,因而所形成的岩溶也带有垂直分带的特征(见图 3-12)。

(1)垂直循环带,或称包气带。此带位于地表以下,地下水位以上。降水时地面水沿岩石裂隙向下渗流,因此该带形成竖向发育的岩溶形态,例如漏斗、落水洞等。

(2)季节循环带,或称过渡带。此带位于地下水最低水位和最高水位之间,本带受季节性影响。当干旱季节时,地下水位较低,渗透水流成垂直下流;而当雨季时,地下水位升为最高水位,该带则为全部地下水所饱和,渗透水流成水平流动。因此,在本带形成的岩溶通道是水平方向与垂直方向的交替。

(3)水平循环带,或称饱水带。此带位于地下最低水位之下,地下水常年做水平流动或向河谷排泄。因而本带形成水平的岩溶通道,称为溶洞。若溶洞中有水流,则称为地下河。但是由河谷底向上排泄的岩溶水,具有承压性质,因而岩溶通道也常常呈放射状分布。

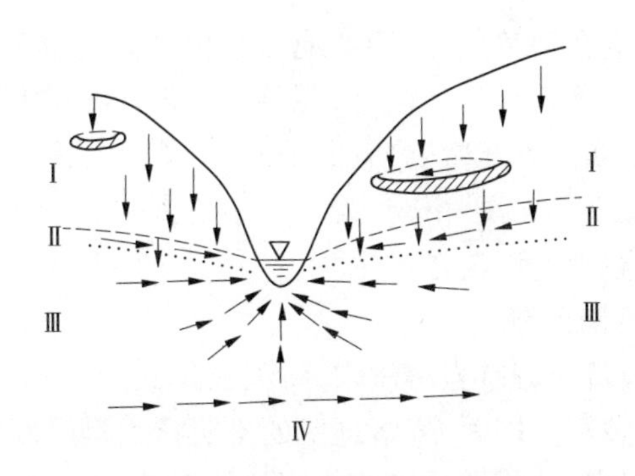

Ⅰ—垂直循环带；Ⅱ—季节循环带；Ⅲ—水平循环带；Ⅳ—深部循环带

图3-12　岩溶的垂直分布示意图

(4)深部循环带。本带地下水埋藏的流动方向取决于地质构造和深部循环水。由于地下水埋藏很深,它不是向河底流动而是排泄到远处。这一带水的交替强度极小,岩溶发育速度与程度也很小,但在很长的地质时期中,可以缓慢形成一些蜂窝状小溶孔等岩溶现象。

(二)岩溶分布的成层性

在地壳运动相对稳定时期,岩溶地区在垂直剖面上形成了上述岩溶发育的4个带,之后若地壳上升,地表河流下切,地下水位随之下降,原来处于季节循环带的部位就变为了垂直循环带,原来的水平循环带相应变为季节循环带,并依此类推。当地壳再处于稳定时期时,原来的季节循环带所形成的岩溶洞层位置已抬高,在其下部新的季节循环带将会形成新的岩溶洞层,因而使岩溶的发育呈现出成层性。

(三)岩溶分布的不均匀性

一方面,岩溶发育受岩性控制。一般情况下,质纯、层厚的石灰岩中,岩溶最为发育,形态齐全,规模较大,而含泥质或其他杂质的岩层,岩溶发育较弱。

另一方面,岩溶发育受地质构造条件控制。岩溶常沿着区域构造线方向(如裂隙、断层走向及褶皱轴部)呈带状分布,多形成溶蚀洼地、落水洞、较大的溶洞及地下河等。

三、岩溶区的主要工程地质问题

碳酸盐类岩石在我国分布广泛,仅地表出露的面积就有120万km^2,约占全国面积的12.5%,尤其在广西、贵州、滇东、湘西、鄂西、川东等地较为集中。

由于岩溶的发育致使建筑物场地和地基的工程地质条件大为恶化,因此在岩溶地区修建各类建筑物时必须对岩溶进行工程地质研究,以预测和解决因岩溶而引起的各种工程地质问题。归纳起来,岩溶区的工程地质问题主要有以下两类。

(一)渗漏和突水问题

由于岩溶地区的岩体中有许多溶隙、溶洞、漏斗等,水库、坝址选择不当或未能采取可靠的防渗措施,轻则降低水库效益,成为病险库,遗留后患;重则水库不能蓄水,或工程处理费用过高,在经济上造成不合理。在基坑开挖和隧洞施工中,岩溶水可能突然大量涌出,给施工带来困难。

在岩溶地区,库区应选在地势低洼,四周地下水位较高,上游有大泉出露而下游无大泉出露,上下游流量没有显著差异的河段上,要避免邻区有深谷大河。如果发现库底有渗漏,可采用堵(堵落水洞)、铺(铺盖黏土)、围(在落水洞四周建围墙)、引(引入库内或导出库外)等方法进行处理。

对岩溶突水的处理,原则上以疏导为主。

(二)地基稳定性及塌陷问题

坝基或其他建筑物地基中若有岩溶洞穴,将大大降低地基岩体的承载力,容易引起洞穴顶塌陷,使建筑物遭受破坏。同时,岩溶地区的土层特点是厚度变化大,孔隙比高,因此地基很容易产生不均匀沉降,从而导致建筑物倾斜甚至破坏。

在岩溶地区工程设计前,必须充分细致地进行工程地质勘察工作,搞清建筑地区岩溶的分布和发育规律,正确评价它对工程的影响和危害。

任务四　斜坡的地质作用

斜坡通常是指地表因自然作用形成的向一个方向倾斜的地段。斜坡在一定的自然条件和重力作用下,常使在其上的部分岩体发生变形和破坏,给各种建筑物(如水坝、隧洞、渠道、铁路、公路等)的建造和使用带来极大的困难和危害,有时甚至造成巨大的灾难。

一、斜坡的破坏类型

斜坡岩体失稳破坏的类型主要有蠕变、剥落、崩塌和滑坡。

(一)蠕变

斜坡上挤压紧密的岩石,在重力作用下发生长期缓慢变形及松动的现象,称为蠕变。

(二)剥落

斜坡上的表层岩石,由于长期的物理风化作用而破碎成细小的岩片、岩屑,在重力作用下向坡下坠落和滚动的现象,称为剥落。

(三)崩塌

在斜坡的陡峻地段,大块岩体在重力作用下,突然迅速倾倒崩落,沿山坡翻滚撞击而坠落坡下的破坏现象,称为崩塌(见图3-13)。

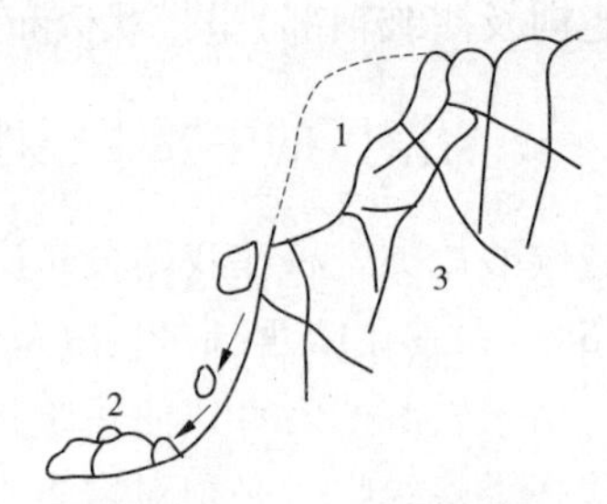

1—崩塌体;2—堆积块石;3—被裂隙切割的斜坡基岩

图3-13　崩塌示意图

(四)滑坡

斜坡上的岩体,在重力作用下,沿斜坡内一个或几个滑动面整体向下滑动的现象,称为滑坡。大的滑坡规模可达几千立方米,甚至数亿立方米,常掩埋村镇,中断堵塞交通,给工程带来重大危害。所以,在工程建设中必须对滑坡进行详细勘察,研究其发生原因及发展规律,提出合理有效的防治措施。2015年12月20日11时40分,广东省深圳市光明新区凤凰社区恒泰裕工业园发生山体滑坡,滑坡面积38万m^2,事故造成69人遇难,8人失联,33栋建筑物被掩埋或不同程度受损。

1. 滑坡的组成

一般,滑坡由以下几部分组成(见图3-14):

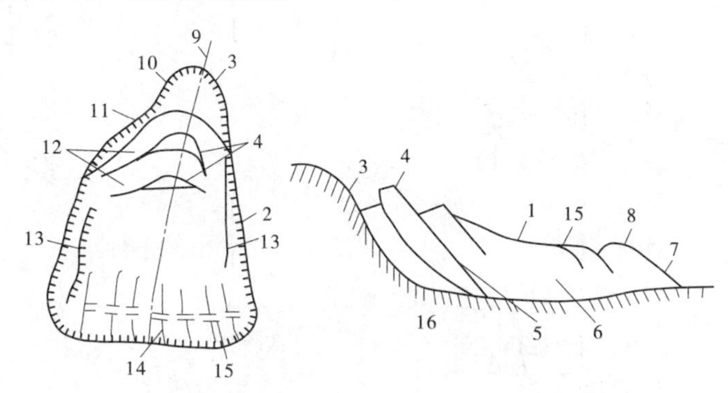

1—滑坡体;2—滑坡周界;3—破裂壁;4—滑坡台阶;5—滑动面;6—滑坡带;
7—滑坡舌;8—滑动鼓丘;9—滑动轴;10—破裂缘;11—封闭洼地;12—拉张裂隙;
13—剪切裂隙;14—扇形裂隙;15—鼓张裂隙;16—滑坡床

图3-14　滑坡要素及滑坡形态特征示意图

(1)滑坡体。与原岩分离并向下滑动的岩、土体称为滑坡体。滑坡体前缘伸出部分称为滑坡舌;因受推移挤压,滑坡体前缘可隆起成鼓丘和鼓张裂隙;滑坡体的后缘因受张力而产生拉张裂隙;在滑坡体的两侧还可产生剪切裂隙;滑坡体上常可见到树木倾斜倒歪的醉汉林和马刀树。

(2)滑坡床。指在滑动面之下未滑动的稳定岩体。

(3)滑动面。指滑坡体与滑坡床之间的分界面,一个滑坡可有一个或数个滑动面,滑动面的形状有直线、折线或圆弧等。

(4)滑坡壁、滑坡台阶、滑坡洼地。滑坡体下滑后,其后缘的滑动面在地表出现陡壁,称为滑坡壁。由于滑坡体上各段的滑动速度不同或由于几个滑动面滑动的时间不同,可在滑坡体中出现阶梯状地面,称为滑坡台阶。由于滑坡体的滑落,在滑坡台阶后部形成半圆形凹地,称为滑坡洼地,有时可积水形成滑坡泉或滑坡湖。

2. 滑坡的类型

滑坡按其物质组成可分为土层滑坡和岩层滑坡。按滑动面和层面关系,可分为均质滑坡、顺层滑坡和切层滑坡(见图3-15)。

(1)均质滑坡。发生于均质岩层,例如黏土、黄土、强风化的岩浆岩中的滑坡(见图3-15(a))。

(2)顺层滑坡。滑动面为岩层层面或不整合面的滑坡(见图3-15(b))。

(3)切层滑坡。滑动面切割多层岩层层面的滑坡(见图3-15(c))。

二、影响斜坡稳定的主要因素

(一)地形地貌

一般,深切的峡谷、陡峭的岸坡地形容易发生边坡变形和破坏。例如,我国西南山区沿金沙江、雅砻江及其支流等河谷地区边坡岩体松动破裂、蠕动、崩塌、滑坡等现象十分普

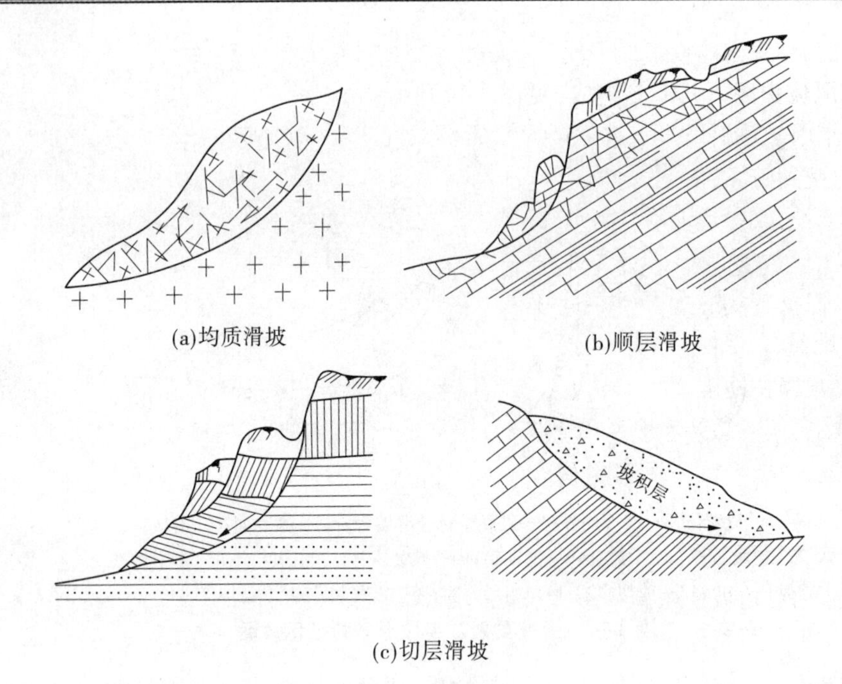

(a)均质滑坡 (b)顺层滑坡

(c)切层滑坡

图 3-15 滑坡类型

遍。通常地形坡度越陡、坡高越大,对边坡稳定越不利。

(二)岩石性质

岩石性质直接影响斜坡岩体的稳定及其变形破坏形式。由坚硬块状及厚层状岩石(如花岗岩、石英岩、石灰岩等)构成的斜坡,一般稳定性程度较高,变形破坏形式以崩塌为主;由软弱岩石(如页岩、泥岩、片岩、千枚岩、板岩及火山凝灰岩等)构成的斜坡,岩石易风化且抗剪强度低,在产状较陡地段,易产生蠕动变形现象;当岩层层面(或片理面、裂隙面等)倾向与坡面的坡向一致,岩层倾角小于坡角且在坡面出露时,极易形成顺层滑坡。

黄土具有垂直节理,疏松透水,在干燥时,黄土斜坡直立陡峻;浸水后易崩解湿陷,产生崩塌或塌滑现象。例如三门峡水库岸边的黄土地带,水库蓄水 4 d 后,岸坡坍塌范围约 200 km。

(三)地质构造

在褶皱、断裂发育地区,岩层倾角较陡,节理、断层纵横交错,是产生崩塌、滑坡的有利因素。在新构造运动强烈上升区,由于侵蚀切割,往往形成高山峡谷地形,斜坡岩体中广泛发育有各种变形和破坏现象。

(四)水的作用

地面水的侵蚀冲刷作用,可改变斜坡外形,造成坡脚淘空,影响斜坡岩体的稳定性。例如,河岸发生的塌岸和滑坡多在受流水侵蚀的岸边。

地面水的入渗和地下水的渗流,对斜坡岩体的稳定性影响很大。地下水不仅增加了斜坡岩体的重量,产生了静水压力和渗透压力,还使渗流面上的岩石软化或泥化,降低了其抗剪强度,导致岩体变形或滑动破坏。

(五)风化作用

风化作用会对斜坡岩体稳定产生较大影响。例如,物理风化作用使边坡岩体产生裂隙、黏聚力遭到破坏,促使边坡变形破坏;生物风化作用使边坡岩体遭受机械破坏(如裂隙中树根生长,促使边坡岩体崩塌),或岩体被分解腐蚀而破坏。岩体风化程度不同,边坡的稳定性差异也很大,例如微风化岩石,常可保持较陡的自然边坡,而强风化及全风化岩石,难以保持较陡的边坡,常需处理。

(六)地震

发生地震时,地震波引起的地震力是推动边坡滑移的重要因素。此外,在地震的作用下可使边坡岩体的结构发生破坏,出现新的结构面或使原有结构面张裂松弛,在地震力的反复作用下,边坡岩体易沿结构面发生位移变形,直至破坏。在砂土边坡中,易形成振动液化,边坡失稳。

(七)人为因素

人类活动对边坡稳定性的影响越来越严重,主要表现在人类修建各种工程建筑使边坡岩体承受工程荷载作用,在这些荷载作用下边坡会变形破坏。例如,边坡坡肩附近修建大型工程建筑或废弃的土石堆积,使坡顶超载而导致边坡变形或破坏等。又如,人工开挖边坡,从底部向上开挖,会引起边坡失稳,造成人身伤亡事故。还有不合理的爆破工程,也会导致岩体松动,边坡失稳,这些在施工中应特别注意。

三、斜坡变形破坏的防治

(一)防治原则

防治原则应以防为主,及时治理,经济可靠。

(1)以防为主就是要在建筑物场地选择、边坡处理等前期工作上尽量做到防患于未然。

(2)及时治理就是要针对斜坡已出现的变形破坏情况,及时采取必要的增强稳定性的措施。

(3)考虑工程重要性是制订整治方案必须遵守的经济原则。

(二)防治措施

1. 防渗与排水

排水包括排除地表水和地下水,这是目前整治不稳定边坡效果良好的方法。首先要拦截流入不稳定边坡区的地表水(包括泉水、雨水),一般在不稳定边坡(如滑坡区)外围设置环形排水沟槽,将地表水排走或抽走。设排水沟槽时,应注意充分利用自然沟谷,并布置成树枝状排水系统(见图3-16),还要整平夯实坡面,利于排水。

疏导地下水,一般采用排水廊道和钻孔排水方法降低地下水位或排走已渗入坡体内的水(见图3-17)。

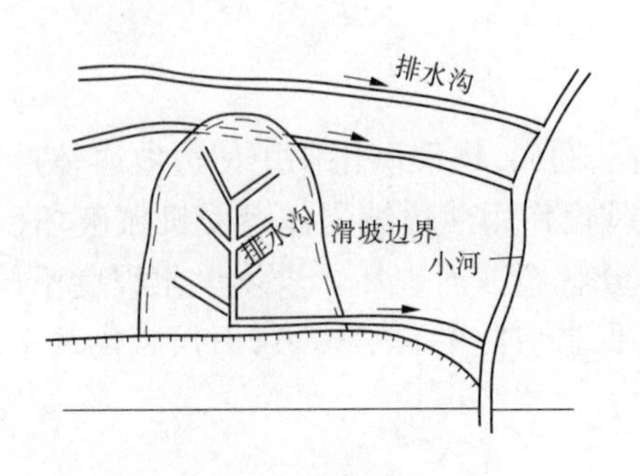

图 3-16　排水沟示意图

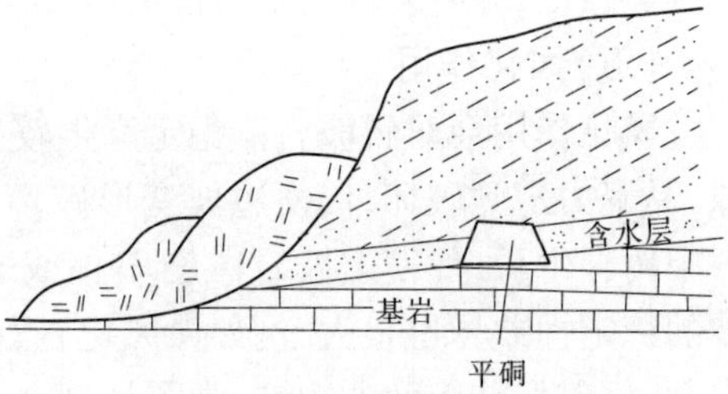

图 3-17　排水廊道示意图

2. 削坡、减重、反压

此法主要是将较陡的边坡减缓或将其上部岩体削去一部分(见图 3-18),并把削减下来的土石堆于滑体前缘的阻滑部位,使之起到减小下滑力、增大抗滑力的作用,以达到增加边坡稳定性的目的。

3. 修建支挡建筑物

在不稳定边坡岩体下部修建挡墙或支撑墙,靠挡墙本身的重量支撑滑移体的剩余下滑力(见图 3-19、图 3-20)。挡墙的主要形式有浆砌石挡墙、混凝土或钢筋混凝土挡墙等。修建支挡建筑物时需要注意,其基础必须砌置在最低滑动面之下,一般插入完整基岩中不少于 0.5 m,完整土层中不少于 2 m。此外,还要考虑排水措施。

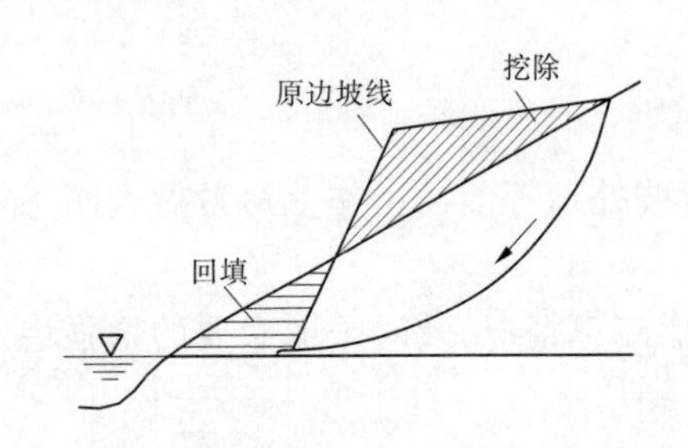

图 3-18　削坡处理示意图

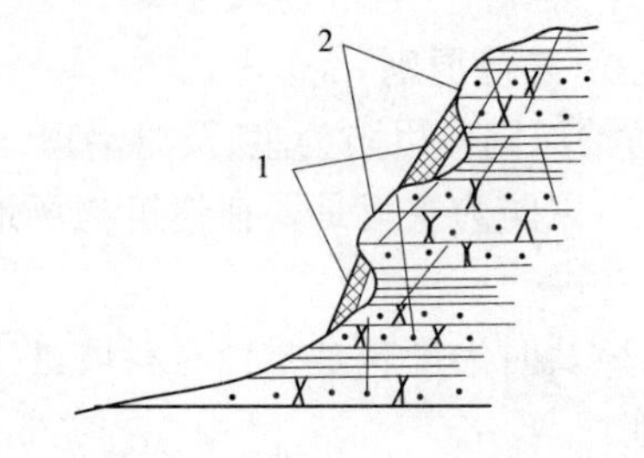

1—支撑;2—不稳定岩体

图 3-19　支撑断面示意图

4. 锚固措施

利用预应力钢筋或钢索锚固不稳定边坡岩体(见图 3-21),是一种有效的防治滑坡和崩塌的措施。具体做法是,先在不稳定岩体上部布置钻孔,钻孔深度达到滑动面以下坚硬完整岩体中,然后在孔中放入钢筋或钢索,将下端固定、上端拉紧,常和混凝土墩、梁,或配以挡墙将其固定。

5. 其他措施

除上述防治措施外,岩质边坡还可以采取水泥护面、抗滑桩、灌浆等,土质边坡可采用电化学加固法、焙烧法、冷冻法等,这些方法一般成本高,只有在特殊需要时使用。

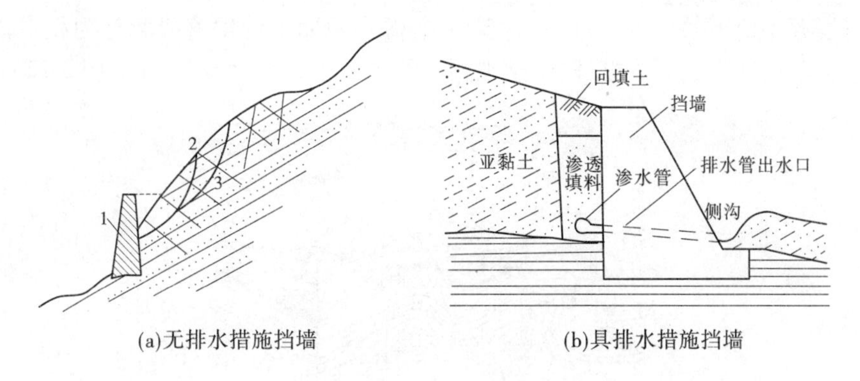

(a)无排水措施挡墙　　(b)具排水措施挡墙

1—挡墙;2—不稳定体;3—滑动面

图 3-20　挡墙示意图

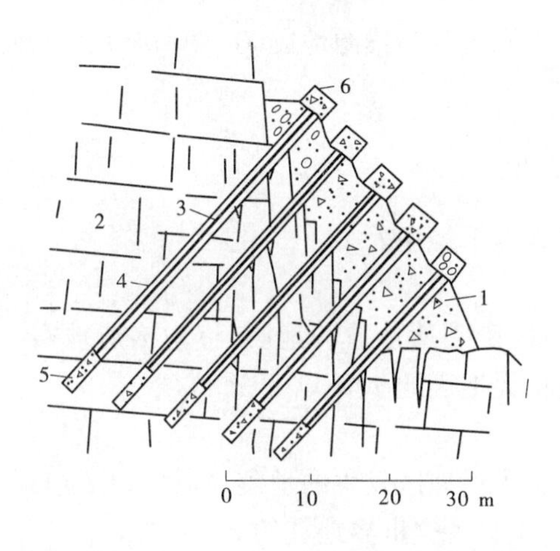

1—混凝土挡墙;2—裂隙灰岩;3—锚索;4—锚固孔;5—锚索的锚固段;6—混凝土锚墩

图 3-21　岸坡锚固示意图

任务五　地　震

一、地震的概念

地震是地球内部积聚的应力突然释放所引起的地球表层的快速震动。地震的破坏力极强,给人们的生产生活及工程建设带来极大的影响,甚至毁灭性的灾害。例如 2008 年 5 月 12 日,汶川发生 8 级地震,造成 69 227 人死亡,374 643 人受伤,17 923 人失踪,是中华人民共和国成立以来破坏力最大的地震。汶川地震是由于印度洋板块在以每年约 15 cm 的速度向北移动,使得亚欧板块受到压力,并造成青藏高原快速隆升。又由于受重力影响,青藏高原东面沿龙门山逐渐下沉,且面临着四川盆地的顽强阻挡,造成构造应力能量的长期积累。最终压力在龙门山北川至映秀地区突然释放,造成了逆冲、右旋、挤压型断层地震。汶川特大地震发生在地壳脆韧性转换带,震源深度为 10 ~ 20 km,与地表近,持续时间较长（约 2 min),因此破坏性巨大,影响强烈。

地震发源于地下某一点，该点称为震源，震源在地面上的垂直投影称为震中，震源至震中的垂直距离称为震源深度，震中至观测点的水平距离称为震中距（见图3-22）。

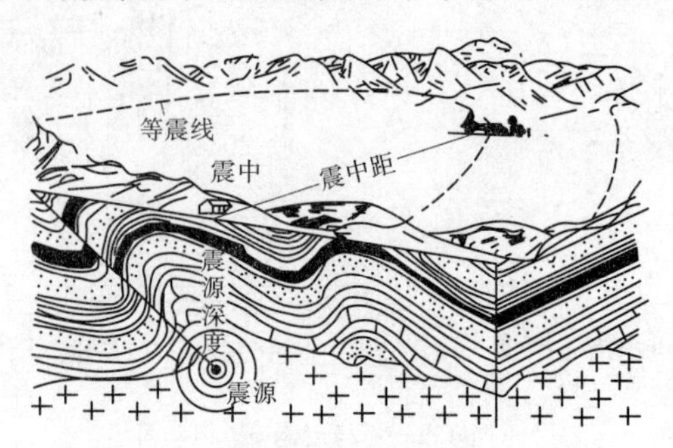

图3-22 震源、震中及震源深度示意图

地震按照震源深度不同可分为浅源地震（0～70 km）、中源地震（70～300 km）和深源地震（300～700 km）。

二、地震的成因类型

地震按照成因可分为以下类型。

（一）构造地震

因地下深处岩层错动、破裂所造成的地震，称为构造地震。这类地震发生的次数最多，破坏力也最大，占全世界地震的90%以上。

（二）火山地震

由于火山喷发而引起附近地区发生的地震，称为火山地震。只有在火山活动区才可能发生火山地震，这类地震只占全世界地震的7%左右。

（三）塌陷地震

因地下岩洞或矿井顶部塌陷而引起的地震，称为塌陷地震。这类地震的规模比较小，次数也很少，即使有也往往发生在溶洞密布的石灰岩地区或大规模地下开采的矿区。

（四）诱发地震

因水库蓄水、油田注水等活动而引发的地震，称为诱发地震。这类地震仅仅在某些特定的水库库区或油田地区发生。

（五）人工地震

地下核爆炸、炸药爆破等人为因素引起的地面震动，称为人工地震。

三、地震的震级与烈度

地球上的地震有强有弱。用来衡量地震强度大小有两个指标：一个是地震震级；另一个是地震烈度。

（一）地震震级

震级是指一次地震时，释放出的能量大小。震级用“里氏震级”表示，从0～9划分为10个等级。地震释放的能量越多，震级就越高。迄今为止，世界上记录到最大的地震震级为8.9级，是1960年发生在南美洲智利的地震。一般7级以上的浅源地震称为大地震;5 级和 6 级的地震称为强震或中震;3 级和 4 级的地震称为弱震或小震;3 级以下的地震称为微震。每一次地震只有一个震级。

(二)地震烈度

烈度是指地震时,地面及房屋等建筑物受到的影响和破坏程度。烈度用“度”表示,从 1 ~ 12 共分为 12 个等级。

1 ~ 3 度:震动微弱,少有人察觉。

4 ~ 6 度:震动显著,有轻微破坏,但不引起灾害。

7 ~ 9 度:震动强烈,有破坏性,引起灾害。

10 ~ 12 度:严重破坏性地震,引起巨大灾害。

对于同一次地震,不同地区,烈度大小是不一样的。距离震源近,破坏就大,烈度就高;反之,距离震源远,破坏就小,烈度就低。

由上可见,6 度以下的地震一般不会对建筑物造成破坏,无须设防;10 度及其以上地震造成的破坏是毁灭性的,难以有效预防。因此,对建筑物设防的重点是 7 度、8 度、9 度地震。在进行工程设计时,常用的地震烈度有基本烈度和设计烈度。

1. 基本烈度

基本烈度是指某地区在今后 100 年内,在一般场地条件下可能遭遇的最大烈度。基本烈度所指的地区,并非是一个具体的工程建筑物地区,而是指一个较大范围,例如一个县、区或 10 000 km^2 范围的地区。一般场地条件是指在上述地区范围内普遍分布的地层岩性、地形地貌、地质构造和地下水条件等。基本烈度由国家地震局编绘的《中国地震烈度区划图》及各省地震烈度区划图圈定。

2. 设计烈度

根据建筑物的重要性和等级,针对不同的建筑物,将基本烈度加以调整,作为抗震设防的依据,也是建筑物设计的标准。水工建筑物已有专门的抗震设计规范《水工建筑物抗震设计规范》(SL 203—97),设计部门根据此规范确定设计烈度,并依据该规范对水工建筑物做防震设计。

四、地震对水利工程的影响及防震措施

(一)地震对水利工程的影响

强震会毁坏堤坝,或引起巨大的山崩和滑坡,使水利工程的边坡破坏,河流改道,河道堵塞,并且一旦溃决,宣泄的洪水将冲毁下游地区。地震还可以引起区域的砂土液化,使坝趾区有可能造成管涌和流土。此外,强震还破坏交通,给工程建设带来困难。

(二)防震措施

(1)工程选址应避开大的断层破碎带,特别是活断层带。

(2)尽可能避免将建筑物放置在一部分为基岩,另一部分为软弱土层的地基上。

(3)边坡稳定安全系数、地基承载力等要相应提高,岸坡建筑物尤应保证稳定,同时要尽量远离过陡、过高、不稳定的斜坡地段。

(4)正确确定设计烈度,以便从建筑物结构等方面进行抗震设防。

小　结

物理地质作用会对工程建筑物的安全和正常使用产生各种影响,甚至使建筑物遭受毁坏,所以无论在设计上还是施工使用过程中都要重视物理地质现象的发生。

风化作用是地球表面最普通的一种外力地质作用。工程建设前必须对岩石的风化情况进行认真的调查和处理。泥石流是山区一种特殊洪流,具有强大的破坏力。河流是地表最活跃的外营力,它的侵蚀和淤积作用不仅使地表形态发生改变,而且对工程建设造成各种危害。岩溶区的主要工程地质问题是渗漏、塌陷、突水以及地基稳定性差等问题。影响斜坡稳定的因素多种多样,而水起着重要作用。要重视对斜坡失稳破坏的防治,尤其是滑坡。在修建各种建筑物时,必须考虑可能遭受多强的地震,并采取相应的设计和防震措施。

思考题

1. 风化作用是怎样形成的? 为什么要将岩体按风化程度分级? 岩体按风化程度分级的依据及各类等级的特点如何?

2. 坡流、洪流、泥石流各有什么特点? 研究它们有何意义?

3. 河流的地质作用有哪些? 各有何不同特点?

4. 河流阶地是怎样形成的? 它有几种类型? 研究它有什么意义?

5. 岩溶的形成条件有哪些?

6. 根据岩溶发育的特点,试述岩溶区的主要工程地质问题。

7. 结合影响斜坡岩体稳定的因素,试述不稳定斜坡的防治措施。

8. 地震震级与烈度关系如何? 在水利工程上的防震措施主要有哪些?

项目四　地下水

【情景提示】

1. 压水井是一种将地下水引到地面上的一种工具，一般用铸铁造，底部是一个水泥式的垒块，井头是出水口，后粗前细，尾部是和井心连在一起的压手柄，有二三十厘米长，经常使用，使其变得较为明亮，井心中是块引水皮，靠的就是这块引水皮和井心的作用力将地下水压引上来。近年来，我国北方各地不断出现压水井不出水的现象，你知道是怎么回事吗？

2. 近年来，我国各地不断出现地面沉降的事故，你知道地下水和地面沉降有什么关系吗？

【项目导读】

一般认为，基坑开挖要具备以下必要条件：首先保持基坑干燥状态，创造有利于施工的环境；其次是确保边坡稳定，做到安全施工，如果忽视这些必要条件，其后果是严重的。有的基坑积水或土质稀软，工人难以立足，无法施工；有的出现“流砂现象”导致边坡塌方，地质破坏；有的内部基坑土体发生较大的位移，影响邻近建筑物的安全。之所以会出现这些异常情况，都是由地下水引起的。所以，在基坑施工中应对地下水的处理给予应有的重视。本项目主要介绍地下水的储存、地下水的理化性质、基本类型及特征。

【教学要求】

1. 掌握含水层和隔水层的定义及作用。

2. 熟悉地下水的物理、化学性质。

地下水是指埋藏运动于地表以下的岩土空隙（孔隙、裂隙、空洞等）中各种状态的水，它是地球上水体的重要组成部分，与大气水、地表水是相互联系的统一体。

地下水分布极其广泛，与人类的关系也极为密切。一方面，地下水是我们经济生活中的主要水源；另一方面，地下水往往给工程建设带来一定的困难与危害。为了合理利用地下水与防止其危害就必须对地下水加以研究。

任务一　地下水的赋存

一、岩石的空隙

坚硬岩石中或多或少存在着空隙,松散土体中则有大量的空隙存在。岩土空隙,既是地下水储存场所,又是地下水的渗透通道。空隙的多少、大小及分布规律,决定着地下水分布与渗透的特点。

根据岩石空隙的成因不同,可把空隙分为孔隙、裂隙和溶隙三大类(见图4-1)。

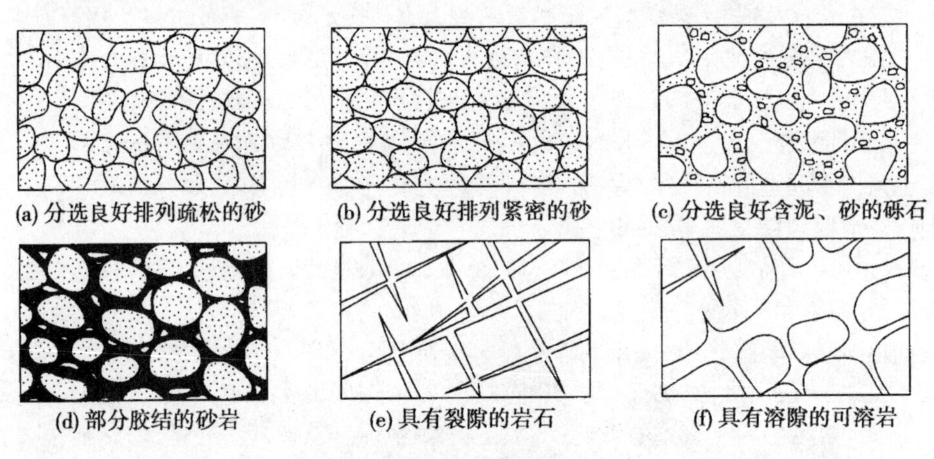

图4-1　空隙

岩土空隙的发育程度,可用空隙度这个度量指标来衡量。空隙度 P 等于岩石中的空隙体积 V_P与岩石总体积 V(包括空隙在内)的比值,即

$$P = \frac{V_P}{V} \times 100\% \tag{4-1}$$

岩石的空隙度以小数或百分比表示。松散沉积物、非可溶岩和可溶岩的空隙度,又可分别称为空隙率、裂隙率及溶隙率。

研究岩土的空隙时,不仅要研究空隙的多少,还要研究空隙的大小、空隙间的连通性和分布规律。松散土孔隙的大小和分布都比较均匀,且连通性好,所以孔隙率可表征一定范围内孔隙的发育情况;岩石裂隙无论其宽度、长度和连通性差异均较大,分布也不均匀,因此裂隙率只能代表被测定范围内裂隙的发育程度;溶隙大小相差悬殊,分布很不均匀,连通性更差,所以溶隙率的代表性更差。

岩土空隙中存在着各种形式的水,按其物理性质的不同,可以分为气态水、液态水(吸着水、薄膜水、毛管水和重力水)和固态水。

二、岩土的水理性质

岩土的水理性质是指与地下水的赋存和运移等有关的岩土性质,包括岩土的容水性、持水性、给水性、透水性等。

(一)容水性

岩土空隙能容纳一定水量的性能,称为容水性。表征容水性的指标是容水度。容水度是指岩土中所能容纳水的体积与岩土总体积之比。

(二)持水性

饱水岩土在重力作用排水后仍能保持一定水量的性能,称为持水性。表征持水性的指标是持水度。持水度是指饱水岩土受重力作用排水后,仍能保持水的体积与岩土总体积之比。

(三)给水性

饱水岩土在重力作用下能自由排出一定水量的性能,称为给水性。表征给水性的指标是给水度。给水度是指饱水岩土能自由流出水的体积与岩土总体积之比。给水度在数值上等于容水度减去持水度。具有张开裂隙的坚硬岩石或粗粒的砂卵砾石,持水度很小,给水度接近于容水度;具有闭合裂隙的岩石或黏土,持水度大,给水度很小甚至等于零。

(四)透水性

岩土允许水通过的性能,称为透水性。岩土透水性的强弱主要取决于岩土空隙的大小及其连通情况,其次是空隙率的大小。在具有相似连通程度的情况下,水在大空隙中流动所受阻力小,流速快,透水性强;在细小空隙中,水流所受阻力大,透水性弱。衡量岩土透水性的指标是渗透系数,渗透系数越大,表示岩土的透水性越强。

根据《水利水电工程地质勘察规范》(GB 50487—2008)按岩土的透水程度将其分为6级,见表4-1。

表4-1 岩土渗透性分级

透水性等级	标准		岩体特征	土类
	渗透系数 K (cm/s)	透水率 q (Lu①)		
极微透水	$K<10^{-6}$	$q<0.1$	完整岩石、含等价开度小于0.025 mm裂隙的岩体	黏土
微透水	$10^{-6}\leqslant K<10^{-5}$	$0.1\leqslant q<1$	含等价开度0.025~0.05 mm裂隙的岩体	黏土—粉土
弱透水	$10^{-5}\leqslant K<10^{-4}$	$1\leqslant q<10$	含等价开度0.05~0.01 mm裂隙的岩体	粉土—细粒土质砂
中等透水	$10^{-4}\leqslant K<10^{-2}$	$10\leqslant q<100$	含等价开度0.01~0.5 mm裂隙的岩体	砂—砂砾
强透水	$10^{-2}\leqslant K<1$	$q\geqslant 100$	含等价开度0.5~2.5 mm裂隙的岩体	砂砾—砾石、卵石
极强透水	$K\geqslant 1$		含连通孔洞或等价开度大于2.5 mm裂隙的岩体	粒径均匀的巨砾

注:①Lu为吕荣单位,是指1 MPa压力下,每米岩土试段的平均压入流量,以L/min计。

三、含水层与隔水层

岩石中含有各种状态的地下水，由于各类岩石的水理性质不同，可将各类岩石层划分为含水层和隔水层。

（一）含水层

所谓含水层，是指能够给出并透过相当数量重力水的岩层。构成含水层的条件，一是岩石中要有空隙存在，并充满足够数量的重力水；二是这些重力水能够在岩石空隙中自由运动。

（二）隔水层

隔水层是指不能给出并透过水的岩层。隔水层还包括那些给出与透过水的数量是微不足道的岩层，也就是说，隔水层有的可以含水，但是不具有允许相当数量的水透过自己的性能。例如，黏土就是这样的隔水层。

有些岩层介于含水层与隔水层之间，处于一种过渡类型。例如，砂质页岩、泥质粉砂岩等，如果它和强透水层组合在一起，可看作是相对隔水层；如果周围是透水性更差的岩层，那它就成为含水层了。

任务二　地下水的物理性质与化学成分

一、地下水的物理性质

（一）温度

地下水温度变化范围很大。地下水温度的差异，主要受各地区的地温条件所控制。通常地温随埋藏深度不同而异，埋藏越深，水温越高，而且具有不同的温度变化规律。

（二）颜色

地下水一般是无色、透明的，但有时由于某种离子含量较多，或者富集悬浮物和胶体物质，则可显出各种各样的颜色。例如，含硫化氢时呈翠绿色，含低价铁时呈浅绿灰色，含高价铁时呈黄褐色等。

（三）透明度

地下水的透明度取决于其中的固体与悬浮物的含量。按透明度，地下水可分为透明的、微浊的、混浊的和极浊的四级。

（四）气味

地下水一般是无嗅、无味的，但当地下水中含有某些离子或某种气体时，可以散发出特殊的臭味。含有硫化氢气体时，水便有臭鸡蛋味；含亚铁盐很多时，水中有铁腥气味或墨汁气味。

（五）味道

纯水是无味的，但地下水因含有其他化学成分，如含有一些盐类或气体时，会有一定的味感。例如，含较多的二氧化碳时清凉爽口；含大量的有机物质时，有较明显的甜味；含氯化钠时有咸味等。

(六)密度

一般情况下,纯水的密度为0.981 t/m^3。地下水的密度决定于水中所溶盐分的含量的多少。水中溶解的盐分愈多,密度愈大,有的地下水密度可达1.2~1.3 t/m^3。

(七)导电性

地下水的导电性取决于其中所含电解质的数量和质量,即各种离子的含量与其离子价。离子含量愈多,离子价愈高,则水的导电性愈强。此外,水温对导电性也有影响。

(八)放射性

地下水在特殊储藏环境下,受到放射性矿物的影响,具有一定的放射性。例如,堆放废弃的核燃料,会引起周围岩土体及其中的水体也带有放射性。

二、地下水的化学成分及化学性质

(一)地下水中常见的化学成分

(1)主要气体成分。地下水常见的气体有 O_2、N_2、CO_2、H_2S 等。

(2)主要离子成分。地下水分布最广、含量最多的离子有 Cl^-、SO_4^{2-}、HCO_3^-、Na^+、K^+、Ca^{2+}、Mg^{2+}。

(3)主要胶体成分。胶体成分包括有机的和无机的两种,呈分子状态的无机胶体有 Fe_2O_3、Al_2O_3、H_2SiO_4等。

(4)有机成分和细菌成分。有机成分主要由生物遗体所分解,多富集于沼泽水中,有特殊臭味。细菌成分可分为病源菌和非病源菌两种。

(二)地下水的主要化学性质

1. 酸碱度

水的酸碱度主要取决于水中氢离子浓度,常用pH表示,即 $pH=-\lg[H^+]$。根据pH可分为,强酸水($pH<5$)、弱酸水($pH=5\sim7$)、中性水($pH=7$)、弱碱水($pH=7\sim9$)、强碱水($pH>9$)五类。自然界中大多数地下水的pH为6.5~8.5。

2. 硬度

水的硬度取决于水中 Ca^{2+}、Mg^{2+} 的含量。硬度分为总硬度、暂时硬度、永久硬度。水中 Ca^{2+}、Mg^{2+} 离子的总量,称为总硬度。将水煮沸后,部分 Ca^{2+}、Mg^{2+} 将发生沉淀而生成的硬度,称为暂时硬度。总硬度与暂时硬度之差,称为永久硬度。

我国采用的硬度表示有两种:一种是德国度,即每1度相当于1 L水中含有10 mg的氧化钙(CaO)或7.2 mg的MgO;另一种是每升水中 Ca^{2+}、Mg^{2+} 的毫摩尔数。1毫摩尔硬度等于2.8德国度。根据硬度可将地下水分为五类,见表4-2。

表4-2 地下水按硬度分类

水的类别		极软水	软水	微硬水	硬水	极硬水
硬度	Ca^{2+}、Mg^{2+} 的毫摩尔数	<1.5	1.5~3.6	3.6~6.0	6.0~9.0	>9.0
	德国度	<4.2	4.2~8.4	8.4~16.8	16.8~25.2	>25.2

硬度对评价工业与生活用水均有很大意义,硬水易在锅炉和水管中产生水垢,容易使

锅炉爆炸,故用作锅炉用水时应做处理。

3. 总矿化度

地下水中离子、分子和各种化合物的总量称为总矿化度,简称矿化度,以 g/L 表示。通常以 105 ~ 110 ℃下将水蒸干后所得干涸残余物总量来确定。地下水根据矿化程度可分为五类,见表 4-3。

表 4-3 地下水按矿化度分类

水的类别	淡水	微咸水（低矿化水）	咸水（中等矿化水）	盐水（高矿化水）	卤水
矿化度(g/L)	<1	1 ~ 3	3 ~ 10	10 ~ 50	>50

水的矿化度与水的化学成分说明了量变到质变的关系,淡水和微咸水常以 HCO_3^- 为主要成分,称为重碳酸盐型水;咸水常以 SO_4^{2-} 为主要成分,称为硫酸盐型水;盐水和卤水则往往以 Cl^- 为主要成分,称为氯化物型水。高矿化水能降低混凝土强度,腐蚀钢筋,并促使混凝土表面风化。搅拌混凝土用水一般不允许用高矿化水。

4. 地下水的侵蚀性

侵蚀性是指地下水对混凝土及钢筋构件的侵蚀破坏能力主要有两种型式:

(1)硫酸型侵蚀(结晶型侵蚀)。若水中 SO_4^{2-} 含量大,那么 SO_4^{2-} 与混凝土中水泥作用,生成含水硫酸盐结晶(例如生成 $CaSO_4 \cdot 2H_2O$),这时体积膨胀,使混凝土遭到破坏。

(2)碳酸盐侵蚀。主要指水中 H^+ 浓度(pH)、重碳酸离子(HCO_3^-)及游离 CO_2 等对混凝土中碳酸钙成分的溶解、分解作用,使混凝土遭到破坏。

任务三 地下水的基本类型及特征

地下水的分类方法很多,归纳起来可分两大类:一类是按埋藏条件分类,另一类是按含水层空隙性质分类。两种分类综合使用可有九种不同类型,如表 4-4 所示。

表 4-4 地下水分类

埋藏条件	含水层空隙性质		
	孔隙水（松散沉积物孔隙中的水）	裂隙水（坚硬基岩裂隙中的水）	岩溶水（可溶岩石溶隙中的水）
上层滞水	局部隔水层以上的饱和水	出露于地表的裂隙岩石中季节性存在的水	垂直渗入带中的水
潜水	各种松散堆积物浅部的水	基岩上部裂隙中的水、沉积岩层间裂隙水	裸露岩溶化岩层中的水
承压水	松散堆积物构成的承压盆地和承压斜地中的水	构造盆地、向斜及单斜岩层中的层状裂隙水、断裂破碎中深部水	构造盆地、向斜及单斜岩溶化岩层中的水

一、地下水按埋藏条件分类

地下水按埋藏条件可分为上层滞水、潜水和承压水三类。

(一)上层滞水

上层滞水是存在于包气带中,局部隔水层之上的重力水(见图4-2)。上层滞水一般分布不广,埋藏接近地表,接受大气降水的补给,补给区与分布区一致,以蒸发形式或向隔水底板边缘排泄。雨季时获得补给,赋存一定的水量,旱季时水量逐渐消失,其动态变化很不稳定。上层滞水对建筑物的施工有一定的影响,应考虑排水的措施。

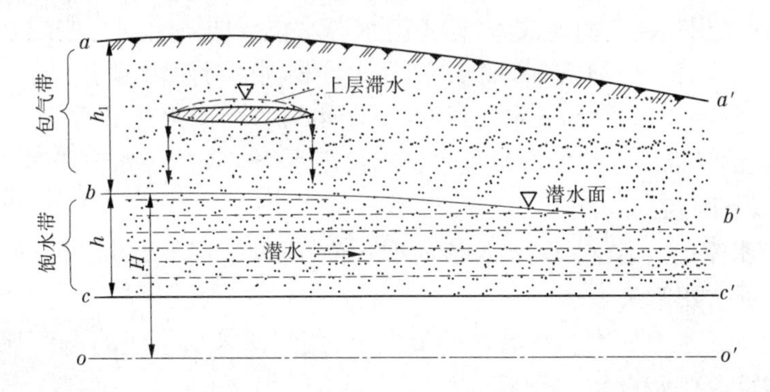

aa'—地面;bb'—潜水面;cc'—隔水层面;oo'—基准面

图4-2　上层滞水和潜水示意图

(二)潜水

1.潜水的概念及特征

潜水是指埋藏在地表以下、第一个稳定隔水层以上,具有自由水面的重力水(见图4-3)。潜水的自由水面,称为潜水面。潜水面用高程表示潜水位,自地面至潜水面的距离,称为潜水埋藏深度。由潜水面往下至隔水层顶板之间,充满重力水的岩层,称为潜水含水层,两者之间的距离,称为含水层厚度。根据潜水的埋藏条件,潜水具有以下特征:

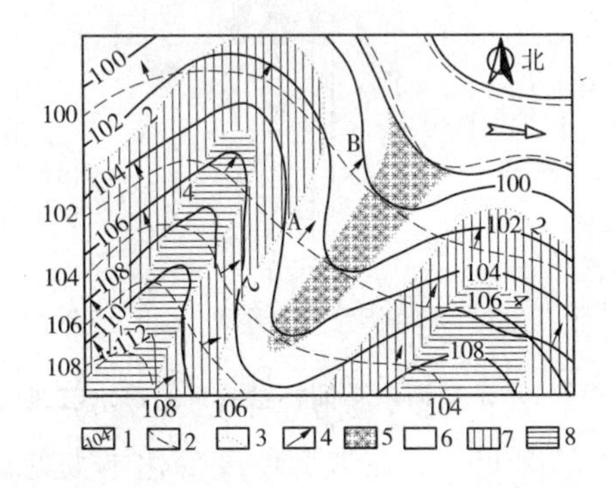

1—地形等高线;2—等水位线;3—等埋深线;4—潜水流向;
5—潜水埋藏深度为零区(沼泽区);6—埋深0~2 m区;7—埋深2~4 m区;8—埋深大于4 m

图4-3　潜水等水位线图及埋藏深度图

(1)潜水面是自由水面,无水压力,只能在重力作用下由潜水位高处向较低处流动。

潜水面的形状受地形、地质等因素控制，基本上地形一致，但比地形平缓。

(2)潜水面以上无稳定的隔水层，存留于大气中的降水和地表水可通过包气带直接渗入补给而成为潜水的主要补给来源。因此，潜水的补给区与分布(径流)区是一致的。如果潜水埋藏很浅，潜水的排泄主要是靠蒸发，此外潜水还以泉的形式排泄。

(3)潜水的水位、水量、水质随季节不同而有明显的变化。在雨季，潜水补给充沛，潜水位上升，含水层厚度增大，埋藏深度变小；而在枯水季节正好相反。

(4)由于潜水面上无盖层(隔水层)，故易受污染。

2. 潜水等水位线图

潜水面上标高相等各点的连线图，称为潜水等水位线图。绘制时按研究区内潜水的露头(钻孔、水井、泉、沼泽、河流等)的水位，在大致相同的时间内测定，点绘在地形图上，连接水位等高的各点，即为潜水等水位线图(见图4-3)。由于水位有季节性变化，图上必须注明测定水位的日期。一般应有最低水位和最高水位时期的等水位线图。根据等水位线图可以确定以下问题：

(1)确定潜水流向。潜水由高水位流向低水位，所以垂直于等水位线的直线方向，即是潜水的流向(通常用箭头表示)。

(2)确定潜水的水力梯度。在潜水的流向上，相邻两等水位线的高程与水平距离之比，即为该距离段内潜水的水力梯度。

(3)确定潜水的埋藏深度。任一点的潜水埋藏深度是该点地形等高线的标高与该点等水位线标高之差。

(4)确定潜水与地表水的补给关系。潜水与河水的补给关系一般有三种不同情况，如图4-4所示。潜水补给河水(见图4-4(a))、河水补给潜水(见图4-4(b))和河水—潜水相互补给(见图4-4(c))。

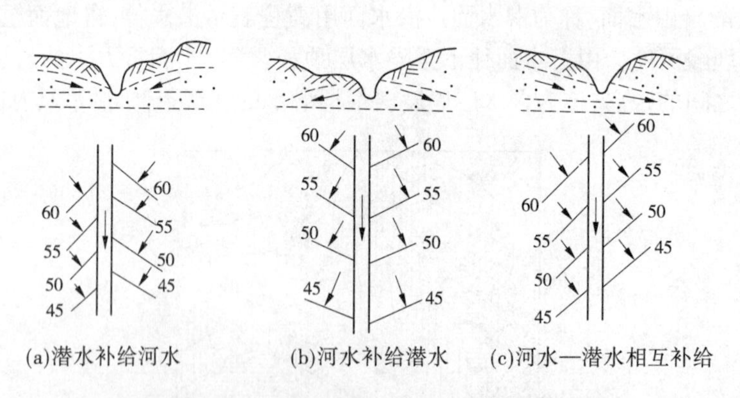

图4-4 潜水与河水不同补给关系的等水位线图

(5)推断含水层岩性或厚度变化。在地形坡度变化不大的情况下，若等水位线由密变疏，表明含水层透水性变好，含水层变厚；相反，则说明含水层透水性变差或厚度变薄。

(6)选择给(排)水建筑物位置。一般应平行等水位线(垂直于流向)和地下水汇流处开挖截水沟或打井。

(三)承压水

1. 承压水的概念与特征

承压水是指充满于两个隔水层之间的含水层中,具有承压性质的地下水。承压水有上下两个稳定的隔水层,上面的称为隔水层顶板,下面的称为隔水层底板,两板之间的距离称为含水层厚度。

当钻孔打穿隔水层顶板至含水层时,地下水在静水压力下就会上升到含水层顶板以上一定高度(见图4-5)。若此高度超过地面,就会形成自流井。若水头低于顶板高程,则称为层间无承压水。

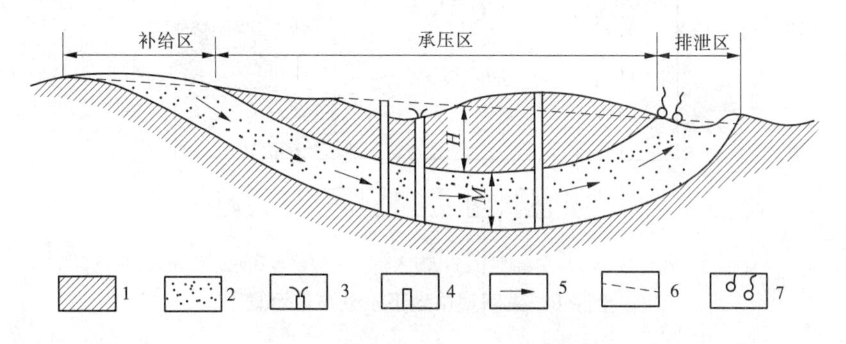

1—隔水层;2—含水层;3—喷水钻孔;4—不自喷钻孔;5—地下水流向;
6—测压水位;7—泉;H—承压水位;M—含水层厚度

图4-5 承压水分布示意

由于承压含水层上下都有稳定的隔水层存在,所以承压水与地表大气隔绝,其补给区与分布区不一致,可以明显地分为补给区、承压区和排泄区。水量、水位、水温都较稳定。受气候、水文因素的直接影响较小,不易受污染。

2. 等水压线图

等水压线图反映了承压水面的起伏形状。它与潜水面不同,潜水面是一实际存在的面,承压水面是一个势面。承压水面与承压水的埋藏深度不一致,与地形高低也不吻合。只有在钻孔揭露含水层时才能测到。因此,在等水压线图中还要附以含水层顶板的等高线。根据等水压线图可以确定含水层的许多数据,例如承压水的水力梯度、埋藏深度和承压水头等。

二、地下水按空隙性分类

(一)孔隙水

孔隙水广泛分布于第四纪松散沉积物中和坚硬基岩的风化壳。孔隙水的基本特征是:分布均匀连续,多呈层状,具有统一水力联系的含水层。一般情况下,颗粒大而均匀,则含水层孔隙也大、透水性好,地下水水量大、运动快、水质好;反之,则含水层孔隙小、透水性差,地下水运动慢、水质差、水量也小。不同种类孔隙水其特征不同。

1. 洪积扇中的孔隙水

它可分为三个水文地质带,即埋藏带、溢出带和垂直交替带(见图4-6)。埋藏带又称径流带,位于沟口。岩性一般为粗大砂砾石堆积,具有良好的渗透性能和径流条件;能够大量吸收大气降水和来自山区的地表水及地下径流,故含有丰富的潜水。溢出带位于洪积扇中部,岩性过渡为中细砂或亚黏土等,透水性变弱、径流受阻、水位升高、埋深变浅,常以泉或沼泽等形式出露于地表。垂直交替带位于洪积扇边缘,主要由黏土和粉砂的夹层组成,此带地形平坦、透水性弱、径流缓慢、蒸发作用强烈,水以垂直交替为主,矿化度高。

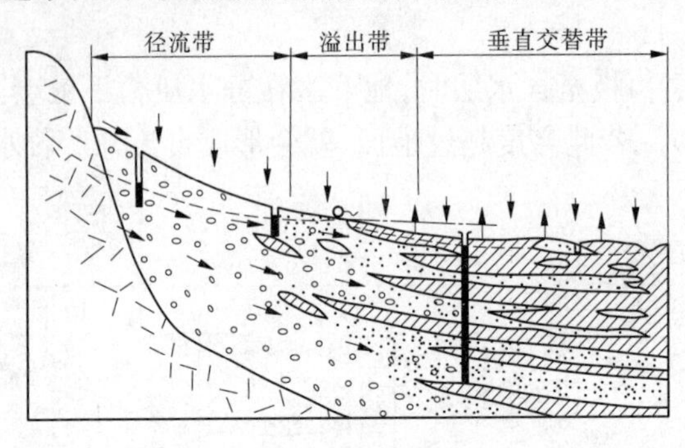

1—基岩;2—砾石;3—砂;4—黏性土;5—潜水位;6—深层承压水;7—泉水;8—水井

图 4-6 洪积扇中地下水分布带示意

2. 冲积物(层)的孔隙水

冲积物在河流的不同区段、不同部位,岩性不同、厚度不同,所以孔隙水的特征各异。山区河流中上游,由砂砾石组成的河漫滩和阶地中的地下水(潜水),受沉积物厚度、分选性、集水面积等因素影响较大。河流阶地多具二元结构,上部为细粒弱透水层,下部为粗粒强透水层,其中的潜水具有承压性能。河流下游,冲积物形成冲积平原或三角洲平原,其中河床沉积的砂层(包括古河道)透水性强,补给条件好,地下潜水较丰富,是较为理想的供水层。然而,许多沿河阶地和滨海平原地区,因地下水埋藏较浅,反而不利于工程建设。

3. 黄土中的孔隙水

黄土分布区特定的地质和地理条件,加之黄土结构疏散,无连续隔水层,总地来说比较缺水。黄土塬宽阔平坦,补给面积较大,有相对隔水层蓄积潜水,地下水较丰富,而黄土梁、峁地形不利于地下水的富集。

(二)裂隙水

裂隙水的发育程度受许多因素的影响,表现为空间分布的不均匀性,因而埋藏和运动于其中的地下水也是不均匀的。裂隙连通性和张开性好的岩体,其中的地下水水力联系就好,能形成一个统一的含水体系。当张开的、分布稀疏且不均匀的裂隙切割岩体时,则可能构成若干独立的含水体系,赋存于其中的地下水,缺乏相互水力联系,不能构成统一水位。有时相距几米至十几米,含水率却悬殊很大(见图 4-7)。裂隙水根据裂隙类型不同,可分为以下三种裂隙水。

1. 风化裂隙水

赋存于风化裂隙中的水称为风化裂隙水。风化裂隙广泛分布于出露基岩的表面,延伸短,无一定方向,构成彼此连通的裂隙体系,发育密集而均匀,一般深度为几十米,少数

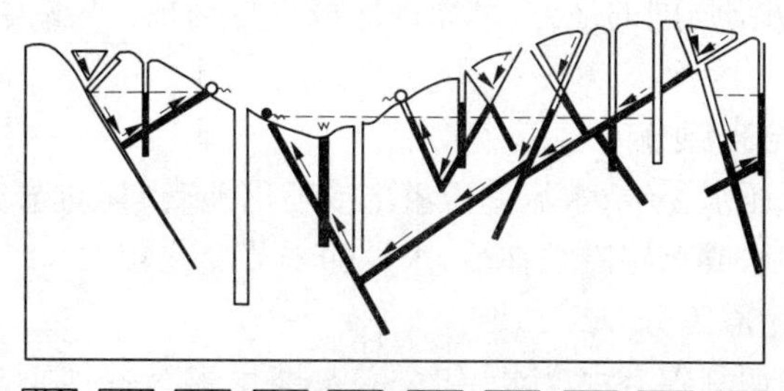

1—不含水的开启裂隙；2—含水的开启裂隙；3—包气带水流方向；4—饱水带水流方向；
5—地下水位；6—水井；7—自喷孔；8—干井；9—季节性泉；10—常年性泉

图 4-7　脉状裂隙水示意图

可达百米以上。风化裂隙水绝大部分为潜水，多分布于出露基岩的表层，其下新鲜的基岩为含水层的下限，埋藏较浅，其补给为大气降水，所以受气候及地形因素的影响很大。气候潮湿、多雨和地形平缓地区，风化隙裂水比较丰富。

2. 成岩裂隙水

成岩裂隙是岩石在形成过程中，由于降温、固结、脱水等作用而产生的原生裂隙，一般见于地下岩浆岩中。成岩裂隙发育均匀、呈层状分布，裂隙水多形成潜水。当成岩裂隙水上覆不透水层时，可形成承压水，例如脉状裂隙发育的玄武岩中，由于裂隙密集、连通性好，故赋存的地下水水量大、水质好，是良好的供水水源。但要注意成岩裂隙水对工程建设的影响。

3. 构造裂隙水

构造裂隙是岩石在构造应力作用下形成的，存在其中的地下水为构造裂隙水。构造裂隙水较复杂，一般可分为层状裂隙水和脉状裂隙水。层状裂隙水埋藏于沉积岩、变质岩的节理中，常形成潜水含水层，有时也可形成裂隙承压水。脉状裂隙水往往存在于断层破碎带中，通常为承压水性质，在地形低洼处，常沿断层带以泉的形式排泄。规模较大的张性断层，两盘又是坚硬脆性岩石时，则裂隙张开性好，富水性就强，而压性断层富水性差。含水断层带常对地下工程建设危害较大，必须给予高度重视。

（三）岩溶水

埋藏运移岩溶中的重力水称为岩溶水。它可以是潜水，也可以是承压水。岩溶的发育特点也决定了岩溶水在垂直方向和水平方向上分布的不均匀性。岩溶水的补给是大气降水和地面水，其运动特征是层流与紊流、有压流与无压流、明流与暗流、网状流与管道流并存；岩溶水动态变幅大，对降水反映灵敏。岩溶水富水部位为厚层质纯灰岩区、构造破碎部位、可溶岩与非可溶岩交界附近、地形低洼处、地下水面附近。

岩溶水水量丰富，水质好，可作为大型供水水源。岩溶水分布地区易发生地面塌陷以及在施工中有突然涌水事故的发生，应予以注意。

三、泉

地下水在地表的天然露头称为泉。它是地下水的主要排泄方式之一。泉多出露在山麓、河谷、冲沟等地面切割强烈的地方,平原地区极少见到泉。泉的类型很多,可以从不同角度进行分类。

(一)按泉水的补给来源分

(1)上升泉。由承压水补给,水流受压溢出或喷出地表,其动态变化较小。

(2)下降泉。由潜水或上层滞水补给,水量随季节变化较大。

(二)按泉水的出露原因分

(1)侵蚀泉。河谷切割到潜水含水层时,潜水即出露为侵蚀下降泉(见图4-8(a));若切穿承压含水层的隔水顶板,承压水便喷涌成泉,称为侵蚀上升泉(见图4-8(b))。

(2)接触泉。透水性不同的岩层相接触,地下水流受阻,沿接触面出露,称为接触泉(见图4-8(c))。

(3)断层泉。断层使承压含水层被隔水层阻挡,当断层导水时,地下水沿断层上升,在地面标高低于承压水位处出露成泉,称为断层泉。沿断层线可看出呈串珠状分布的断层泉(见图4-8(d))。

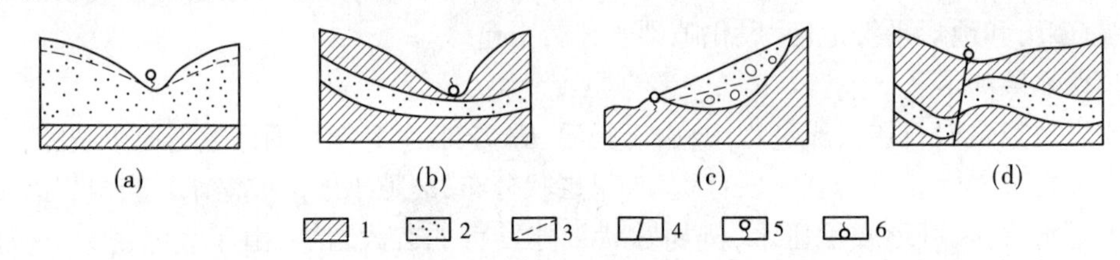

1—隔水层;2—透水岩层;3—地下水位;4—导水断层;5—下降泉;6—上升泉

图4-8 不同类型的泉

(三)按泉水的温度分

(1)冷泉。泉水温度大致相当或略低于当地年平均气温的泉称为冷泉。这种冷泉大多由潜水补给。

(2)温泉。泉水温度高于当地年平均气温的泉称为温泉。例如陕西临潼华清池温泉水温50 ℃。温泉的起源有二:一为受地下岩浆的影响,二为受地下深处地热的影响。

小　结

地下水是宝贵的自然资源,与工程建设关系极为密切。本项目重点是掌握地下水的主要类型及特征,特别是潜水和承压水的特征以及等水位线图的应用。

岩土中空隙的大小、多少及连通性决定着岩土透水性的能力和含水率。含水层和隔水层的划分是根据岩石的水理性质。地下水含有多种元素的离子、分子和化合物,它具有酸碱度、硬度、总矿化度以及侵蚀性等化学性质。潜水具有自由水面,承压水承受一定压力,孔隙水多呈均匀连续的层状分布,裂隙水的富水性与裂隙的性质和发育程度有关,而岩溶水的特点是分布不均、动态变化强烈、流动迅速、排泄集中。

思考题

1. 什么叫地下水？研究地下水有何意义？
2. 岩土的水理性质有哪些？何谓含水层与隔水层？
3. 地下水的物理性质主要有哪些？地下水含有哪些主要化学成分？
4. 地下水的酸碱度、硬度、总矿化度的含义各是什么？
5. 试比较上层滞水、潜水、承压水的主要特征。
6. 孔隙水、裂隙水和岩溶水的主要特征是什么？
7. 试述潜水等水位线图的作用。

项目五 水利工程常见的地质问题

【情景提示】

1.2013 年 2 月，山西洪洞县曲亭水库发生漏水，导致坝体出现管涌，致大坝在涵管处坍塌过水，所幸无人员伤亡。你知道水库为什么会漏水吗？

2.2015 年 6 月，重庆巫山大宁河江东寺北岸突发大面积滑坡，引发巨大涌浪，造成对岸靠泊的 13 艘小型船舶翻沉，1 人失踪，4 人受伤。你知道滑坡发生的原因吗？有什么方法治理滑坡？

【项目导读】

水利工程中常见的水工建筑物如闸、坝、水库、渠道、隧洞等，都修建在地壳表层上，它们的安全可靠性和经济合理性，在很大程度上取决于建筑地区的工程地质条件。所谓工程地质条件，是指建筑地区的地形地貌、地层岩性、地质构造、物理地质作用，水文地质及天然建筑材料等，这些条件决定了工程兴建位置和兴建后可能出现的工程地质问题。这些问题基本可归纳为两类，即渗漏问题和稳定问题。

【教学要求】

1. 了解工程地质条件的基本类型。
2. 熟悉常见的水利工程地质问题及对策。

任务一 水库的工程地质问题

水库的工程地质问题可归纳为渗漏、浸没、塌岸、淤积等几个方面。

一、库区渗漏问题

库区渗漏包括暂时性渗漏和永久性渗漏两类。前者是指在水库蓄水初期，为使库水位以下岩土空隙饱和而出现的库水损失，这部分水的损失是不可避免的，对水库影响不大。后者是指库水通过库岸的分水岭向邻谷低地或经库底向远处洼地渗漏，这种长期的渗漏影响水库效益，还可能造成邻区和下游的浸没。

判断库区是否渗漏，应从下述几个方面综合考虑。

(一)地形条件

山区水库,地形分水岭(或称河间地块)单薄,邻谷谷底低于水库正常水位(见图 5-1(a)),则库水有可能外渗入邻谷。邻谷切割越深,与库水位高程相差越大,渗漏的水量也越大。相反,若河间分水岭宽厚,或邻谷谷底高于水库正常高水位,库水则不可能向邻谷渗漏(见图 5-1(b))。

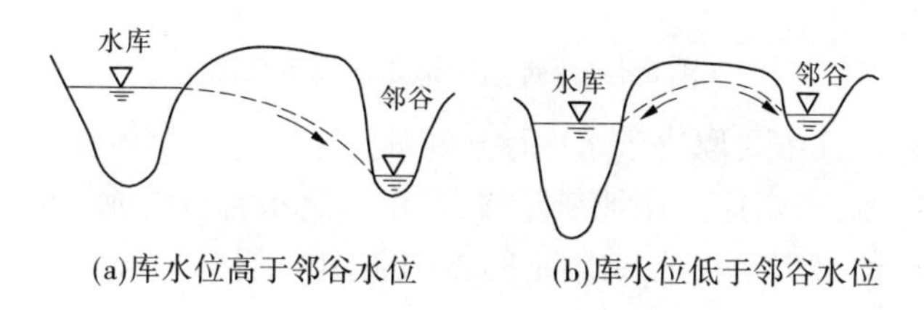

图 5-1 邻谷高程与水库渗漏的关系

当山区水库位于河湾处时,若河湾间山脊较薄,且又位于垭口、冲沟地段,则库水可能外渗(见图 5-2)。

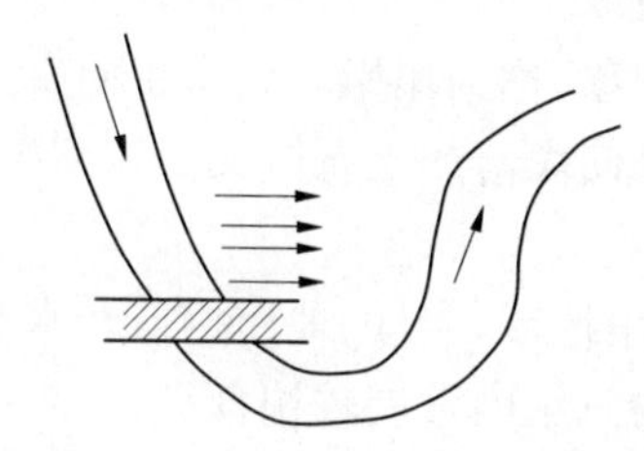

图 5-2 河湾间渗漏途径示意图

平原区水库一般不易向邻近河道渗漏,但在河曲地段有古河道沟通下游时,则有渗漏可能。

(二)地层岩性和地质构造条件

当河间分水岭岩性由强透水岩层组成,例如断层破碎带(见图 5-3(a))、岩溶通道(见图 5-3(b))、卵砾石层(见图 5-3(c)),且这些岩层及通道又低于库区的正常水位时,必将引起强烈漏水。

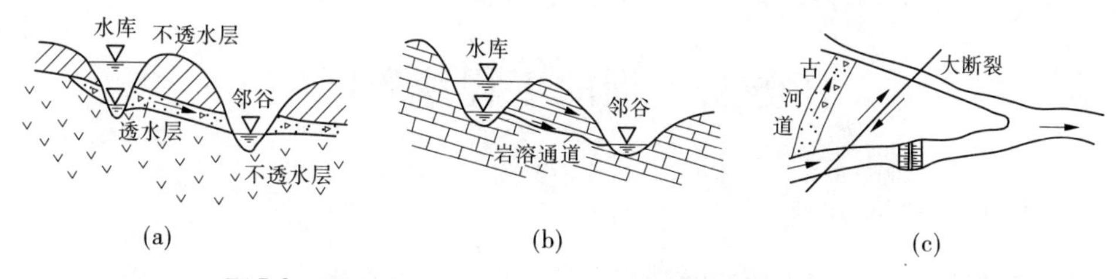

图 5-3 适宜于库水向邻谷渗漏的岩性及地质构造条件

二、水库浸没问题

水库蓄水后,水库周围地区的地下水位受库水顶托作用而相应抬高(壅水),上升后的地下水位可能接近或高出地面,导致水库周围地区的土壤盐渍化和沼泽化,以及使建筑物地基软化、矿坑充水等现象,称为水库浸没(见图5-4)。

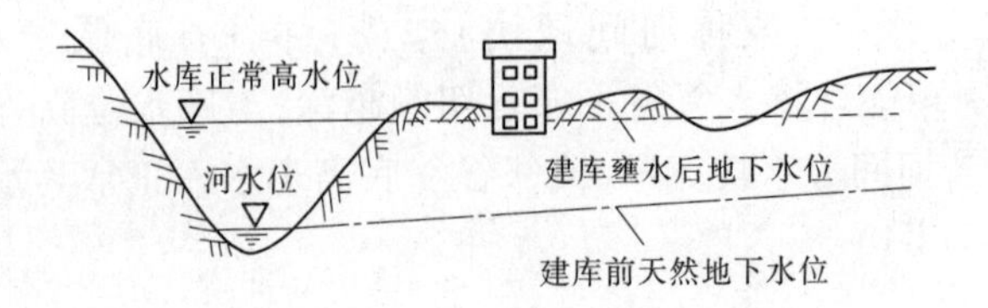

图5-4 水库边岸地带浸没示意图

水库浸没的可能性主要取决于水库岸边正常水位变化范围内的地貌、岩性及水文地质条件。对于山区水库,水库边岸地势陡峻,多由不透水岩石组成,地下水埋藏较深,一般不存在浸没问题。但对山间谷地和山前平原中的水库,周围地势平坦,易发生浸没,而且影响范围也较大。

三、水库塌岸问题

当水库蓄水后,岸边的岩石或土体受库水饱和,其强度降低,加之库水波浪的冲击、淘刷,引起库岸发生坍塌后退的现象,称为塌岸。塌岸将使库岸扩展后退,对岸边的建筑物、道路、农田等造成威胁、破坏,且使塌落的土石体又淤积库中,减小有效库容。还可能使分水岭变得单薄,导致水库外渗。

影响塌岸的主要因素有库岸地形、岩性、地质构造及水文气象条件等。塌岸一般在平原水库比较严重,往往在蓄水两三年内发展较快,以后渐趋稳定。

四、水库淤积问题

水库建成后,上游河水挟带大量泥沙及塌岸物质和两岸山坡地的冲刷物质,堆积于库底的现象,称为水库淤积。水库淤积必将减小水库的有效库容,缩短水库寿命。在多泥沙河流上修建水库,淤积问题尤为严重。例如,三门峡水库由于黄河带来大量泥沙,从而使淤积十分强烈。

从工程地质角度研究水库淤积问题,主要是查明淤积物的来源、范围、岩性及其风化程度和斜坡稳定性等,为论证水库的运行方式及使用寿命等提供资料。

任务二　坝的工程地质问题

一、坝基的稳定问题

水工建筑物主要由挡水建筑物(坝、闸等),取水和输水建筑物(隧道、引水渠等)及泄水建筑物(溢洪道、泄洪洞等)三大部分组成。作为水利枢纽主体建筑物的拦河大坝,它的安全稳定常是决定水利工程成败的关键。由于坝区岩体中存在的某些地质缺陷,则可能导致坝体产生工程地质问题。常见的主要工程地质问题有坝基稳定问题和坝区渗漏问题。

对于修建在岩基上的土坝,由于其坝身断面较大,且为柔性基础,所以地基稳定问题

容易得到满足。但对于建在松散沉积层上的土坝，应查明在坝基中是否存在软土（如淤泥和淤泥质土）。重力坝、拱坝对地基要求较高，本节主要针对重力坝分析其稳定问题。坝基的稳定问题包括沉降稳定、抗滑稳定和渗透稳定三个方面。

（一）坝基的沉降稳定

坝基的沉降稳定是指坝基岩体在建筑物自重及其他荷载作用下产生的压缩变形大小及不均匀沉降量。显然坝基沉降量过大，特别是不均匀沉降量超过容限限度时，将会导致坝体的破坏而影响正常使用。

1. 影响坝基沉降稳定的因素

坝基岩体的压缩变形量除与建筑物类型和规模有关外，还受坝基岩体的性质、构造因素影响。

由坚硬岩石构成的坝基，强度高、压缩性低，不会产生过大的沉降。但当坝基岩体中存在软弱夹层、断层破碎带和较厚的强风化岩层时，则有可能产生较大的沉降或不均匀沉降（见图 5-5），甚至导致坝基破坏。

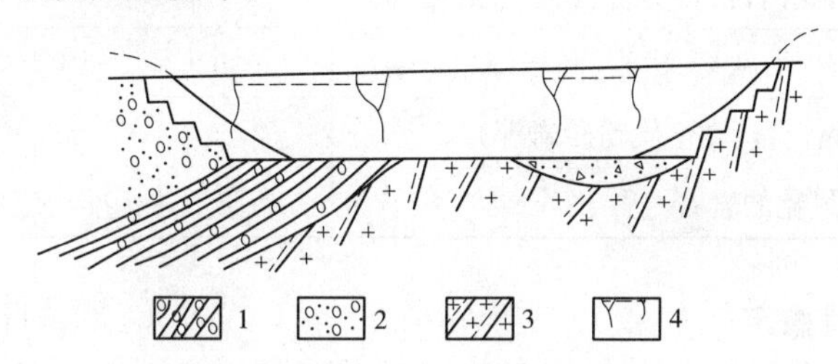

1—含砾石黏土；2—砂砾石；3—花岗片麻岩；4—沉降与裂隙

图 5-5　坝体因不均匀沉降而产生断裂

影响沉降的因素，除岩性和地质构造外，还要考虑软弱夹层的存在位置和产状，如图 5-6所示：当软弱夹层在坝基中呈水平时，有可能产生沉降变形（见图 5-6（a））；若位于坝的上游坝踵处，沉降影响较小（见图 5-6（b））；当位于下游坝趾处时，则易使坝体向下游倾覆（见图 5-6（c））。

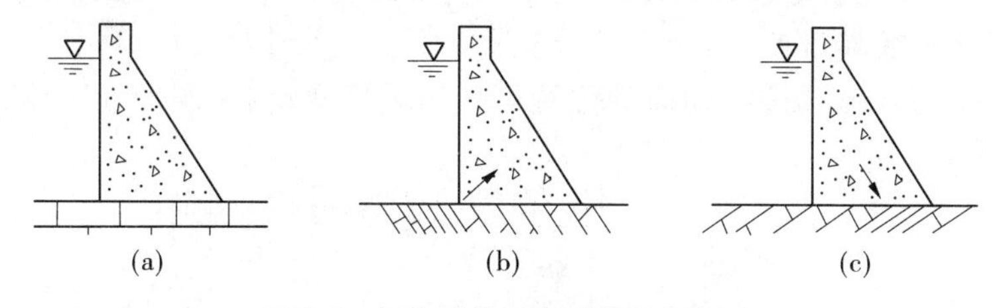

图 5-6　坝体因软弱夹层而产生变形

选择坝址时应尽量避开软弱夹层、强风化层、断层破碎带等，当不能避开时，应采取工程措施予以加固。

2. 岩基容许承载力的确定

岩基的稳定性用“容许承载力”的指标来评价。岩基的容许承载力是指岩基在荷载作用下，不产生过大的变形、破裂所能承受的最大压强，一般用单块岩石的极限抗压强度除以折减系数得出，即

$$[P] = \frac{R_g}{K} \tag{5-1}$$

式中 $[P]$——岩基容许承载力,kPa;

R_g——岩石的饱和极限抗压强度,kPa;

K——折减系数。

折减系数 K 的含义,就一般而言,单块岩石容许承载力要远高于岩体的抗压强度,而用 R_g 去评价被各种结构面切割的岩体时,必须除以折减系数,才能评价岩体的容许承载力。

很显然,在选取 K 值时,对越是坚硬的岩体取值应越大些。表 5-1 是根据国内一些工程的实践经验确定的 K 值,可供参考。

表 5-1 确定承载力的折减系数

岩石种类	折减系数 K
特别坚硬的岩石(细粒花岗岩、石英岩、致密玄武岩等)	20% ~25%
一般坚硬的岩石(石灰岩、砂岩、砾岩等)	10% ~20%
软弱的岩石(黏土岩、黏土质粉砂岩等)	5% ~10%
风化的岩石	参照上述标准相应地降低 25% ~50%

(二)坝基的抗滑稳定

坝基岩体在大坝重量及水压力的共同作用下产生的滑动破坏,是重力坝破坏的主要形式。坝基的抗滑稳定分析是大坝设计中的一个重要因素。

坝基岩体受力状态是复杂的,既承受垂直方向的作用力,还承受各种侧向的渗透压力和地震力等。坝基岩体的抗滑稳定除取决于上述各种力的综合作用外,还取决于岩体本身的性质,即岩体主要受软弱结构面及其性质控制。分析抗滑稳定,首先要着重进行地质条件分析,因为滑动总是沿着软弱结构面发生的,通过对各种软弱结构面的分析来确定坝基岩体的边界条件,然后通过试验,结合地质条件等因素来确定抗滑稳定的计算参数。

1. 坝基滑动的破坏形式

坝基滑动的破坏形式按滑动面的位置可分为表层滑动、浅层滑动和深层滑动三种(见图 5-7)。

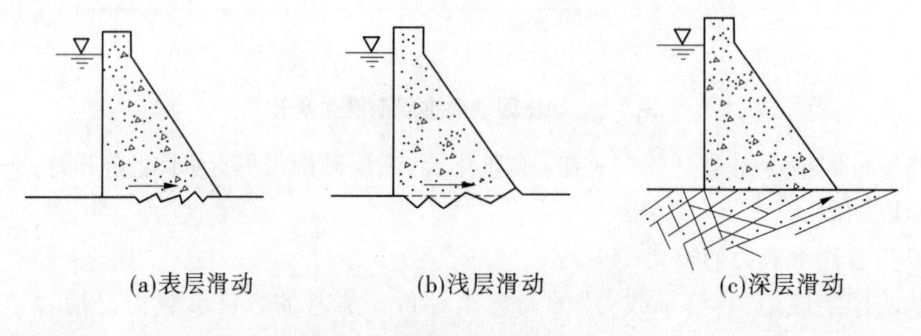

(a)表层滑动 (b)浅层滑动 (c)深层滑动

图 5-7 坝基滑动破坏的形势

(1)表层滑动。指坝体沿基岩表面(混凝土和岩石的接触面)滑动的形式。主要发生在坝基岩体坚硬完整、不具有可能发生滑动的软弱结构面。这是由于岩体强度远大于混凝土强度,或者是因施工质量差造成的。一般情况下,这种破坏形式较为少见。

(2)浅层滑动。指坝基岩体软弱,或坚硬岩石表部的风化破碎层没有清除干净,以至于造成岩体强度低于坝体混凝土强度时,滑动面可能产生在浅部岩体之内,从而造成浅层滑动。浅层滑动面往往参差不齐,多发生在因工程清基不彻底的中小型坝体中。

(3)深层滑动。发生在坝基岩体的较深部位,主要是沿着各种软弱结构面发生滑动的。滑动面常由两组或更多的软弱面组合而成。

2. 坝基滑动的边界条件分析

坝基岩体的深层滑动,除必须存在可能成为滑动面的软弱结构面外,还需具备将岩体切割分离成为不稳定滑移体的其他结构面,同时下游应有可供滑出的自由空间,这样才能形成滑动破坏。岩体滑动的边界条件应具有以下三种边界面(见图5-8):

(1)滑动面。指坝基岩体发生滑动破坏时,滑移体沿之滑动的结构面(见图5-8中的*ABCD*面)。通常构成滑动面的有断层、泥化夹层、裂隙和层面等软弱结构面。

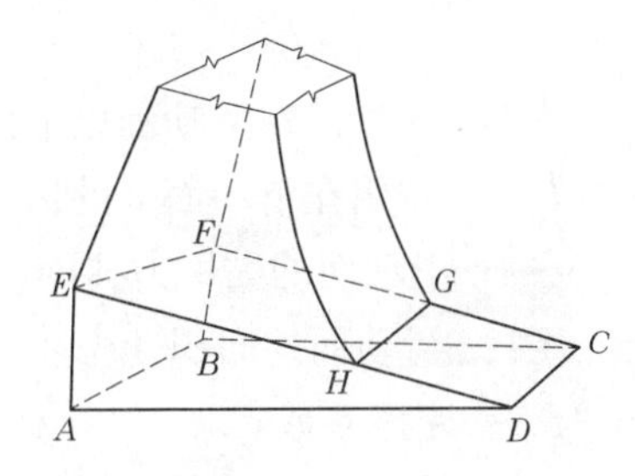

图5-8　坝基滑动边界条件分析图

(2)切割面。指将岩体切割开来,形成不连续块体的结构面。可分沿滑移方向的纵向切割面(见图5-8中的*ADE*面和*BCF*面)和垂直滑移方向的横向切割面(见图5-8中的*ABFE*面),通常是由倾角较陡甚至直立的结构面构成。

(3)临空面。指滑移体与变形空间相邻的面,而变形空间一般指滑移体向之滑动不受阻力或阻力很小的自由空间。临空面可分为两类:一类是水平临空面,例如下游河床地面(见图5-8中的*CDHG*面);另一类是陡立临空面,例如下游河床的深潭、深槽等构成的临空面。

滑动面、切割面、临空面构成了坝基岩体滑动的边界条件,它们可以组成各种形状,常见的有楔形体、棱形体、锥形体、板状体四类(见图5-9)。

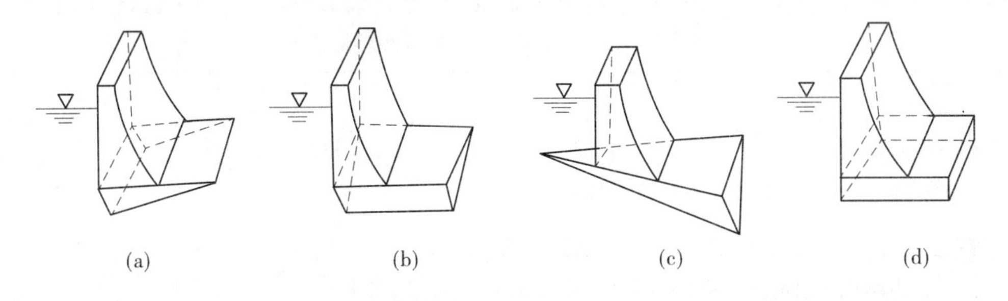

图5-9　坝基滑动体类型

分析坝基岩体滑动的边界条件,也就是对坝基岩体稳定的定性评价。如果不存在滑动的边界条件,则坝基岩体是稳定的;如果边界条件不完全,也可认为岩体基本稳定。只有滑动边界的三个条件具备,岩体才有可能产生滑动,这时要进一步通过力学分析做出评价。

3. 坝基抗滑稳定计算公式

在坝基抗滑稳定验算中,目前常采用下列两种类型的公式进行计算(假设滑动面为水平),如图5-10所示。

$$K_S = \frac{f(\sum V - U)}{\sum H} \tag{5-2}$$

$$K'_S = \frac{f(\sum V - U) + cA}{\sum H} \tag{5-3}$$

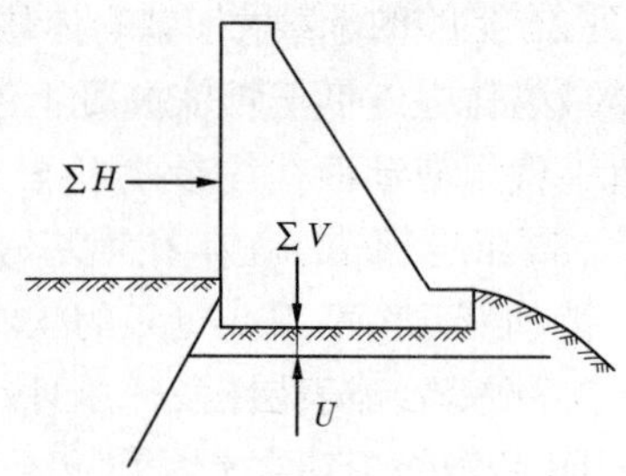

图5-10 抗滑稳定计算示意图

式中 K_S、K'_S——抗滑稳定安全系数,一般,K_S取值为1.0~1.1,K'_S取值应大于2.5;

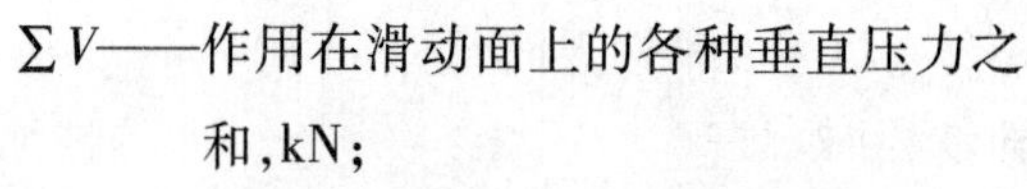

$\sum V$——作用在滑动面上的各种垂直压力之和,kN;

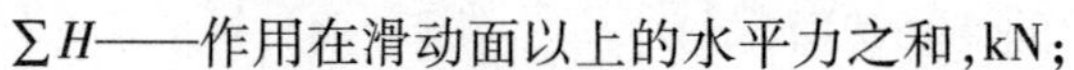

$\sum H$——作用在滑动面以上的水平力之和,kN;

U——作用在滑动面上的扬压力,kN;

c——滑动面的黏聚力,kPa;

A——滑动面的面积,m^2;

f——摩擦系数。

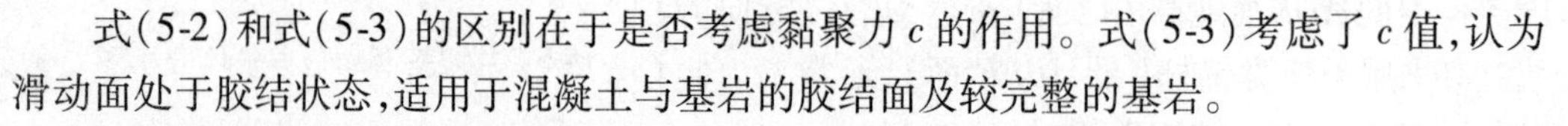

式(5-2)和式(5-3)的区别在于是否考虑黏聚力 c 的作用。式(5-3)考虑了 c 值,认为滑动面处于胶结状态,适用于混凝土与基岩的胶结面及较完整的基岩。

4. 抗滑稳定计算中主要参数的确定

从式(5-2)、式(5-3)中可以看出,f、c 值的大小对岩体稳定性影响很大。如果选值偏大,则坝基稳定性没有保证;反之,则会造成工程上的浪费。

一般对 f、c 值的确定,常采用以下两种方法:

(1)试验法。通过室内和现场试验确定 f、c 值。

(2)经验数据法。参照已有工程试验数据和选值经验,结合拟建工程的工程地质条件分析对比来选取 f、c 值。表5-2是根据我国实践经验得出的摩擦系数 f 值,可供参考。

表5-2 坝基岩体摩擦系数(f)经验数据

岩体特点	摩擦系数 f
极坚硬、均质、新鲜岩石,裂隙不发育,地基经过良好处理,湿抗压强度大于 $1\,000 \times 10^5$ Pa,野外试验所得 $E > 1 \times 10^9$ Pa	0.65~0.75
岩石坚硬、新鲜或微风化,弱裂隙性,不存在影响坝基稳定的软弱夹层,地基经处理后,岩石湿抗压强度大于 600×10^5 Pa,$E > 1 \times 10^{10}$ Pa	0.55~0.70
中等硬度的岩石,岩性新鲜或微风化,弱裂隙性或中等裂隙性,不存在影响坝基稳定的软弱夹层,地基经处理后,湿抗压强度大于 200×10^5 Pa,$E > 5 \times 10^9$ Pa	0.50~0.60

(三)坝基处理

在任何地区,都很难找到十分新鲜完整、没有任何地质缺陷的基岩来作为大坝的地基。为保证大坝建成后能长期安全的运行,均做一定的坝基处理。坝基经处理后,一般应达到:有足够的承载力,以承受坝体的压力;具有整体性、均匀性,不致产生过大的不均匀沉陷;增强坝体与基岩接触面及各类软弱结构面的抗剪强度,防止坝体滑动;增强抗渗能力,维持渗透稳定;增强两岸山体稳定性,防止塌方或滑坡危及大坝安全。

常用的处理措施如下。

1. 清基

将坝基岩体表层松散软弱、风化破碎的岩层以及浅部的软弱夹层等开挖清除,使基础位于较新鲜的岩体之上。对于土石坝的清基要求,要较混凝土坝低。因为它可以松散沉积层为坝基,所以清基时只需将表层的腐殖土、淤积土、高塑性软土、流砂层等压缩性大、抗剪强度很低的岩、土层清除掉即可。

对于风化速度较快的岩层,当基坑暴露时间较长时,应预留保护层或采取其他保护措施。此外,坝基面应略有起伏并尽可能向上游倾斜。

2. 岩体加固

为提高坝基岩体的强度和减少压缩变形及基坑开挖量,常采取以下措施予以加固:

(1)固结灌浆。通过在基岩中的钻孔,将适宜的具有胶结性的浆液(大多为水泥浆)压入到基岩的裂隙或孔隙中,使破碎岩体胶结成整体,以增加基岩的强度。

(2)锚固。当地基岩体中发育有控制岩体滑移的软弱面时,为增强岩体的抗滑稳定性,也采用预应力锚杆(或钢缆)进行加固处理。

(3)槽、井、洞挖回填混凝土。当坝基下存在有规模较大的软弱破碎带时,例如断层破碎带、软弱夹层、泥化层、囊状风化带、裂隙密集带等,则需要进行特殊的处理。

高倾角软弱破碎带主要处理方法有混凝土塞、混凝土梁、混凝土拱等。混凝土塞是将软弱破碎带挖除至一定深度后回填混凝土,以提高地基的强度(见图5-11(a))。当软弱破碎带岩性疏松软弱,强度很低且宽度较大时,则可采用混凝土梁或拱的结构形式,将荷载传至两侧坚硬完整岩体上(见图5-11(b))。

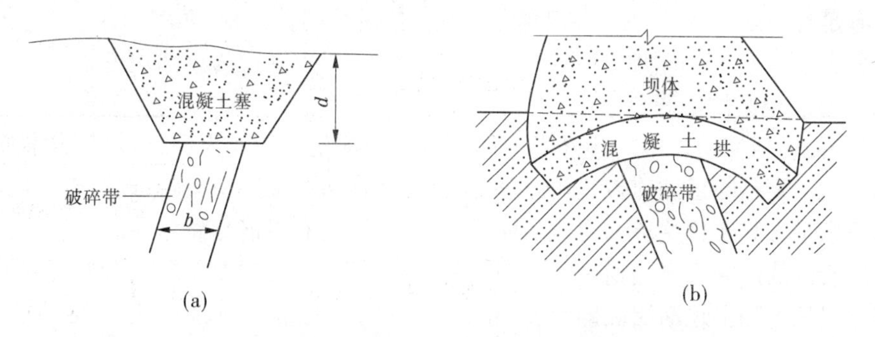

图5-11 坝基处理混凝土塞、拱剖面图

缓倾角软弱破碎带埋深较浅时可全部挖除,回填混凝土(见图5-12(a)),这样做最安全可靠。若埋藏较深则需采用洞挖(平洞或斜洞),深部开挖可配以竖井(见图5-12

(b))。当软弱破碎带倾向下游或上游时,可沿其走向每隔一定距离挖平洞,洞的顶部和底部均嵌入坚硬完整的岩层中,然后回填混凝土,形成混凝土键(见图5-12(c))以提高其抗滑能力。

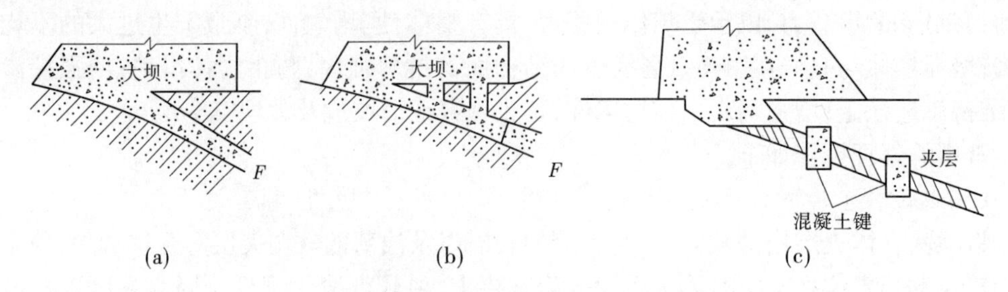

图5-12 缓倾角软弱破碎带的处理(剖面图)

3. 防渗和排水措施

大坝地基的防渗与排水措施十分重要,它是地基渗透变形和降低扬压力的重要手段。一般原则是:在大坝迎水面或其上游部位设置防渗措施,例如灌浆帷幕等,尽量降低坝基的渗透水流;而在迎水面下游(即防渗帷幕后面)的坝基部分则设置排水措施,例如排水井、孔等,以便降低渗透压力。

二、坝区渗漏问题

库水通过坝基岩体向下游的渗漏称为坝基渗漏,通过两边坝肩岩体渗漏称为绕坝渗漏。此两种渗漏统称为坝区渗漏。坝区渗漏和水库渗漏一样,主要沿透水层(例如砂、砾石)和透水带(例如断层带)进行,坝区渗漏不但减少库容,影响水库正常效益发挥,而且强大的渗流将会在坝基中产生管涌和流砂现象,降低坝基岩体的稳定性并危及大坝安全。下面仅以地质条件对坝区渗漏做简要分析。

(一)松散沉积物地区的渗漏分析

在松散沉积物分布地区,坝区渗漏主要是通过古河道、河床和阶地内的砂卵砾石层进行的。因沉积物颗粒粗细变化较大,出露条件各异,所以渗漏量的大小也不同。如果砂卵石层上有足够厚度、稳定分布的黏土层,就等于是天然铺盖,可起防渗作用。在山区河谷区两岸分布的岩堆、坡积物和洪积物,当其颗粒较粗时,也常成为渗漏通道。

(二)基岩地区的渗漏分析

岩浆岩(包括变质岩中的片麻岩、石英岩)区的坝基一般较为理想,对基岩来说,可能渗漏的通道主要是断层破碎带、岩脉裂隙发育带和连通的裂隙密集带,以及表层风化裂隙组成的透水带。只要这些渗漏通道从库区穿过坝基,就有可能导致渗漏。

喷出岩区的渗漏主要是通过互相串通的原生节理、气孔以及多次喷发的间歇面渗漏。

沉积岩地区除上述断层破碎带和裂隙发育带构成的渗漏通道外,最常见的是透水层(砂、砾石和不整合面)漏水,只要它们穿过坝基,就可成为漏水通道。在岩溶地区,一定要查明岩溶的分布规律和发育程度,因为岩溶区一旦发生渗漏,就会使水库严重漏水,甚至干涸。

任务三　输水建筑物的工程地质问题

输水建筑物是线形水工建筑物,一般由渠道、输水隧洞、渡槽、闸等组成,本任务介绍工程地质问题较多的渠道和水工隧洞。

一、渠道的工程地质问题

渠道的工程地质问题主要有渗漏、边坡稳定等,以下主要谈有关渠道的选线和渗漏问题。

(一)渠道选线的工程地质条件

渠道线路的选择,要根据地形、地质及施工条件等综合考虑。渠道按通过的地貌单元不同,可分为平原线、谷底线、坡麓线、山腹线、岭脊线等。因渠道为线形建筑物,路线长,穿越的地貌、岩性、构造及水文地质条件类型多,变化复杂。为使渠道水流畅通又不致水头损失过大,应有一个合理的纵坡降,以保证渠道不冲、不淤和最小渗漏损失。故而在选线时,首先应绕避高山、深谷和地形切割强烈的丘陵山区。渠线应在工程地质条件较好的岩土体中通过,尽量避开不良地质条件地段,例如大断层破碎带、强地震区、土层沉陷很大的地区、强透水层分布区、岩溶分布区以及影响边坡稳定的物理地质现象发育地段。

(二)渠道渗漏的地质条件分析

傍山渠道多位于基岩区,渠道渗漏一般是不严重的,但应注意断层破碎带、裂隙密集带以及岩溶发育带等强透水带的分布。平原线及谷底线渠道通过地段以第四纪松散沉积物居多,沿途不同成因类型的沉积物均可遇到。例如渠道穿越山前洪积扇,当由砂砾石等透水性强的沉积物组成时,渠道渗漏严重,而通过的沉积物为黏性土时,则很少渗漏。

渠道渗漏还受地下水位的影响,地下水位高于渠水位,不会发生渗漏,而且还能得到地下水的补给。反之,则可能发生渗漏,且地下水埋深愈大,渗漏量也愈大。

(三)渠道渗漏的防治

(1)绕避。在渠道选线时尽可能绕避强透水地段、断层破碎带和岩溶发育地段。

(2)防渗。采用不透水材料护面防渗,例如黏土、三合土、浆砌石、混凝土、塑料薄膜等。

(3)灌浆、硅化加固等。

二、隧洞的工程地质问题

隧洞的优点是线路短,水头损失小,便于管理养护,还能避开一些不良地质地段。由于隧洞修建在地下岩体中,所以地质条件对隧洞的影响很大,隧洞的主要工程地质问题是洞身围岩(洞的周围岩体)的稳定性和围岩作用于支撑、衬砌上的山岩压力,以及地下水对围岩稳定的影响。

(一)隧洞选线的工程地质条件

1. 地形条件

地形上要求山体完整,洞室周围包括洞顶及傍山侧应有足够的山体厚度。

隧洞进出口地段的边坡应下陡上缓,无滑坡、崩塌等现象存在。洞口岩石应直接出露或坡积层薄,岩层最好倾向山里以保证洞口坡的安全。

2. 岩性条件

洞室应尽量选在坚硬完整岩石中,坚硬岩石岩性均匀致密,抗风化能力强,一般在坚硬完整岩层中掘进,围岩稳定,无需衬砌或衬砌工作量较小,造价低。而在软弱、破碎、松散岩层中掘进,由于这类岩石强度低,易风化和软化,顶板易坍塌,边墙及底板易产生鼓胀挤出变形等,需边掘进、边支护或超前支护,工期长、造价高。

岩层厚度与围岩稳定也有很大关系。厚度很大的块状岩体,岩性均一,稳定性好,例如岩浆岩和片麻岩、石英岩等,适合修建大型的地下工程。而薄层的沉积岩和变质岩中的片岩、板岩、千枚岩、黏土岩以及胶结不好的砂砾岩等,由于层次多,稳定性较差,特别是软硬岩相间的岩石以及松散破碎岩石,选址时应尽量避开。

3. 地质构造条件

在褶皱核部,由于裂隙发育、岩石破碎,且可蓄存大量地下水(如向斜轴部),对围岩稳定不利(见图5-13),所以洞线应该避开核部。洞线穿过断层破碎带易造成大规模塌方,还可能有大量地下水的涌入,是影响围岩稳定的关键。单斜岩层的走向线与洞线之间的夹角及岩层倾角的大小,也影响围岩的稳定,其夹角与倾角愈小,越不稳定。所以,在单斜岩层中开挖的洞轴线尽量与岩层走向垂直。在水平或缓倾斜岩层中,应尽量使洞室位于厚层均质岩层中(见图5-14)。

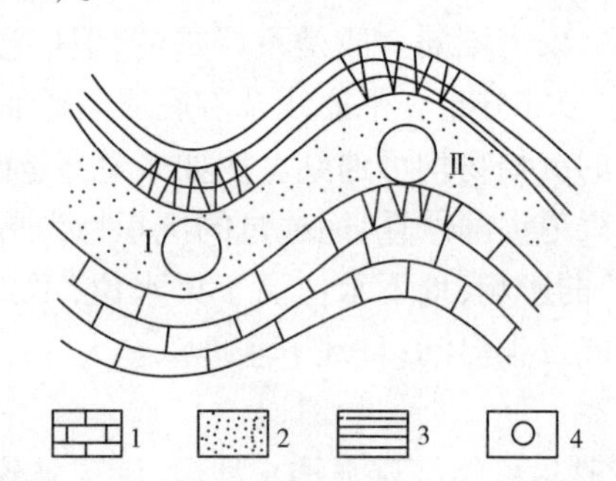

1—石灰岩;2—砂岩;3—页岩;4—隧洞

图5-13 位于褶皱核部的隧洞示意图

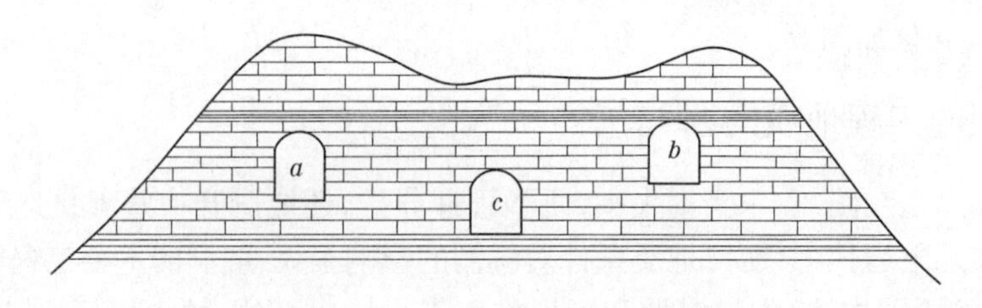

a—位于坚硬岩层中;b—顶板有软弱夹层;c—底板为软弱的黏性土

图5-14 布置在水平岩层中的隧洞

4. 岩体结构特征

隧洞围岩岩体的各种结构面,可以组合成各种形式的岩块,如楔形体、锥形体、方块体、棱形体等，由于它们在所处洞身围岩中的位置、形态和存放方式不同，它们的稳定程度也不相同，如围岩中有陡立的泥质结构面存在，对围岩的稳定极为不利。

5. 其他因素

如有地下水存在，将对围岩产生静水压力、动水压力及软化、泥化作用。地下工程施工中的塌方或冒顶事故，常和地下水的活动有关，最好选在地下水位以上的干燥岩体内，或地下水水量不大、无高压含水层的岩体内。

此外，人为因素如施工方法和施工质量不当等，也会对围岩稳定产生不利影响。

（二）山岩压力

由于隧洞的开挖，破坏了围岩原有的应力平衡条件，引起围岩中一定范围内的岩体向洞内松动或坍塌，因而就必须尽快支撑和衬砌，以抵抗围岩的松动或破坏，这时围岩作用于支撑和衬砌上的压力，称为山岩压力。显然，山岩压力是隧洞设计的主要荷载，若山岩压力很小或没有，可认为隧洞是稳定的，可以不支撑；当山岩压力很大时，则必须考虑衬砌和支撑，所以正确估计山岩压力的大小，将会直接影响隧洞稳定安全和经济效益。

山岩压力主要有松动山岩压力和变形山岩压力两种基本类型。目前对变形山岩压力研究的较少，在设计中主要考虑松动山岩压力。松动山岩压力主要来源于洞室开挖后，由于应力重新分布而引起一部分围岩松弛、滑塌，其数值一般等于塌落体的重量。山岩压力的大小不仅与围岩的应力状态有关，还与岩石性质、洞形、支撑或衬砌的刚度、施工方法、衬砌的早晚等多种因素有关。此外，由于围岩的变形和破坏有一个逐次发展的过程，因此山岩压力也是随时间变化的。

工程上常用两种方法确定山岩压力，基本原则如下：

（1）平衡拱理论确定山岩压力。被断层、裂隙等切割的岩体类似松散介质，由于开挖扰动，顶部出现拱形分离体，拱形分离体以外的岩体仍保持平衡状态，拱形分离体失稳塌落后便形成一个塌落拱，称为自然平衡拱，平衡拱下的岩体重量即为山岩压力。

（2）用岩体结构保障机制确定山岩压力。平衡拱理论混淆了坚硬岩体和松散介质间的本质差别，实践证明，用平衡拱理论计算的山岩压力结果偏大。这是由于岩体的稳定性主要取决于岩体中各种不同的结构面（如层面、裂隙面、片理面、软弱夹层、断层面等）的组合关系和性质，而不完全取决于岩石强度。因此，目前多采用岩体结构结合力学分析的方法确定山岩压力。

该方法首先分析围岩中各种结构面组合而成的、具有滑动边界的滑动体或塌落体。如果没有这样的塌落体，山岩压力等于零。如果存在不稳定塌落体，则该塌落体的重量即为山岩压力。当塌落体沿某结构面下滑时，还应考虑其抗滑力的影响，将塌落体的滑动力减去抗滑力即为山岩压力。

由于山岩压力受很多复杂因素的制约，所以尽管人们长期以来对其进行过大量的试验研究，但至今仍未得到圆满解决。

（三）围岩的弹性抗力

岩体的弹性抗力是指在有压隧洞的内水压力作用下向外扩张，引起围岩发生压缩变形后所产生的反力。围岩的弹性抗力与围岩的性质、隧洞的断面尺寸及形状等有关。当水压力作用下向外扩张了 y 后（见图 5-15），围岩产生的弹性抗力 P 为

$$P = Ky \tag{5-4}$$

式中 P——岩体的弹性抗力,MPa;

y——洞壁径向变形,cm;

K——弹性抗力系数,MPa/cm。

弹性抗力系数 K 的物理意义是迫使洞壁产生一个单位的径向变形所需施加的压力值。

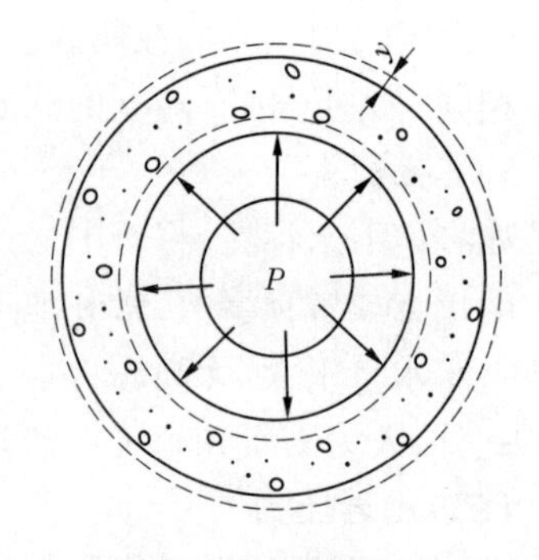

图 5-15 内水压力作用下围岩变形

岩体的弹性抗力系数 K 是表征隧洞围岩质量的重要指标。K 值愈大,岩体承受的内水压力愈大,相应的衬砌承担的内水压力就小些,衬砌可以做得薄一些。但 K 值选得过大,将给工程带来事故。因此,正确选择岩体的弹性抗力系数,在隧洞设计中具有很大意义。

弹性抗力系数 K 与隧洞的直径有关。以圆形隧洞为例,隧洞的半径愈大,K 值愈小。故 K 值不为常数,为了便于对比使用,隧洞设计中常采用单位弹性抗力系数 K_0(隧洞半径为 100 cm 时的岩体弹性抗力系数),即

$$K_0 = K\frac{R}{100} \tag{5-5}$$

式中 R——隧洞半径,cm。

表 5-3 为常用的单位弹性抗力系数,以供参考。

表 5-3 岩石单位弹性抗力系数

岩石坚硬程度	代表的岩石名称	节理裂隙多少或风化程度	有压隧洞单位弹性抗力系数 K_0(×10 N/cm^3)	无压隧洞单位弹性抗力系数 K_0(×10 N/cm^3)
坚硬岩石	石英岩、花岗岩、流纹斑岩、安山岩、玄武岩、厚层硅质灰岩等	节理裂隙少,新鲜 节理裂隙不太发育,微风化 节理裂隙发育,弱风化	1 000 ~ 2 000 500 ~ 1 000 300 ~ 500	200 ~ 500 120 ~ 200 50 ~ 120
中等坚硬岩石	砂岩、石灰岩、白云岩、砂岩等	节理裂隙少,新鲜 节理裂隙不太发育,微风化 节理裂隙发育,弱风化	500 ~ 1 000 300 ~ 500 100 ~ 300	120 ~ 200 80 ~ 120 20 ~ 80
较软岩石	砂页岩互层、黏土质岩石、致密的泥灰岩	节理裂隙少,新鲜 节理裂隙不太发育,微风化 节理裂隙发育,弱风化	200 ~ 500 100 ~ 200 <100	50 ~ 120 20 ~ 50 <20
松软岩石	严重风化及十分破碎的岩石、断层、破碎带等		<50	<10

三、提高围岩稳定的措施

(一)支撑与衬砌

1. 支撑

它是在洞室开挖过程中,用以稳定围岩用的临时性措施。按照选用材料的不同,有木支撑、钢支撑及混凝土支撑等。在不太稳定的岩体中开挖时,需及时支撑以防止围岩早期松动。

2. 衬砌

衬砌是加固围岩的永久性工程结构。衬砌的作用主要是承受围岩压力及内水压力,在坚硬完整的岩体中,围岩的自稳能力高,也可以不衬砌。衬砌有单层混凝土及钢筋混凝土衬砌,也可以用浆砌条石衬砌。双层的联合衬砌,一般内环用钢筋混凝土或钢板,外环用混凝土,多用于岩体破碎、水头高的隧道。

(二)喷锚支护

近几十年来,喷锚支护在国内外的地下工程中获得了广泛的应用,它是稳定围岩的一种有效的工程措施。当地下洞室开挖后,围岩总是逐渐地向洞内变形。喷锚支护就是在洞室开挖后,及时地向围岩表面喷一薄层混凝土(一般厚度为5~20 cm),有时再增加一些锚杆,从而部分地阻止围岩洞内变形,以达到支护的目的。

小　结

研究工程地质的目的是查明建筑地区的工程地质条件,分析可能存在的工程地质问题,以保证建筑物修建的经济合理与安全可靠。

通过本项目的学习,应重点掌握库区及坝区渗漏的地质条件分析,坝基岩体的稳定性分析,工程地质条件对隧洞选线、渠道选线的影响。对水库的其他工程地质问题、坝基处理以及山岩压力和弹性抗力应有一定的了解。

思考题

1. 工程地质条件有哪些? 水利工程中常见的工程地质问题是什么?
2. 水库的工程地质问题有哪些? 何谓永久渗漏和暂时渗漏?
3. 坝基岩体稳定一般有哪几个问题? 产生这些问题的地质条件是什么?
4. 试述岩体滑动的边界条件。
5. 坝基处理的工程措施有哪些?
6. 渠道选线时应注意哪些工程地质条件?
7. 影响隧洞围岩稳定的主要因素有哪些?
8. 何谓山岩压力和弹性抗力?

项目六　工程地质勘察

【情景提示】

1. 在兴建任何工程建筑，特别是重大工程建筑之前，都需要进行工程地质勘察工作。你知道什么是工程地质勘察吗？

2. 在工程地质勘察中会运用各种勘察测试技术手段和方法，你知道都有哪些方法吗？

3. 工程地质勘察是土木工程建设的依据，其资料成果是工程项目决策、设计和施工的重要依据。

【项目导读】

各种不同类型的土木工程结构都是由下部和上部两部分结构组成的，下部结构是建造在地基之中的，地基处在一定的地质环境中，地基岩土的工程地质条件将直接影响建筑物的安全。因此，在建筑物进行设计之前，细致可靠的地质勘察，对确保设计、施工质量与施工安全具有重要的作用。

由于不同地区工程地质条件的不同，其勘察内容、任务、手段和评价的内容也不同。针对工业与民用建筑工程设计和施工的需要，本项目主要对地质作用、年代、构造和地下水做简略介绍，主要介绍地质勘察的任务、现场测试方法以及地基勘察报告的编写。

【教学要求】

1. 了解地质勘察的目的、程序和任务。

2. 熟悉常用的勘探方法。

3. 掌握阅读和使用地质报告的方法和技能。

任务一　地质勘察的任务和内容

一、岩土工程勘察等级

《岩土工程勘察规范》(2009 年版)(GB 50021—2001)将岩土工程勘察进行了分级。岩土工程勘察等级的划分，有利于对岩土工程工作环节按等级区别对待，确保工程的质量和安全。岩土工程勘察等级划分的条件如下：

(1)场地条件包括抗震设防烈度和可能发生的震害异常情况、不良的地质作用发育情况和场地地质环境的破坏程度、地貌特征以及地下水文地质条件。

(2)地基土质条件是指是否存在极软弱的或非均质的、需要采取特别处理措施的地层,极不稳定的地基或地基需要进行专门分析和研究的特殊土类。

(3)工程条件是指建筑物的安全等级、工程规模、基础工程的特征。

《岩土工程勘察规范》(2009 年版)(GB 50021—2001)根据以上几个方面条件,将岩土工程勘察划分为甲、乙、丙三个等级,其中甲级岩土工程的自然条件最为复杂、技术要求的难度最大,工作的环境最为不利。

根据工程建设实施过程的阶段性划分特点,为了在可行性研究、初步设计和施工图设计等阶段分别提供各阶段所需的工程地质资料,勘察工作也相应分为可行性勘察、初步勘察和详细勘察三个阶段。对地质条件复杂或有特殊要求的重大工程地基,应进行检验。对于地质条件简单、面积不大的场地,勘察阶段可以适当的简化。

二、岩土工程勘察阶段的划分

(一)可行性研究勘察阶段

本阶段主要收集场区和附近地区的工程地质资料,通过踏勘,初步了解场地的地层结构、岩土性质、不良地质现象和地下水情况等,对拟建场地稳定性和适宜性做出评价。当有两个或两个以上拟选场地时,应进行比选分析。选择场地时,一般应避开:

(1)不良地质现象发育、对场地稳定性有直接或潜在威胁的地段。

(2)地基土性质严重不良的地段。

(3)对建筑抗震不利的地段。

(4)洪水或地下水对建筑场地有严重威胁或不良影响的地段。

(5)地下有未开采的有价矿藏或不稳定的地下采空区。

(二)初步设计勘察阶段

本阶段的勘察工作主要包括:

(1)收集本项目的可行性研究阶段岩土工程勘察报告等基本资料。

(2)初步查明地层、构造、岩土性质、地下埋藏条件、不良地质现象的成因、分布及对场地稳定性的影响程度和发展趋势。

(3)对抗震设防烈度等于或高于 7 度的场地,初步判定场地和地基的地震效应。

(4)季节性冻土地区,应调查场地土的标准冻结深度。

(5)初步判定水和土对建筑材料的腐蚀性。

(6)高层建筑初步勘察时,应对可能采取的地基基础类型、基坑开挖与支护、工程降水方案进行初步分析评价。

通过以上工作,对场地内建筑地段的稳定性做出评价,为确定建筑物总平面布置、选择主要建筑物地基基础方案和不良地质现象的防治等对策进行论证。

(三)详细勘察设计阶段

详细勘察密切结合技术设计或施工图设计,按不同建筑物或建筑群提出详细的工程地质资料和设计所需的岩土设计参数,对建筑地基做出工程分析评价,为基础设计、地基处理、不良地质现象防治等具体方案做出论证、结论和建议。详细勘察的主要工作任务包括：

（1）收集附有坐标和地形的建筑总平面图，场地的地面整平标高，建筑物的性质、规模、荷载、结构特点、基础形式、埋藏深度、基础允许变形等资料。

（2）查明不良地质作用的类型、成因、分布范围、发育趋势和危害程度，提出整治方案的建议。

（3）查明建筑物范围内岩土层的类型、深度、分布、工程特征、分析和评价地基的稳定性、均匀性和承载力。

（4）对需要进行沉降计算的建筑物，提供地基变形计算参数，预测建筑物的变形特征。

（5）查明埋藏的河道、墓穴、防空洞、孤石等对工程不利的埋藏物。

（6）查明地下水的埋藏条件，提供地下水位及其变化幅度。

（7）在季节性冻土地区，提供场地的标准冻结深度。

（8）判明水和土对建筑材料的腐蚀性。

施工勘察主要解决与施工有关的岩土工程问题，如基槽检验、桩基工程与地基处理的质量和效果的检测、施工中岩土工程监测和必要的补充勘察，具体内容可根据工程施工的具体要求而定。

三、岩土勘察任务书

在勘察工作开始之前，由项目建设单位和设计单位根据工程实际需要把地基勘察任务提交给委托勘察的单位，以便制订勘察工作计划。任务书应说明工程的意图、设计阶段、要求提供的勘察成果报告的内容和目的、提出勘察技术要求等，并为勘察工作提供所需的各种图表资料。

为了配合初步设计阶段进行的勘察，在任务书中应说明工程类别、规模、建筑面积及建筑物的特殊要求、主要建筑物的名称、最大荷载、最大高度、基础最大埋深和最大设备及相关资料等，并向勘察单位提供附有坐标的1∶1 000～1∶2 000的地形图，应在图上标明勘察范围。

在详细设计阶段，在勘察任务书中应说明需要勘察的各建筑物的具体情况，如建筑物上部结构特点、层数及高度、跨度及地下设施情况、地面整平标高，采用的基础形式、尺寸和埋深、单位荷载和总荷载以及有特殊要求的地基基础设计和施工方案等，并附有经城市规划部门批准的有坐标及地形的1∶500～1∶2 000的建筑物总平面布置图。如有挡土墙还应在图中注明挡土墙的位置、设计标高以及建筑物周围边坡开挖线等。

任务二　地质勘察与勘探方法

一、测绘与调查

工程地质测绘的基本方法是在地形图上布置一定数量的观测点和观测线，以便按点和线进行观测和描绘。工程地质测绘与调查的目的是通过对场地的地形地貌、地层岩性、地质构造、地下水、地表水和不良地质现象进行调查研究和测绘，为评价场地工程地质条件及合理确定勘探工程提供依据,其中工程地质调查和测绘的重点是对建筑场地的稳定性进行研究。

根据工程项目进展的深度,工程地质调查和测绘的精度也有所不同,如在项目可行性研究阶段,应收集、研究已有的地质资料,进行现场踏勘;而在初勘阶段,当地质条件较复杂时,应继续进行工程地质测绘;在详勘阶段仅在初勘测绘的基础上,对某些专门地质问题做必要补充。测绘与调查的范围,应包括场地及其周边与研究内容有关的区域。

地质测绘与调查的观测点一般选择在不同地貌单元、不同地层交接处以及对工程有意义的地质构造、可能出现不良地质构造和可能出现不良地质现象的地段。观测线一般与岩层走向、构造线方向以及地貌单元轴线相垂直,以便能观测到较多的地质现象。有时为了追索地层分界线或断层等构造线,观测线也可顺着走向布置。观测到的地质现象应标在地形图上。

二、勘探方法

一般勘探方法包括钻探、井探、槽探、洞探和地球物理勘探等,勘探方法的确定应符合勘察的目的性和岩土的特征。

勘探是工程地质勘察过程中查明地下地质情况的一种必要的手段,它是在地面工程地质测绘和调查所取得的各项定性资料的基础上,进一步对场地的工程地质条件进行定量的评价。以下简要介绍工程中常用的几种勘探方法。

(一)坑探

坑探是通过探坑的开挖可以取得直观资料和原状土样的勘探方法。坑探时不必使用专门机具,只需要简单的打坑工具。在场地地质条件比较复杂时,坑探可直接观察地层的结构和变化。坑探的局限性在于其坑探的深度较浅,不能了解深层土质的情况。坑探是一种挖掘探井(槽)的简单勘探方法。探井的平面形状一般采用1.5 m×1.0 m的矩形或直径为0.8~1.0 m的圆形,深度可根据地层的土质和地下水埋藏深度等条件决定,探坑较深时需进行基坑支护。

探井中取样的步骤为:先在井底或井壁的指定深度处挖一土柱,土柱的直径应稍大于取土筒的直径。将土柱顶面削平,放上两端开口的金属筒并削去筒外多余的土,一面削土一面将筒压入,直到筒已完全套入土柱后切断土柱。削平筒两端的土体,盖上桶盖,用熔蜡密封后贴上标签,注明土样的上下方向,如图6-1所示。坑探的取土质量比较好。

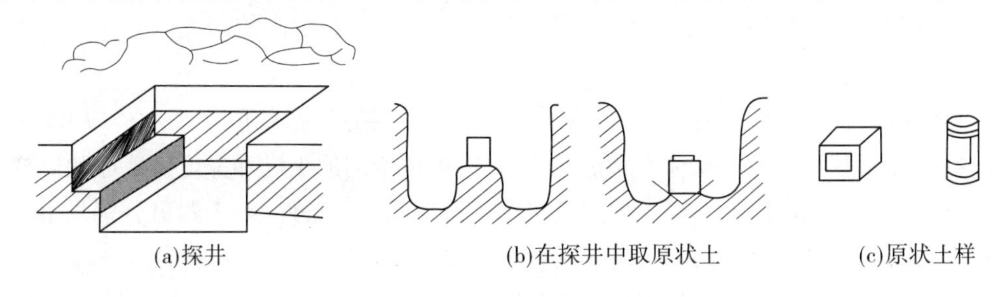
(a)探井　　(b)在探井中取原状土　　(c)原状土样

图6-1　坑探示意图

(二)钻探

钻探是地基勘察过程中查明地质情况的一种必要手段,它是用钻机在地层中钻孔,以鉴别和划分地层、观测地下水位,并取得原状土样以供室内试验,确定土的物理、力学性质指标。需要时还可在钻孔中进行原位测试。

根据钻进方式不同,钻探可分为回转式、冲击式、振动式、冲洗式四种。各种钻进方式具有各自特点和适用的地层。根据《岩土工程勘察规范》(2009 年版)(GB 50021—2001)的规定,选择钻探方式时可参照表 6-1 的规定进行选择。

表 6-1　钻探方法的适用范围

钻探方法		钻进地层					勘察要求	
		黏性土	粉土	砂土	碎石土	岩土	直观鉴别,采取不扰动试样	直观鉴别,采取扰动试样
回转	旋转式钻探	++	+	+	—	—	++	++
	无岩芯钻探	++	++	++	+	++	—	—
	岩芯钻探	++	++	++	+	++	++	++
冲击	冲击钻探	—	+	++	++	—	—	—
	锤击钻探	++	++	++	+	—	++	++
振动钻探		++	++	++	+	—	+	++
冲洗钻探		+	++	++	—	—	—	—

注:"++"为适用;"+"为部分适用;"—"为不适用。

回转式钻机是利用钻机的回转器带动钻具旋转,磨削孔底地层而钻进,这种钻机通常适用于管状钻具,能取柱状岩样。冲击式钻机则利用卷扬机钢丝绳带动钻具,利用钻具的重力上下反复冲击,使钻头冲击孔底,破碎地层形成钻孔。在成孔过程中它只能取出碎石和扰动的土样。

对于地质条件简单(三级岩土工程)和小型工程(安全等级为三级),勘探浅部土层的简易勘探,可采用的钻进方法有:小口径麻花钻(或提土钻)钻进、洛阳铲钻进等。小口径麻花钻(或提土钻)钻头,以人工回转钻进,如图 6-2 所示,它钻进的深度只达 10 m,且只能取扰动黏性土样。

场地内布置的钻孔,一般分鉴别孔和技术孔两类。钻进时,仅取扰动土样,用以鉴别土层分布、厚度及状态的钻孔称为鉴别孔;在钻进中按不同的土层和深度采取原状土样的钻孔,称为技术孔。取原状土样常采用取土器。按不同土质条件,取土器可分别采用击入取土器和压入取土器两种方式,以便从钻孔中取出原状土样。

在地基勘探中,一般应按如下规定进行:

(1)钻井深度和岩土分层深度的量测精度不应低于 ±5 cm。

(2)应严格控制非连续取芯钻进的回次进尺,使分层精度符合要求。

(3)对鉴别地层天然湿度的钻孔,在地下水位以上应采用干钻的方式;当必须加水或使用循环液时,应采用双层岩芯管钻进。

(4)岩层钻探的岩芯采取率,对完整和较完整岩体不应低于80%,较破碎和破碎岩体不应低于65%;对需要重点查明的部位(滑动带、软弱夹层等)应采用双层岩芯管连续取芯。

(5)当需要确定岩石质量指标时,应采用75 mm口径双层岩芯管和金刚石钻头。

(6)定向钻进的钻孔应分段进行孔斜测量,倾角和方位的量测精度应分别为±0.1°和±3°。

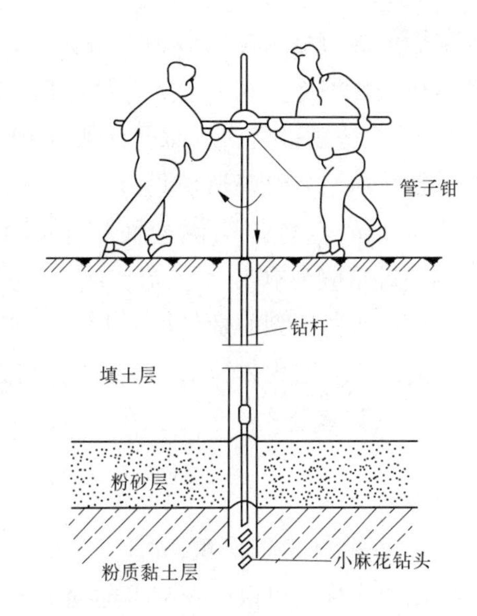

图6-2　手摇麻花钻钻进示意图

(三)触探

触探是用静力或动力将探测器的探头贯入土层一定深度,根据土对探头的贯入阻力或锤击数来间接判别土层及其性质。触探可以看作是一种勘探方法,它又是一种原位测试技术。作为勘探方法,触探可以用来划分土层,了解土层的均匀性;作为原位测试技术,则可用来估计土的某些特性指标或估计地基承载力。

1. 静力触探

静力触探试验是通过一定的机械装置,将一定的金属探头用静力压入土层中,利用电测技术测得贯入阻力来判定土的力学性质,与常规勘探手段相比,具有快速、连续、精确地探测土层及其性质的变化,并能实现数据的自动采集和自动绘制静力触探曲线,反映土层剖面连续变化,操作快捷,它通常在拟定桩基时使用。

静力触探试验的目的通常包括:

(1)根据贯入阻力曲线的形态特征或数值变化幅度划分土层。

(2)估计土层的物理力学参数。

(3)评定地基土的承载力。

(4)选择桩基持力层,估计单桩极限承载力,判定沉桩的可能性。

(5)判定场地地震液化趋势。

静力触探仪主要由贯入系统(包括反力装置)、传动系统和量测系统三部分组成。贯入系统的基本功能是可控制等速贯入,传动系统通常使用液压和机械传动两种,量测系统包括探头、电缆和电阻应变仪(或电位差自动记录仪)。根据传动系统的不同,静力触探仪可分为电动机械静力触探仪和液压式静力触探仪两种。

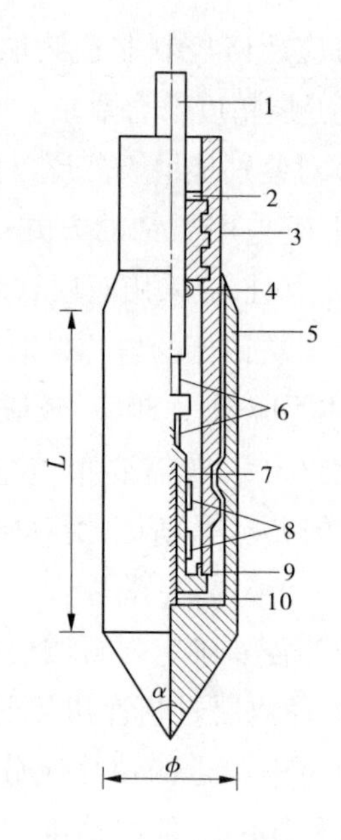

1—四芯电缆;2—密封圈;3—探头管;
4—防水塞;5—外套管;6—导线;
7—空心柱;8—电阻片;
9—防水盘根;10—顶柱;ϕ—探头锥底直径;
L—有效侧壁长度;α—探头锥角

图6-3　单桥探头结构示意图

常用的静力触探探头分为单桥探头、双桥探头和孔压探头。根据实际工程所需要测定的参数选用探头形式,探头圆锥横截面面积分别为10 cm^2或15 cm^2,单桥探头(见图6-3)侧壁高度应分别采用57 mm或70 mm,双桥探头侧壁面积采用150 ~ 300 cm^2,锥尖锥角应为60°。

单桥探头所测到的是包括锥尖阻力和侧壁摩阻力在内的总贯入阻力P(kN),通常用比贯入阻力P_s(kPa)表示,计算公式如下

$$P_s = \frac{P}{A} \tag{6-1}$$

式中　A——探头截面面积,m^2。

利用双桥探头可以同时测得锥尖阻力和侧壁摩阻力,双桥探头结构比单桥探头复杂。双桥探头可测得桩尖总阻力Q_c(kN)和侧壁摩阻力p_f(kN)。锥尖阻力和侧壁摩阻力计算公式分别为

$$q_c = \frac{Q_c}{A} \tag{6-2}$$

$$f_s = \frac{p_f}{F_s} \tag{6-3}$$

式中　F_s——外套筒的总表面面积,m^2。

根据锥尖阻力和侧壁摩阻力可计算同一深度处的摩阻比如下

$$R_f = \frac{f_s}{q_c} \times 100\% \tag{6-4}$$

完成测试现场触探试验后,进行触探资料整理工作。绘制不同深度处各种阻力的关系曲线,直观地反映土的力学性质。

2. 动力触探

动力触探一般是将一定质量的穿心锤以一定的高度自由落下,将触头贯入土中,然后记录贯入一定深度所需的锤击数,以判断土的性质的测试方法。根据动力触探试验指标和地区经验,可进行力学分层,评定土的均匀性和物理性质,如状态和密实度、土的强度、变形参数、地基承载力、单桩承载力,查明土洞、滑动面、软硬土层界面,检测地基处理的效果等。

动力触探可分为轻型、重型和超重型三类,它们各自的适用范围见表6-2。

表 6-2　动力触探类型

类型		轻型	重型	超重型
落锤	锤的质量(kg)	10	63.5	120
	落距(cm)	50	76	100
探头	直径(mm)	40	74	74
	锥角(°)	60	60	60
探杆直径(mm)		25	42	50～60
指标		贯入 30 cm 的读数 N_{10}	贯入 10 cm 的读数 $N_{63.5}$	贯入 10 cm 的读数 N_{120}
主要适用岩土		浅部的填土、砂土、粉土、黏性土	砂土、中密以下的碎石土、极软土	密实和很密实的碎石土、软岩、极软岩

3. 标准贯入试验判别法

标准贯入试验应与钻探工作配合，它适用砂土、粉土和一般黏土。

标准贯入试验设备主要由贯入器、触探杆和穿心锤三部分组成。触探杆一般采用直径 42 mm 的钻杆、63.5 kg 的穿心锤，标准贯入试验设备如图 6-4 所示。

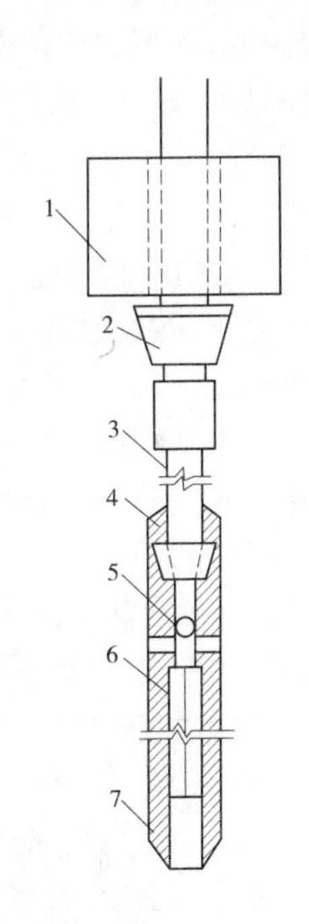

1—穿心锤；2—锤垫；3—钻杆；4—贯入器头；5—出水孔；6—由两个半圆形管合成的贯入器身；7—贯入器靴

图 6-4　标准贯入试验设备示意图

在标准贯入试验的第一阶段先用钻具钻至试验土层标高以上 150 mm，然后在穿心锤自由落距 760 mm 的条件下，打入试验土层中 150 mm(此时不计锤击数)后，开始记录每打入 10 cm 的锤击数，累计打入 30 cm 的锤击数为标准贯入试验锤击数 N。当锤击数已达 50 击，而贯入深度未达 30 cm 时，可记录 50 击的实际贯入深度，按式(6-5)换算成相当于 30 cm 的标准贯入试验锤击数 N，并终止试验。

$$N = 30 \times 50/\Delta S \tag{6-5}$$

式中　ΔS——50 击时的贯入度，cm。

试验后拔出贯入器，取出其中的土样进行鉴别描述，由标准贯入试验测得的锤击数 N 可用于确定土的承载力，估计土的抗剪强度和黏性土的变形指标，判别黏性土的稠度和密实度及砂土的密实度，估计砂土在地震时发生液化的可能性。

任务三　地质勘察报告

一、勘察报告书的编制

在建筑场地勘察工作任务完成后，将直接或间接得到的各种工程地质资料。经分析整理、检查校对、归纳总结后，用简单的文字和图表编制成勘察报告书，提供给设计和施工单位使用。

地质勘察报告书的内容应根据任务要求、勘察阶段、地质条件、工作特点等具体情况确定。勘察报告书一般包括如下内容：

(1)拟建工程概述。包括委托单位、场地位置、工程简介，以往的勘察工作及已有资料等。

(2)勘察工作概况。包括勘察的目的、任务和要求。

(3)勘察的方法及勘察工作布置。

(4)场地的地形和地貌特征、地质构造。

(5)场地的地层分布、岩石和土的均匀性、物理力学性质、地基承载能力和其他设计计算指标。

(6)地下水的类型、埋深、补给和排泄条件，水位的动态变化和环境水对建筑物的腐蚀性，以及土层的冻结深度。

(7)地基土承载力指标与变形计算参数建议值。

(8)场地稳定和适宜性评价。

(9)提出地基基础方案，不良地质现象分析与对策，开挖和边坡加固等的建议。

(10)提出工程施工和投入使用可能发生的地基工程问题及监控、预防措施的建议。

(11)地基勘察的结果表及其所应附的图件。勘察报告中应附的图表，应根据工程具体情况而定，通常应附的图表有：①勘察场地总平面示意图与勘察点平面布置图；②工程地质柱状图；③工程地质剖面图；④原位测试成果图表；⑤室内试验成果图。

当需要时，还应提供综合工程地质图、综合地质柱状图、关键地层层面等高线图、地下水位等高线图、素描及照片。特定工程还应提供工程整治、改造方案图及其计算依据。

对甲级岩土工程勘察报告除应符合上述要求外，还应对专门性的岩土工程问题提交专门的试验报告。对丙级岩土工程勘察的报告可适当简化，采用以图表为主，辅以适当的文字说明。

常用图表的编制方法和要求简单介绍如下：

(1)勘探点平面布置图。

勘探点平面布置图是在建筑场地地形图上，把建筑物的位置、各类勘探及测试点的位置与符号用不同的图例表示出来，并注明各勘探点和测点的标高、深度、剖面线及其编号等。

(2)钻孔柱状图。

钻孔柱状图是根据孔的现场记录整理出来的，记录中除注明钻进根据、方法和具体事项外,其主要内容是关于地层分布(层面的深度、厚度)、地层的名称和特征的描述。绘制钻孔柱状图之前,应根据土工试验结果及保存于钻孔岩芯箱中的土样对分层情况和野外鉴别记录进行认真的校核,并做好分层和并层工作,当测试结果和野外鉴别不一致时,一般应以测试结果为主,只是当试样太少且缺乏代表性时才以野外鉴别为准。绘制钻孔柱状图时,应自上而下对地层进行编号和描述,并用一定比例尺、图例和符号绘图。在钻孔柱状图中还应同时标出取土深度、地下水位等资料。

(3)工程地质剖面图。

钻孔柱状图只能反映场地某一勘探点地层的竖向分布情况,工程地质剖面图则反映某一勘探线上地层沿竖向和水平向的分布情况。由于勘探线的布置常与主要地貌单元或地质构造轴线相垂直,或与建筑物的轴向相一致,故工程地质剖面图是勘察报告的基本的图件。

剖面图的垂直距离和水平距离可采用不同的比例尺,绘制时首先将勘探线的地形剖面线画出来,然后标出勘探线上各钻孔的地层层面,并在钻孔的两侧分别标出层面的高程和深度,再将相邻钻孔中相同的土层分界点以直线相连。当某地层在邻近钻孔中缺失时,该层可假定于相邻两孔之间消失,剖面图中应标出原状土样的取样位置和地下水位的深度。各土层应用一定的图例表示,也可以只绘制出某一地层的图例,该层未绘制出图例的部分,可用地层编号来识别,这样可以使图面更清晰。

钻孔柱状图和工程地质剖面图上,也可同时附上土的主要物理力学性质指标及某些试验曲线(如触探或标准贯入试验曲线等)。

(4)综合地质柱状图。

为了简明扼要地表示所勘探地层的层次及其主要特征和性质,可将该区地层按新老次序自上而下以1:50～1:200的比例绘成柱状图。图上注明层厚、地质年代,并对岩石或土的特征和性质进行概括的描述。这种图件称为综合地质柱状图。

(5)土的物理力学性质指标是地基基础设计的依据,应将土的试验和原位测试所得的结果汇总列表表示。

二、勘察报告实例

××学校新建学生宿舍楼岩土工程勘察报告。

(一)工程概况

1. 任务来源

受××学校之委托,由××设计院承担了××学校拟新建4号宿舍楼工程的一次性岩土工程勘察工作。岩土工程勘察等级为乙级。

2. 工程简况

拟建建筑场地位于××市××区,××学校校内,南侧为3号宿舍楼及礼堂,北侧为1号及2号宿舍楼,场区西侧为山坡。拟新建4号宿舍楼在平面上呈“L”形,其中东西长55.5 m,南北长54.5 m,宽均为16.8 m,拟建宿舍楼为6层(详见勘探点平面布置图)。拟建建筑物的其他资料不详。

3. 任务要求

(1)查明场区地层岩性特征、埋深、厚度及分布规律。

(2)提供地基土的承载力,并对地基稳定性做出评价。

(3)判明场地内有无影响工程稳定性的不良地质作用。

(4)提供地区抗震设防烈度,划分场地土类型及建筑场地类别。

(5)查明地下水的类型、埋藏条件、水位变化幅度与规律。

(6)对水、土的腐蚀性进行评价。

(7)对基础设计方案及施工提出合理化建议,提供基础设计有关参数等。

4. 勘察依据

(1)《岩土工程勘察规范》(2009 年版)(GB 50021—2001)。

(2)《建筑地基基础设计规范》(GB 50007—2011)。

(3)《建筑抗震设计规范》(GB 50011—2010)。

(4)《建筑桩基技术规范》(JGJ 94—2008)。

(5)《土工试验方法标准》(GB/T 50123—1999)。

(6)《水质分析操作规程》(JGJ 79—91)。

(7)《工业建筑防腐蚀设计规范》(GB 50046—2008)等。

5. 勘察方法

此次勘察以钻探为主,同时采取原位测试及室内试验相结合的综合勘察手段,确保了此次勘察工作的顺利完成。

6. 完成工作量

根据上述规范规程的有关规定及本工程的具体任务要求,本次勘察布置共完成如下工作量:

(1)勘探点 8 个,总计进尺 154.90 m。

(2)标准贯入试验测试 4 孔 8 次。

(3)土样击实试验试样 2 件。

(4)土的易溶盐试验 4 件。

(5)水质分析 1 件。

另外,进行钻孔高程测量、绘制图表及资料编录等工作(见表 6-3),于 2016 年 1 月提供全部成果资料。

(二)场地条件

1. 自然地理概况

××地区的地形以黄土丘陵为主,次为黄土梁峁、基岩山区和黄河阶地。阶地与沟发育,本区黄土广布,基岩多沿沟出露。

××地区地处中纬度大陆内部,为温带半干旱大陆性季风气候。其特点是冬季受蒙古高压控制盛行西北风,造成极地寒流南侵,气候干冷;夏季受大陆低气压控制盛行西南风,太平洋热带气团可以抵达本区,气候相对温热为季风气候。但由于距海较远,太平洋热带气团到本区强度减弱,大陆性增强,因此为大陆性季风气候区。

表 6-3　钻孔要素统计　（单位：m）

孔号	孔深	孔口标高	砂质泥岩		地下水		备注
			埋深	顶板标高	埋深	标高	
1	17.20	98.73	5.60	93.13			取土
2	16.80	98.91	4.10	94.81			标贯
3	15.50	98.93	1.20	97.73			标贯
4	24.70	98.63	13.50	85.13	11.30	87.33	取土、取水
5	21.10	99.37	10.60	88.77			取土、标贯
6	19.80	99.48	7.70	91.78			取土
7	20.80	98.74	10.20	88.54			标贯
8	19.00	98.85	6.10	92.75			取土

注：1. 由于受场区条件影响，西侧及南侧孔位略有移动。
2. 表中高程均为假设高程。

据××中心气象台资料，本区年平均气温为 9.8 ℃，最冷月为 1 月，月平均气温为 -6.9 ℃；最热月为 7 月，月平均气温为 22.2 ℃；极端最高气温为 39.8 ℃，极端最低气温为 -19.7 ℃；气温年较差 29.1 ℃，年平均日较差 13.4 ℃，地面平均冻结日期为 11 月 29 日，解冻日期为 2 月 5 日，最大冻土深度以 1 月为最高，达 103 cm。

××地区年平均降水量仅 311.7 mm，单日最大降水量 96.8 mm，而且降水量集中在 7、8、9 三个月，占全年降水量的 60.5%，12 月至次年 2 月的降水量不足全年的 1.6%；夏季的东南风是本区水汽的主要来源，夏季降水变化很大，多以暴雨形式出现，年降水量的离差系数为 0.23，最大年降水量为 546.7 mm，最小年降水量为 189.2 mm，最大日降水量为 96.8 mm。年平均蒸发量为 1 446.4 mm，其中 5、6、7 三个月蒸发量占全年的 45.2%。

风向常年偏东，多年平均风速 0.9 m/s，最大风速 16.0 m/s。本区虽有黄河过境，但由于降水量少，蒸发量大，地表组成物质又利于水分渗透，地表径流只有 5～10 mm，导致沟谷多为暂时性流水，但在出现大雨、暴雨时，常形成山洪，会造成重大灾害。

2. 地形地貌

拟建建筑场地位于××市××区××学校校内。从地貌单元划分，属黄河北（左）岸山麓地貌。场区原为山间沟谷地貌，在××学校建设时经过人工堆填，现地形较为平坦，地面标高一般介于 98.63～99.48 m（假设高程），交通便利，施工条件良好。

3. 地层岩性特征

据现场钻探揭示，场区地层与区域地质条件一致，在钻探所达深度范围内，上部为人工填土层，下部为白垩系（K）红色砂质泥岩。其地层岩性特征分述如下：

（1）素填土（Q_4^{ml}）：以粉土、风化砂岩、泥岩块为主，夹有碎石、卵石等，人工堆填而成；层厚为 1.20～13.5 m，由于堆积时间较长，一般呈稍密—中密状，稍湿，在 4# 孔揭示出地下水，呈稍湿—湿—饱和状。

（2）砂质泥岩（K）：橘红色，湿时色深，半成岩状，形成于干旱气候条件下的氧化环境中，遇水或暴露空气中极易软化或风化。碎屑结构，块状构造，与砂岩层呈交互状产出，上部局部夹有薄层青灰色砂岩。场内揭示顶板埋深 1. 20 ~ 13. 50 m,顶板标高介于 85. 13 ~ 97. 73 m,受构造影响,顶板变化起伏较大,南北方向呈北高南低,东西方向呈两边高、中间低。通过现场钻探揭示,结合地区建筑经验,砂质泥岩强风化层厚度可按 8 m 考虑。

4. 地下水

本次勘察仅在场区中部 4#孔附近揭示出地下水,其余地段未见地下水。通过勘探揭示,4#孔附近实测地下水位埋深 11. 30 m,水位标高 87. 33 m,含水层为填土层,隔水底板为砂质泥岩,属潜水类型。接受大气降水、地下水径流补给,流动方向与地形坡度一致。水位随季节有所变化,一般春、冬季较低,夏、秋季较高,枯水和丰水季节之间波动幅度一般为 ±1. 5 m。

(三)岩土参数统计

1. 原位测试指标统计

本次勘察中对上部强风化砂质泥岩层进行了标准贯入试验(见表 6-4)。

表 6-4 标准贯入试验指标统计

统计项目	实测锤击数 N	校正后锤击数 N'
统计子样数	8	8
最大值	157	130. 3
最小值	47	44
平均值	98. 5	86. 0
标准差	41. 1	36. 4
变异系数	0. 4	0. 4

根据测试试验结果,实测锤击数 N 最小为 47 击/30 cm,最大为 157 击/30 cm,平均值为 98. 5 击/30 cm,且随深度增大,说明砂质泥岩上部虽然呈强风化,但在不扰动、不破坏原状结构的情况下,仍然具有良好的工程性质。

2. 室内试验指标统计

(1)水质分析。对 1 件地下水样进行室内水质分析,其化学指标统计见表 6-5。

表 6-5 水质分析指标统计

pH 值	透明度	总硬度 (mg/L)	暂时硬度 (mg/L)	游离 CO_2 (mg/L)	侵蚀 CO_2 (mg/L)
7. 4	微浊	4. 8	2. 4	0	6. 6
Mg^{2+} (mg/L)	Ca^{2+} (mg/L)	Cl^- (mg/L)	SO_4^{2-} (mg/L)	HCO_3^- (mg/L)	CO_3^{2-} (mg/L)
43. 2	24. 0	177. 5	504. 0	292. 8	30. 0

根据室内水质分析试验,按Ⅰ类环境判定,场区地下水对混凝土具中等腐蚀性,对钢结构具中等腐蚀性,防护措施按《工业建筑防腐蚀设计规范》(GB 50046—2008)的相关规

定进行防护。

(2)土的易溶盐分析。本次勘察采取4件地下水位以上地基土做易溶盐分析试验,其化学指标统计见表6-6。

表6-6 土的易溶盐分析指标统计

pH	可溶性固体	Na^{+}	Ca^{2+}	Mg^{2+}	CO_3^{2-}	HCO_3^{-}	Cl^{-}	SO_4^{2-}
	%	mg/kg						
6.4~6.6	0.1	126.5~782.0	100.0~460.0	36.0~276.0	0.0	366.0~793.0	284.0~656.8	1 248.0~1 776.0

根据试验结果,除场区西南角区域地下水位以上的地基土对混凝土具中等腐蚀性外,场区其余地段地基土对混凝土无腐蚀性,对钢筋混凝土结构中的钢筋均具中等腐蚀性。

(3)击实试验。对采取的3件土试样进行的重型击实试验,场区内土层最大干密度平均值为2.09 g/cm^3,最优含水率平均值为9.1%。

(四)岩土工程分析评价

1. 场地稳定性和适宜性

通过本次勘探及区域地质资料表明,场区内无全新活动性断裂,地层连续,场地相对稳定,场区西侧山坡已进行了浆砌块石挡墙护坡处理,可以进行工程建设。

2. 地基土的承载力

根据现场原位测试、室内试验及当地建筑经验,结合环境条件和拟建工程特点,推荐各层地基土承载力特征值f_{ak}及压缩(变形)模量E_s(E_0)见表6-7。

表6-7 场地土的承载力特征值及压缩(变形)模量

地层名称		f_{ak}(kPa)	E_s(E_0)(MPa)
填土		100	5.0
砂质泥岩	强风化(8 m以上)	400	35.0
	中等风化(8 m以下)	550	50.0

3. 基础持力层选择

(1)填土层厚度1.2~13.5 m,厚度变化较大,地层均匀性较差,物理力学性质较差,不宜直接作为拟建建筑物基础持力层。

(2)白垩系砂质泥岩虽然上部呈强风化,但在不扰动、不破坏其原状结构的情况下,仍然具有良好的工程地质性质,是良好的基础持力层及下卧层。但其顶板埋深变化起伏较大,需要加强建筑物的整体刚度及变形验算,必要时可设置沉降缝。

4. 基础类型建议

(1)浅基础。

根据拟建工程特点,可采用条形基础或筏板基础,以经过地基处理后的素填土层或砂质泥岩作为基础持力层,同时需加大变形验算力度和增大上部基础强度。地基处理方法可采用换填垫层法、灰土挤密桩法或CFG桩,并设置褥垫层协调不均匀沉降。土层的最大干密度可按2.09 g/cm^3 考虑,最优含水率可按9.1%考虑。在地基处理施工完成后,应对地基处理效果进行检测,建议进行现场载荷试验。

(2)桩基础。

根据拟建工程特点,结合场区地质条件,可采用桩基础,以砂质泥岩层作为基础持力层,桩尖应置于稳定砂质泥岩层中适宜深度,桩的极限侧阻力标准值 q_{sik} 和桩的极限端阻力标准值 q_{pk} 见表6-8。

表6-8 桩基础设计参数统计

地层		钻孔灌注桩		人工挖孔灌注桩	
		q_{sik}(kPa)	q_{pk}(kPa)	q_{sik}(kPa)	q_{pk}(kPa)
填土		18		18	
砂质泥岩	强风化	100	1 800	100	2000
	中等风化	160	2 300	180	2 600

如果采用人工挖孔桩,在场区中部4#钻孔区域,需进行工程降水,由于出水量不大,可采取边挖边降的降水措施,同时采取有效的护壁措施,并加强对周围浅基础建筑物的沉降观测。

5. 场地地震效应评价

(1)××地区基本抗震设防烈度为8度,设计基本地震加速度值为0.20g,建筑设计特征周期为0.40 s。拟建场地位于黄河北(左)岸山麓地带,场区范围内地层及构造条件较为稳定,属可进行建设的一般场地。

(2)场地土类型和建筑场地类别。

根据现行国家标准《建筑抗震设计规范》(GB 50011—2010),借鉴同类地层剪切波速值综合评价,场地土类型属中软—中硬场地土,建筑场地类别为Ⅱ类建筑场地。

(3)场区内不存在可液化土层。

(五)结论和建议

(1)建筑场地地层较为稳定,地形平坦,交通便利,无不良地质作用存在,可以进行工程建设。

(2)根据拟建建筑物的特点,以及场区地层条件,宜采用桩基础,以砂质泥岩层作为基础持力层,桩尖应置于稳定砂质泥岩层中适宜深度,同时应加强建筑物的整体刚度及变形验算,必要时可设置沉降缝。

(3)场区下伏白垩系砂质泥岩顶板埋深变化较大,属不均匀地基,应加强建筑物变形验算。

(4)本次勘察期间仅在场区中部4#钻孔区域揭示出地下水,实测地下水埋深11.30 m,水位标高87.33 m,如果采用人工挖孔灌注桩,需要采取降水措施。

(5)场区地下水对混凝土具中等腐蚀性,对钢结构具中等腐蚀性。

(6)场区地下水位以上地基土层除场区西南角区域的地基土对混凝土具中等腐蚀性外,场区其余地段地基土对混凝土无腐蚀性,对钢筋混凝土结构中的钢筋均具中等腐蚀性。

(7)砂质泥岩遇水易软化,暴露在空气中易风化,应快速浇灌施工,防止砂质泥岩长时间浸水或暴露,导致其软化或风化,影响物理力学性质,降低承载力。

(8)××地区基本抗震设防烈度为 8 度,设计基本地震加速度值为 0.20g,建筑设计特征周期为 0.40 s。场地类型为中软—中硬场地土,建筑场地类别为Ⅱ类建筑场地,属可进行建设的一般场地。

(9)××地区最大冻土深度为 103 cm。

(10)钻孔高程为假设高程,引测自 1 号宿舍楼西南角,假设其值为 100.00 m(详见勘探点平面布置图)。

(六)附件

(1)勘探点平面布置图 1 张。

(2)工程地质剖面图 6 张,选用其中之一。

(3)钻孔柱状图 8 张,选用其中之一。

小　结

地基岩土的工程地质条件将直接影响建筑物的安全。在建筑物进行设计之前,细致可靠的地质勘察对确保设计、施工质量与施工安全具有重要的作用。导致地壳成分变化和构造变化的作用,称为地质作用。根据地质作用的能量来源的不同,可分为内力地质作用和外力地质作用。

岩土工程勘察等级的划分有利于对岩土工程工作环节按等级区别对待,确保工程的质量和安全。岩土工程勘察阶段可划分为:①可行性研究勘察阶段;②初步设计勘察阶段;③详细勘察设计阶段。各勘察阶段的目的和任务各不相同。

工程地质测绘的基本方法是在地形图上布置一定数量的观测点和观测线,以便按点和线进行观测和描绘。工程地质测绘与调查的目的是通过对场地的地形地貌、地层岩性、地质构造、地下水、地表水不良地质现象进行调查研究和测绘,为评价场地工程地质条件及合理确定勘探工程提供依据,其中工程地质调查和测绘的重点是对建筑场地的稳定性进行研究。

在建筑场地勘察工作任务完成后,将直接或间接得到的各种工程地质资料经分析整理、检查校对、归纳总结后,用简单的文字和图表编制成勘察报告书,提供给设计和施工单位使用。

思考题

1. 简述工程地质勘察的目的、基本任务和具体任务。

2. 名词解释：

工程地质勘察　地质作用　场地条件　地基土条件　工程条件　坑探　钻探　触探

3. 地质勘探的常用方法有哪些？各自的勘探方法、适用范围和主要任务是什么？

4. 静力触探的目的和原理是什么？

5. 标准贯入试验的目的和原理是什么？

6. 详细勘察阶段勘探孔的深度控制原则是什么？

7. 地质勘察报告中是怎样根据触探资料对地基土层工程性质进行评价的？

项目七　土的物理性质

【情景提示】

1. 地震时地基土发生的“液化”现象是由于什么原因呢?

2. 当建筑物建于山坡上,遭遇连续大暴雨时为什么容易造成滑坡?

3. 有一首很出名的歌叫作《黄土高坡》,里面虽然唱的是对家乡的热爱,但是确实在黄土高坡上不适宜建造一般的建筑物,且水土流失严重,原因是什么呢?

4. 同学们知道著名的比萨斜塔么?塔之所以倾斜是有意设计成这样的还是其他原因造成的意外呢?

5. 新闻里提到的某大堤决口或者堤基管涌跟土有什么联系呢?

【项目导读】

土是地壳完整岩石经受强烈风化、剥蚀、搬运、沉积形成的第四纪松散堆积物。一般情况下,土的颗粒之间有大量孔隙,而孔隙中通常有空气和水。土中的颗粒、气体和水三者之间的相互作用以及它们在体积、质量之间的比例关系,反映了土的物理性质和物理状态,可以对土进行分类。因此,土的三相组成,以及天然状态下土的结构和构造,对研究土的工程性质有着重要的意义。在进行工程设计和施工时,应了解土的物理特征和工程力学性质及其变化规律,掌握土的物理性质指标的测定方法和指标间的相互换算。

本项目着重介绍土的组成、土的物理性质指标与物理状态指标以及土的工程分类。

【教学要求】

1. 了解土的形成过程,理解土的基本概念及结构构造特点。

2. 理解土的三相组成,掌握土的物理性质指标和状态指标的定义及表达式。

3. 了解表征土的状态指标,掌握如何利用这些指标对土的状态做出判断。

4. 掌握岩土的工程分类。

任务一　土的形成

地球表面的整体岩石在大气中经过漫长的历史年代,受到风、霜、雨、雪的侵蚀和生物活动的破坏作用——风化作用,使其崩解破碎而形成大小不同、形状不一的松散颗粒堆积物,在建筑工程中称为土。

风化作用分为物理风化、化学风化及生物风化三种。所谓物理风化,是指由于温度变化和岩石裂隙中水的冻结,以及岩类的结晶引起岩石表面逐渐破碎崩解的变化过程。这种风化作用只改变颗粒的大小和形状,不改变矿物成分,形成的土颗粒较大,称为原生矿物。化学风化是指地表岩石在水溶液、大气以及有机体的化学作用或生物作用下引起的破坏过程。这种风化作用使岩石的矿物成分发生改变,土的颗粒变细,产生次生矿物。生物生长过程对岩石的破坏作用称为生物风化。如穴居地下的蚯蚓活动、树根的生长过程施加给岩石的作用都可引起岩石的机械破碎。这种风化作用具有物理风化和化学风化的双重作用。

地表土分布广、成因类型多而复杂,不同成因类型的沉积物,各具一定的分布规律、地形形态及工程性质,主要包括残积土、坡积土、洪积土、冲积土及其他沉积土。

一、残积土

原岩表面经风化作用后残留在原地的碎屑物,称为残积土。它的分布受地形限制。在宽广的分水岭上,由于地表水流速很低,风化产物能留在原地,形成一定厚度。在平缓的山地或低洼地带也常有残积土分布。

残积土中残留碎屑的矿物成分,在很大程度上与下卧基岩一致,这是它区别于其他沉积土的主要特征。砂石经风化剥蚀后生成的残积土多为砂岩碎块。由于沉积土未经搬运,其颗粒大小未经分选和磨圆,大小混杂,均质性差,土的物理力学性质各处不一,且其厚度变化大,如图 7-1 所示。在工程建设时,应注意其不均匀性,防止建筑物的不均匀沉降。

在我国南方地区,某些残积土具有一些特殊的工程性质。如由石灰岩风化而成的残积红黏土,虽然其孔隙比较大,含水率高,但因其结构性强因而承载力高。由花岗岩风化而成的残积土,虽然室内测定的压缩模量较低,孔隙也比较大,但其承载能力并不低。

二、坡积土

高处的岩石风化产物,由于受到雨雪水流的搬运作用,或由于重力作用而沉积在较平缓的山坡地上,这种沉积物称为坡积土。它一般分布在坡腰或坡脚,其上部与残积土相连,如图 7-2 所示。

坡积土随斜坡自上而下逐渐变缓,呈现由粗而细的分选作用,但层理不明显。其矿物成分与下卧基岩没有直接关系,这是与残积土明显区别之处。

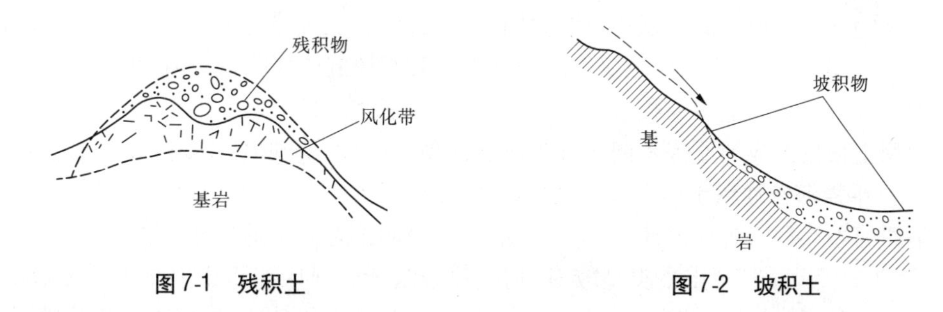

图7-1　残积土　　图7-2　坡积土

坡积土底部的倾斜度取决于下卧基岩面的倾斜程度，而其表面倾斜度则与生成的时间有关。时间越长，搬运沉积在山坡下部的物质越厚，表面倾斜也越小，在斜坡较陡地段的厚度常较薄，而在坡脚地段的沉积土较厚。

由于坡积土形成于山坡，故较易沿下卧基岩倾斜而发生滑移。因此，在坡积土上进行工程建设时，要考虑坡积土本身的稳定性和施工开挖后边坡的稳定性。

三、洪积土

由暴雨或大量的融雪骤然积聚而成的暂时性山洪急流，将大量的基岩风化产物或基岩剥蚀、搬运、堆积于山谷冲沟出口或山前倾斜平原而形成洪积土，如图7-3所示。由于山洪流出山沟谷口后其流速骤减，被搬运的粗碎屑物质先堆积下来，随着离开山谷沟口距离的加大，洪积土的颗粒越来越细，分布范围也随之扩大。洪积土的地貌特征是靠山近处窄而陡，离山较远处宽而缓，形似扇形或锥体，故称为洪积扇（锥），如图7-4所示。

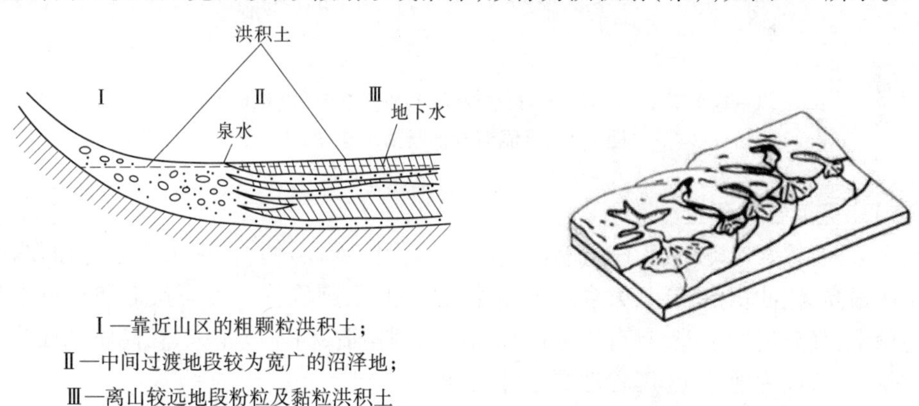

Ⅰ—靠近山区的粗颗粒洪积土；
Ⅱ—中间过渡地段较为宽广的沼泽地；
Ⅲ—离山较远地段粉粒及黏粒洪积土

图7-3　洪积土　　图7-4　洪积扇（锥）

洪积物质离山区由近渐远颗粒呈现由粗到细的分选作用，碎屑颗粒的磨圆度由于搬运距离短而仍然不佳。由于山洪大小交替变化和分选作用，常呈现不规则交错层理构造，并有夹层和透镜石。

四、冲积土

河流两岸的基岩及其上覆盖的松散物质，被河流流水剥蚀后，经搬运、沉积于河道坡度较平缓的地带而形成的沉积物,称为冲积土。冲积土具有明显的层理构造。经过长距离的搬运过程,颗粒的磨圆度较好。随着从上游到下游的流速降低,冲积土具有明显的由粗到细的分选现象。上游冲积土多为粗大颗粒,中下游冲积土多为细小颗粒。

冲积土根据形成的原因不同可分为以下几种。

(一)平原河谷冲积土

平原河谷冲积土包括河床冲积土、河漫滩冲积土、河流阶地冲积土及古河道冲积土等,如图7-5所示。其特点是类型较多,构成比较复杂。河床冲积土大多为中密砂砾,作为建筑物地基,其承载力较高,但必须注意河流冲刷作用可能导致建筑物地基的毁坏以及凹岸边坡的稳定问题。河漫滩冲积土其下层为砾砂、卵石等粗粒物质,上部则为河流泛滥时沉积的较细颗粒土,局部夹有淤泥和泥炭层。河漫滩地段地下水埋藏很浅,当冲积土为淤泥或泥炭时,其压缩性高、强度低,作为建筑物地基时,应认真对待,尤其是在淤塞的古河道地区,更应慎重处理;如冲积土为砂土,则其承载力可能较高,但开挖基坑时必须注意可能发生的流砂现象。河流阶地冲积土是由河床冲积土和河漫滩冲积土演变而来的,其形成时间较长,又受周期性干燥作用,故土的强度较高,可作为建筑物的良好基础。

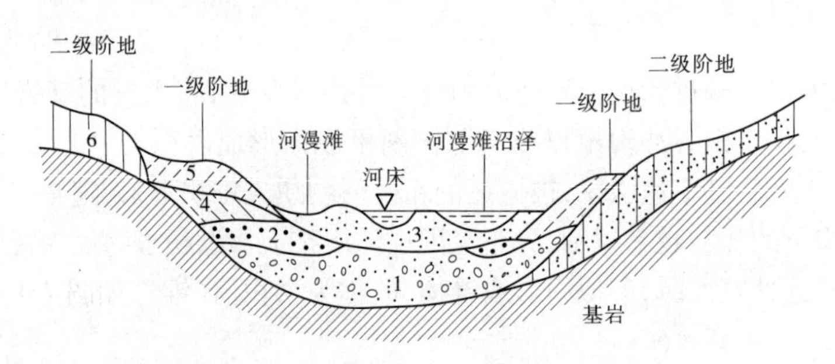

1—砾卵石;2—中粗砂;3—粉细砂;4—粉质黏土;5—粉土;6—黄土

图7-5　平原河谷横断面示意图

(二)山区河谷冲积土

在山区,河谷两岸陡峭,大多仅有河谷阶地,如图7-6所示。山区由于地势通常较陡,河流流速很高,故冲积土较粗,大多为砂砾填充的卵石、圆砾等。山间盆地和宽谷中有河漫滩冲积土,其分选性较差,具有透镜体和倾斜层理构造,但厚度不大,在高阶地往往是岩石或坚硬土层,作为地基土,工程地质条件较好。

(三)三角洲冲积土

三角洲冲积土是由河流搬运的物质在入海或入湖的地方沉积而成的。三角洲的分布范围较广,其中水系密布且地下水位较高,沉积物厚度也较大。

三角洲沉积土的颗粒较细,含水率大且呈饱和状态。当建筑场地存在较厚淤泥或淤泥质土层时,将给工程建设带来许多麻烦和困难。在三角洲沉积土的上层,由于长期的干燥和压实作用,表面会形成一种硬壳,其承载力较下部土层高,应在设计时加以利用。在三角洲进行工程建设时,应注意查明有无沉积土所掩盖的暗浜或暗沟存在。

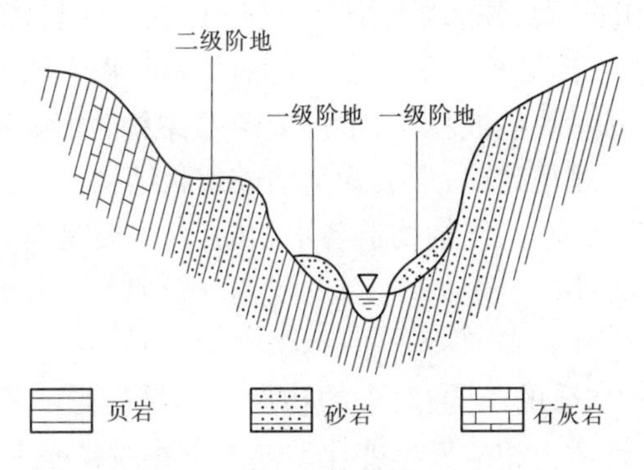

图 7-6　山区河谷横断面示意

五、其他沉积土

海洋沉积土、湖泊沉积土和冰川沉积土以及风化土，它们都是各自作用的产物。

（一）海洋沉积物

海洋按海水深度及海底地形划分为滨海带、浅海区、陆坡区及深海区。

（1）滨海沉积物主要由卵石、圆砾和砂等粗碎屑物质组成，其中也可能存在黏性土夹层。这种土具有基本水平或缓倾斜的层理构造，在砂层中常有波浪作用的痕迹。作为地基，其承载力较高，但透水性较强。

（2）浅海沉积物主要是细颗粒砂土、黏性土、淤泥和生物化学沉积物（硅质和石灰质等）。离海岸越远，沉积物的颗粒越细小。浅海沉积物具有层理构造，其中砂土较滨海区更为疏松，因而压缩性高且不均匀；一般近岸黏土质沉积物密度小、含水率高，因而其压缩性大，强度低。

（3）陆坡和深海沉积物主要是有机质软泥，成分均一。

（二）湖泊沉积物

湖泊沉积物可分为湖边沉积物和湖心沉积物。

（1）湖边沉积物，主要是由湖浪冲蚀湖岸，损毁岸壁形成的碎屑物质组成的。在近岸带沉积的多数是粗颗粒的卵石、圆砾和砂土；远岸带沉积的是细颗粒砂土和黏性土，湖边沉积物具有明显的斜层理构造。作为地基时，近岸带具有较高的承载力，远岸带则要低一些。

（2）湖心沉积物，是由河流或湖流夹带的细小悬浮颗粒到达湖心后沉积形成的，主要是黏土和淤泥，常夹有细砂、粉砂薄层，称为带状黏土，其压缩性高、承载力低。

任务二　土的组成

土是由固体颗粒、水和气体组成的三相分散体系。

一、土的固体颗粒

土的固体颗粒是由大小不等、形状不同的矿物颗粒或岩石碎屑按照各种不同的排列方式组合在一起,构造土的骨架,称为“土粒”。它是土中最稳定、变化最小的成分。土粒大小与其颗粒形状、矿物成分、结构构造存在一定的关系。粗大颗粒往往是岩石经物理作用风化形成的碎屑,其形状呈块状或粒状,常形成单粒结构;而细小颗粒主要是化学风化形成的次生矿物和有机质,多呈片状,形成蜂窝状或絮状结构。砂土和黏土是两种不同的土类,它们的颗粒形状、矿物成分、结构构造各不相同,这主要是由它们的颗粒组成显著不同造成的。

(一)土粒的级配

土粒的大小及其矿物成分的不同,对土的物理力学性质影响极大。当土粒的粒径由粗到细逐渐变化时,土的性质也相应发生变化。随着土粒粒径变细,无黏性且透水性强的土逐步变为具有黏性且低透水性的可塑性土。因而,在研究土的工程特性时,应将土中不同粒径的土粒,按某一粒径范围分成若干组。划分时同一粒组的土,其物理力学性质应较为接近。粒组与粒组之间的分界尺寸称为界限粒径。

通常将土划分为六大粒组:漂石或块石、卵石或碎石、圆砾或角砾、砂粒、粉粒及黏粒。各组的界限粒径分别是200 mm、20 mm、2 mm、0.075 mm和0.005 mm。表7-1列出了土粒粒组的划分方法和界限。

表7-1 土粒粒组的划分

粒组名称	粒径范围(mm)	一般特征
漂石或块石颗粒	>200	透水性强、无黏性、无毛细水
卵石或碎石颗粒	200~20	透水性强、无黏性、无毛细水
圆砾或角砾颗粒	20~2	透水性强、无黏性、毛细水上升高度不超过粒径大小
砂粒	2~0.075	易透水,当混入云母等杂质时透水性下降,而压缩性增强;无黏性,遇水不膨胀,干燥时松散;毛细水上升高度不大,随粒径变小而增大
粉粒	0.075~0.005	透水性小,湿水稍有黏性,遇水膨胀小,干时稍有收缩,毛细水上升高度较大,极易出现冻胀现象
黏粒	<0.005	透水性很小,湿时有黏性,可塑性,遇水膨胀大,干时收缩显著,毛细水上升高度较大,且速度较慢

《水电水利工程土工试验规程》(DL/T 5355—2006)对粒组的划分与定名采用如表7-2所示方法。

土中土粒的大小及其组成情况,通常以土中各个粒组的相对含量(各粒组质量占总质量的百分数)来表示,称为土粒的级配。

土中各个粒组的相对含量可通过颗粒分析试验得到。颗粒分析方法有筛分法、密度计法或移液管法等。前者适用于粒径大于0.075 mm的土,后者适用于粒径小于0.075 mm的土。筛分法使用一套不同孔径的标准筛,将风干、分散的具有代表性的土样,放入一套从上到下、筛孔由粗到细排列的标准筛进行筛分,称出留在各筛子上的颗粒质量,并算成相应的质量百分比，由颗粒分析结果可判断土粒的级配情况及确定土的名称。标准筛孔由粗筛孔径（60 mm、40 mm、20 mm、10 mm、5 mm、2 mm）及细筛孔径（2.0 mm、1.0 mm、0.5 mm、0.25 mm、0.075 mm）组成。

表 7-2　《水电水利工程土工试验规程》（DL/T 5355—2006）对粒组的划分

粒组划分与名称			粒径 d 的范围（mm）
巨粒	漂石（块石）		$d>200$
	卵石（碎石）		$60<d\leqslant200$
粗粒	砾（圆砾、角砾）	粗砾	$20<d\leqslant60$
		中砾	$5<d\leqslant20$
		细砾	$2<d\leqslant5$
	砂	粗砂	$0.5<d\leqslant2$
		中砂	$0.25<d\leqslant0.5$
		细砂	$0.075<d\leqslant0.25$
细粒	粉粒		$0.005<d\leqslant0.075$
	黏粒		$d\leqslant0.005$

颗粒分析试验结果可用表或曲线表示。某土样土工试验结果见表 7-3，图 7-7 所示的是根据试验结果绘出的粒径级配累计曲线，根据上述两种方法整理出来的成果便可确定土的分类名称。

表 7-3　筛分法颗粒分析

筛孔直径（mm）	20	10	2	0.5	0.2	0.75	<0.075	总计
留筛土重（g）	10	1	5	39	27	11	7	100
占全部土重的百分比（%）	10	1	5	39	27	11	7	100
小于某筛孔直径的土重百分比（%）	90	89	84	15	18	7		

注：取风干试样 100 g 进行试验。

用粒径级配曲线表示试样颗粒组成情况是一种比较完善的方法，它能表示土的粒径分布和级配。图 7-7 中纵坐标表示小于（或大于）某粒径土的含量（以质量百分比表示），横坐标表示粒径。由于土的粒径相差悬殊，采用对数表示，可把粒径相差几千、几万倍的颗粒含量表达得更清楚。

图 7-7 中曲线 a、b 分别表示两个试样颗粒组成情况，由曲线的坡度陡、缓可大致判断土的均匀程度。如 b 曲线较陡，表示颗粒大小相差不多，土粒较均匀；反之，a 曲线平缓，则表示粒径相差悬殊，土粒级配良好。

工程中常用不均匀系数 C_u 来反映粒径级配的不均匀程度：

$$C_u = \frac{d_{60}}{d_{10}} \tag{7-1}$$

式中　d_{60}——小于某粒径的土粒质量累计百分数为 60% 时相对的粒径，又称为限制粒

径;

d_{10} ——小于某粒径的土粒质量累计百分数为10%时相对的粒径,又称为有效粒径。

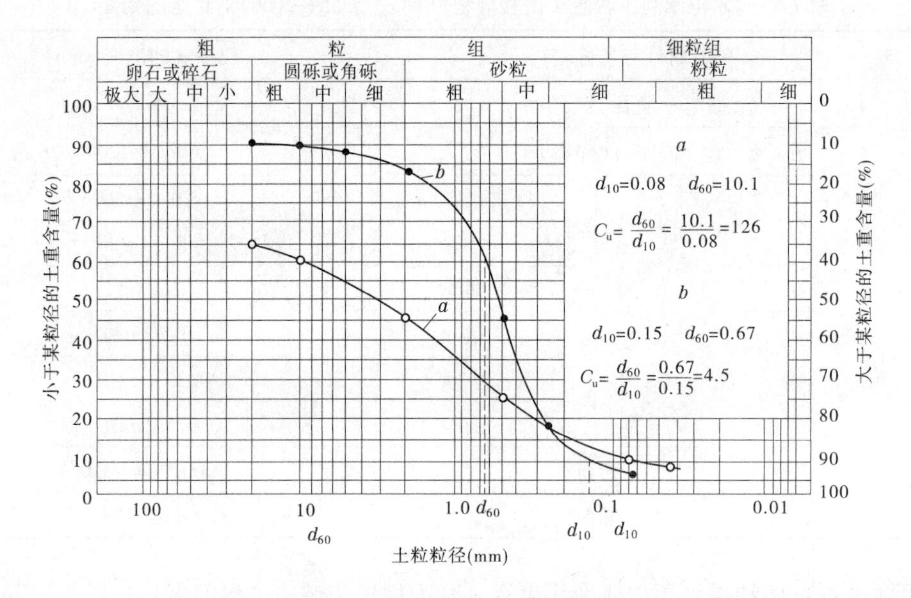

图7-7 土粒粒径级配累计曲线

把 $C_u<5$ 的土,如图7-7中 b 试样($C_u=4.5$),看作级配均匀;把 $C_u>10$ 的土看作级配良好,如图7-7中的 a 试样($C_u=126$)。在填土工程中,可根据不均匀系数 C_u 值来选择土料。若 C_u 值较大,则土粒较为不均匀,这种土比之粒径均匀的土易于夯实。

(二)土粒的矿物成分

土粒是岩石风化的产物。土粒的矿物成分主要取决于母岩的成分及其所受的风化作用。土中矿物成分可分为原生矿物和次生矿物两大类。原生矿物是由母岩经过物理风化作用形成的,其矿物成分与母岩相同,常见的有石英、长石、云母等。粗的土粒通常由一种或几种原生矿物颗粒所组成。次生矿物主要是黏土矿物,如蒙脱石、伊利石和高岭石等。黏土矿物是很细小的扁平颗粒,能吸附大量的水分子,亲水性强,具有显著的吸水膨胀、失水收缩的特性,如蒙脱石吸水性最强,高岭石最弱。

二、土中的水

土中的水有液态、固态和气态。当土中水在0 ℃以下时,土中水冻结成冰,形成冻土,其强度增大。但冻土融化后,强度急剧降低。土中气态水对土的强度影响不大。土中液态水可以分为结合水和自由水两大类。

(一)结合水(吸附水)

结合水是指受电子吸引力吸附于土粒表面的土中水。由于细小颗粒表面带有负电荷,使土粒周围形成电场,在电场范围内的水分子和水溶液中阳离子一起吸附在土粒表面,因为水分子是极性分子(正负电荷偏在电荷的两端,不重合),它被土粒表面的电荷或乳液中离子电荷的吸引而定向排列,如图 7-8 所示。

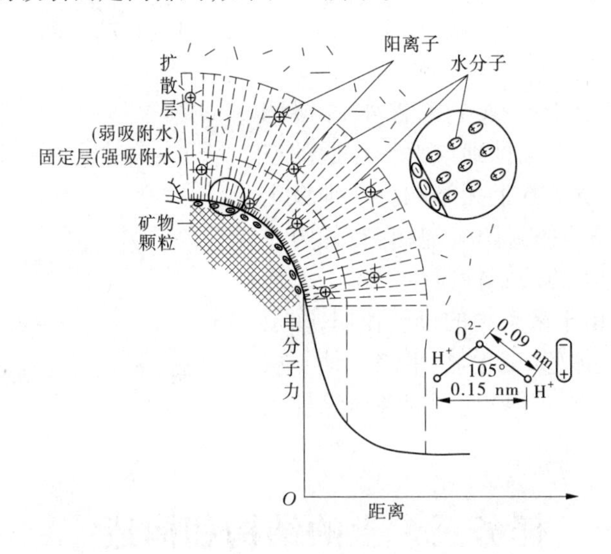

图 7-8　结合水定向排列及所受到电分子变化简图

水溶液中的阳离子处于土粒周围时,一方面受到土粒周围形成的电场静电引力作用,另一方面受到布朗运动的扩散力作用。越靠近土粒表面,静电引力越强,把水化离子(吸附了水分子的离子)和极性水分子牢固地吸附在颗粒表面上形成固定层。在固定层外围,静电引力比较小,受到扩散作用,水化分子和极性分子形成扩散层。

结合水又可分为强结合水和弱结合水,强结合水相当于固定层中的水,而弱结合水则相当于扩散层中的水。

(1)强结合水指靠近土粒表面的水。它没有溶解能力,不能传递静水压力,只有在 105 ℃时才能蒸发。这种水牢固地结合在土粒表面,其性质接近固体,重度为 12 ~ 24 kN/m^3,冰点为 −78 ℃,具有极大的黏滞度、弹性和抗剪强度。

(2)弱结合水是存在于强结合水外围的一层结合水。它仍不能传递静水压力,但水膜较厚的弱结合水能向邻近的薄水膜缓慢转移。当黏性土中含有较多弱结合水时,土具有一定的可塑性。

(二)自由水

自由水是存在于土粒表面电场范围以外的水,土的性质与普通水一样,服从重力定律,能传递静水压力,冰点为 0 ℃,有溶解力。自由水按其移动所受作用力的不同,可分为自重水和毛细水。

(1)自重水指土中受重力作用而移动的自由水,它存在于地下水位以下的透水层中。

(2)毛细水受到它与空气交界面处表面张力的作用,它存在于潜水位以上透水土层中。当孔隙中局部存在毛细水时,毛细水的弯液面和土粒接触处的表面张力作用于土粒,使土粒之间由于这种毛细压力而挤紧,土因而具有微弱的黏聚力,称为毛细黏聚力,如图 7-9 所示。

在工程中,毛细水的上升对建筑物地下部分的防潮措施和地基土的浸湿和冻胀有重要的影响。碎石土中无毛细现象。

三、土中的气体

土中气体存在于土孔隙中未被水占据的空间。在粗粒的沉积物中常见到与大气连通的空气,它对土的力学性质基本上无影响。在细粒土中则常见到与大气隔绝的封闭气泡,它在外力作用下具有弹性,并使土的透水性减少。对于淤泥和泥炭等有机质土,由于微生物的分解作用,在土中蓄积了某种可燃气体(如硫化氢、甲烷),使土层在自重作用下长期得不到压密而形成高压缩性土层。

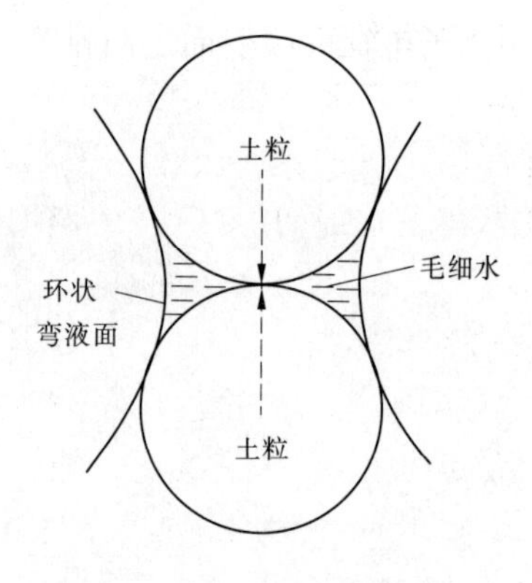

图 7-9　土中毛细水压力示意图

任务三　土的结构和构造

一、土的结构

土的结构是土粒或土粒集合体的大小、形状、相互排列与连接等综合特征,一般分为单粒结构、蜂窝结构和絮状结构三种类型。

(一)单粒结构

单粒结构是由粗大土粒在水或空气中下沉而形成的。全部由砂粒或更粗土粒组成的土,常具有单粒结构。因其颗粒较大,在重力作用下落到较为稳定的状态,土粒间的分子间应力相对很小,所以颗粒之间几乎没有连接。单粒结构可以是疏松的,也可以是紧密的,如图 7-10 所示。

(a)疏松排列的单粒结构

(b)紧密排列的单粒结构

图 7-10　土的单粒结构

呈紧密状态的单粒结构的土,强度较高,压缩性小,是较为良好的天然地基。具有疏松单粒结构的土,土粒间空隙较大,其骨架是不稳定的,当受到振动和其他外力作用时,土粒易发生相对移动,引起很大的变形。因此,土层未经处理一般不宜作为建筑物地基。

(二)蜂窝结构

蜂窝结构主要是较细的土粒(如粉粒)组成的结构形式。这些土粒在水中基本上是以单个土粒下沉的,当碰到已经下沉的土粒时,由于土粒间的分子应力大于土粒的重力,因而土粒停留在最初的接触点上不再下沉,形成孔隙体积大的蜂窝状结构,如图 7-11 所示。

(三)絮状结构

絮状结构是由黏粒集合体组成的结构形式。黏粒(直径小于 0.005 mm)能够在水中长期悬浮,不因重力而下沉。当悬浮液介质发生变化时,黏粒便凝结成絮状的集粒絮凝体,并相继和已沉积的絮状集粒体接触,从而形成孔隙体积很大的絮状结构,如图 7-12 所示。

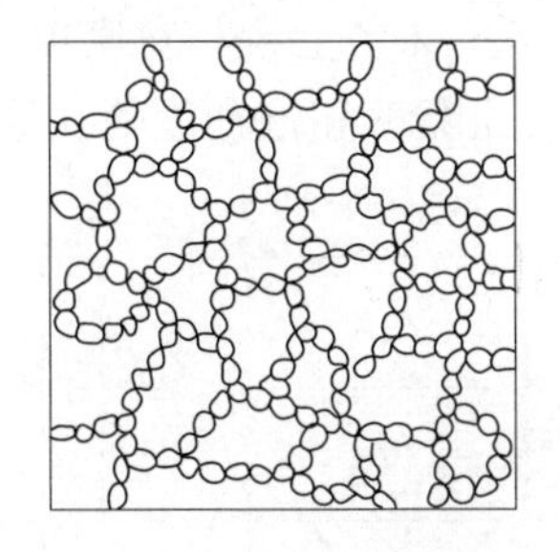

图 7-11　土的蜂窝结构

图 7-12　土的絮状结构

二、土的构造

在同一土层剖面中,颗粒或颗粒集合体相互间的特征,称为土的构造。土的构造的最大特征就是成层性,即具有层理结构。这是由于不同阶段沉积的物质成分、颗粒大小或颜色不同,而使竖向呈现成层的性状。常见的有水平层理和交错层理,带有夹层、尖灭和透镜体等,如图 7-13 所示。土的构造的另一特征是土的裂隙性,即裂隙构造。土中裂隙的存在会大大降低土的强度和稳定性,对工程不利。此外,也应注意到土中有无腐殖质、贝壳、结核体等包裹物,以及天然或人为的孔洞存在。这些构造都会造成土的不均匀性。

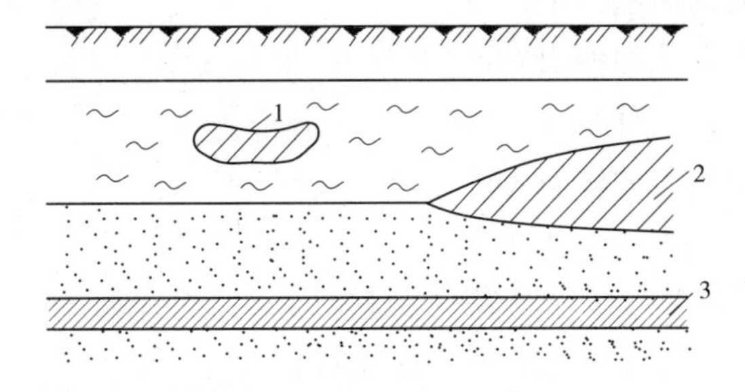

1—淤泥层里的黏土透镜体;2—黏土尖灭层;3—水平层理

图 7-13　土的层理结构

任务四　土的物理性质指标

自然界中的土体结构组成十分复杂,为了分析问题方便,将其看成是三相,简化成一般的物理模型进行分析。表示土的三相组成部分的质量、体积之间的比例关系指标,称为土的三相比例指标。这些指标随着土体所处的条件的变化而变化,如地下水位的升高或降低,土中水的含量也相应增大或减小;密实的土,其气相和液相占据的孔隙体积少。这些变化都可以通过相应指标的数值反映出来。

土的三相比例指标是其物理性质的反映,但与其力学性质有内在联系。显然,固相成分的比例越高,其压缩性越小,抗剪强度越大,承载力越高。

土的三相比例指标有土的密度、土的重度、土粒比重(又名土粒相对密度)、含水率、土的干密度、土的干重度、饱和重度、有效重度、孔隙比、孔隙率和饱和度等。这些指标有些相互之间可以换算,必须在理解各指标定义和表达式的基础上,通过推导和换算练习,掌握它们之间的相互关系。

一、指标的定义

图7-14 表示土的三相组成。图的左边表示各相的质量,右边表示各相所占的体积,并以下列符号表示各相的质量、体积。

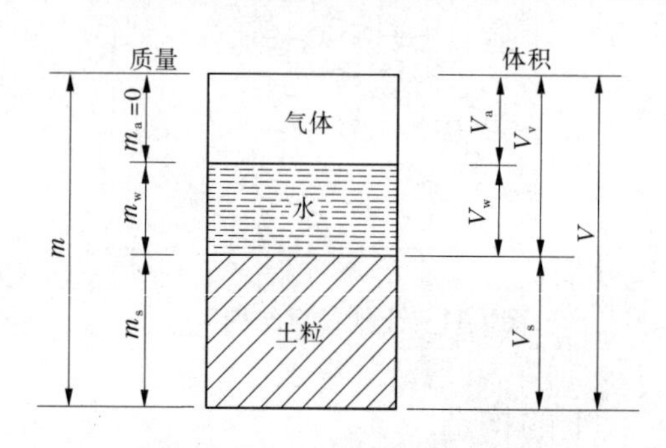

图7-14　土的三相组成示意图

图中　m_s ——土粒的质量,g;

m_w ——土中水的质量,g;

m_a ——土中空气的质量,g;

m ——土的质量,g, $m = m_s + m_w$;

V_s ——土粒的体积,cm^3;

V_v ——土中孔隙的体积,cm^3, $V_v = V_a + V_w$;

V_w ——土中水的体积,cm^3;

V_a ——土中空气的体积,cm^3;

V ——土的体积,cm^3, $V = V_a + V_w + V_s$ 。

土中各相的重力可由质量乘以重力加速度得到,即

土粒的重力　$$G_s = m_s g \tag{7-2}$$

土中水的重力　$$G_w = m_w g \tag{7-3}$$

土的重力　$$W = mg \tag{7-4}$$

式中　g ——重力加速度,取9.8 m/s^2。

(一)三个基本物理性指标

1. 土的重度 γ

天然状态下,单位体积土所受的重力称为土的重度,并以 γ 表示

$$\gamma = \frac{W}{V} = \frac{mg}{V} = \rho g \tag{7-5}$$

土的重度常用 kN/m^3 表示。天然状态下土的重度变化范围较大,通常,砂土 $\gamma = 16 \sim 20\ kN/m^3$,黏性土和粉土 $\gamma = 18 \sim 20\ kN/m^3$。

土的重度一般用“环刀法”测定,用一圆环刀(刀刃向下)放在削平的原状土样面上,徐徐削去环刀外围的土,边削边压,使保持天然状态的土样压满环刀内,称得环刀内土样重量,求得它与环刀容积之比值即为其重度。

2. 土的含水率 ω

土中水的质量与土粒质量之比(用百分数表示),称为土的含水率,并以 ω 表示

$$\omega = \frac{m_w}{m_s} \times 100\% \tag{7-6}$$

含水率的数值和土中水的重力与土粒重力之比(用百分数表示)相同,即

$$\omega = \frac{W_w}{W_s} \times 100\% \tag{7-7}$$

含水率是表示土的湿度的一个指标,天然土的含水率变化范围很大。含水率越小,土越干;反之,土越湿越饱和。土的含水率对黏性土、粉土的性质影响较大,对粉砂土、细砂土稍有影响,而对碎石土等没有影响。

土的含水率一般用“烘干法”测定。先称小块原状土样的湿土质量,然后置于烘箱内维持 100 ~ 105 ℃烘干至恒重,再称干土质量,湿、干土质量之差与干土质量的比值,就是土的含水率。

3. 土粒比重 G_s

土粒密度(单位体积土粒的质量)与 4 ℃时纯水密度 ρ_{w1} 之比,称为土粒比重(见表 7-4),并以 G_s 表示(无量纲),即

$$G_s = \frac{m_s}{V_s \rho_{w1}} = \frac{\rho}{\rho_{w1}} \tag{7-8}$$

土粒比重在实验室内用比重瓶测定。由于比重变化的幅度不大,通常可按经验数值采用。

表 7-4　土粒比重参考值

土的类别	砂土	粉土	黏性土	
			粉质黏土	黏土
土粒比重	2.65 ~ 2.69	2.70 ~ 2.71	2.72 ~ 2.73	2.73 ~ 2.74

(二)其他物理性指标

1. 土的干重度 γ_d

单位体积中土粒所受的重力,称为土的干重度,并以 γ_d 表示

$$\gamma_d = \frac{W}{V} = \frac{mg}{V} = \rho_d g \tag{7-9}$$

在工程上常把干重度作为评定土体紧密程度的标准,以控制填土工程的施工质量。

2. 土的饱和重度 γ_{sat}

土中孔隙完全被水充满时土的重度,称为土的饱和重度,并以 γ_{sat} 表示

$$\gamma_{sat} = \frac{W_s + \gamma_w V_v}{V} \tag{7-10}$$

式中 γ_w ——水的重度,kN/m³。

计算时可取水的密度近似等于 4 ℃时纯水的密度 ρ_{w1},即

$$\rho_w \approx \rho_{w1} = 1\ \text{t/m}^3$$

和

$$\gamma_w = 10\ \text{kN/m}^3$$

土的饱和重度一般为 18 ~ 23 kN/m³。

3. 土的有效重度(浮重度) γ'

地下水位以下的土受到土的浮力作用,扣除水浮力后单位体积上所受的重力,称为土的有效重度,并以 γ' 表示

$$\gamma' = \frac{W_s - \gamma_w V_s}{V} \tag{7-11}$$

或

$$\gamma' = \gamma_{sat} - \gamma_w \tag{7-12}$$

4. 土的孔隙比 e

土中孔隙体积与土颗粒体积之比称为土的孔隙比,并以 e 表示

$$e = \frac{V_v}{V_s} \tag{7-13}$$

孔隙比用小数点表示。孔隙比是表示土的密实程度的一个重要指标。黏性土和粉土的孔隙比变化较大。一般来说, $e < 0.6$ 的土是密实的,土的压缩性小; $e > 1.0$ 的土是疏松的,压缩性高。

5. 土的孔隙率 n

土中孔隙体积与总体积之比(用百分数表示),称为土的孔隙率,并以 n 表示

$$n = \frac{V_v}{V} \times 100\% \tag{7-14}$$

6. 土的饱和度 S_r

土中水的体积与孔隙体积之比(用百分数表示),称为土的饱和度,并以 S_r 表示

$$S_r = \frac{V_w}{V_v} \times 100\% \tag{7-15}$$

土的饱和程度反映土中孔隙被水充满的程度。当土处于完全干燥状态时，$S_r=0$；当土处于完全饱和状态时，$S_r=100\%$。

习惯上根据饱和度 S_r 的数值，把细砂、粉土等砂土分为稍湿、很湿和饱和三种状态，如表 7-5 所示。

表 7-5　砂土湿度状态的划分

湿度	稍湿	很湿	饱和
饱和度 S_r（%）	$S_r \leqslant 50$	$50 < S_r \leqslant 80$	$S_r > 80$

二、指标的换算

前述土的三相指标中，土粒密度 ρ、土粒比重 G_s 和含水率 ω 是通过试验测定的（这时可通过 ρ 值得到土的重度 γ），其他指标可从 γ、G_s 和 ω 换算得到。下面采用图 7-14 形式（图中左边改用重力表示），假定土粒体积 $V_s=1$，并以此推导出土的孔隙比、干重度、饱和重度和有效重度的计算公式。

因为 $V_s=1$，根据式(7-13)，$V_v=e$，可得 $V=1+e$。

由于 $W_s=\gamma_w G_s$，$W_w=\omega W_s$，根据式(7-7)可得 $W_w=\omega W_s=\omega\gamma_w G_s$；$W=\gamma_w G_s(1+\omega)$，由土的重度的定义得

$$V=\frac{W}{\gamma}=\frac{\gamma_w G_s(1+\omega)}{\gamma}$$

由图 7-14 所采用的假设

$$e=V-1=\frac{W}{\gamma}-1=\frac{\gamma_w G_s(1+\omega)}{\gamma}-1$$

上式右边各指标已测定，故可算出孔隙比 e。按各指标的定义，从图 7-14 中各项带入可得

$$\gamma_d=\frac{W_s}{V}=\frac{\gamma_w G_s}{\gamma_w G_s(1+\omega)/\gamma}=\frac{\gamma}{1+\omega}$$

$$\gamma_{sat}=\frac{W_s+\gamma_w V_v}{V}=\frac{\gamma_w(G_s+e)}{1+e}$$

$$\gamma'=\frac{W_s-\gamma_w V_s}{V}=\frac{\gamma_w(G_s-1)}{1+e}$$

$$n=\frac{V_v}{V}=\frac{e}{1+e}$$

$$S_r=\frac{V_w}{V_v}=\frac{\omega G_s}{e}$$

上面推导得到的各指标换算公式列于表 7-6 中。

表7-6　土的三相组成比例指标换算公式

指标	符号	表达式	常用换算公式	常用单位
土粒比重	G_s	$G_s = \frac{m_s}{V_s \rho_{w1}}$	$G_s = \frac{S_r e}{\omega}$	
密度	ρ	$\rho = \frac{m}{V}$		t/m³
重度	γ	$\gamma = \rho g$ $\gamma = \frac{W}{V}$	$\gamma = \gamma_d(1+\omega)$ $\gamma = \frac{\gamma_w(G_s + S_r e)}{1+e}$	kN/m³
含水率	ω	$\omega = \frac{m_w}{m_s} \times 100\%$	$\omega = \frac{S_r e}{G_s}$ $\omega = \frac{\gamma}{\gamma_d} - 1$	
干重度	γ_d	$\gamma_d = \rho_d g$ $\gamma_d = \frac{W_s}{V}$	$\gamma_d = \frac{\gamma}{1+\omega}$ $\gamma_d = \frac{\gamma_w G_s}{1+e}$	kN/m³
饱和重度	γ_{sat}	$\gamma_{sat} = \frac{W_s + \gamma_w V_v}{V}$	$\gamma_{sat} = \frac{\gamma_w(G_s + e)}{1+e}$	kN/m³
有效重度	γ'	$\gamma' = \frac{W_s - \gamma_w V_s}{V}$	$\gamma' = \frac{\gamma_w(G_s - 1)}{1+e}$	kN/m³
孔隙比	e	$e = \frac{V_v}{V_s}$	$e = \frac{\gamma_w G_s(1+\omega)}{\gamma} - 1$ $e = \frac{\gamma_w G_s}{\gamma_d} - 1$	
孔隙率	n	$n = \frac{V_v}{V} \times 100\%$	$n = \frac{e}{1+e}$ $n = 1 - \frac{\gamma_d}{\gamma_w G_s}$	
饱和度	S_r	$S_r = \frac{V_w}{V_v} \times 100\%$	$S_r = \frac{\omega G_s}{e}$ $S_r = \frac{\omega \gamma_d}{n \gamma_w}$	

注:1. 在换算公式中,含水率可取小数点代入计算。

2. γ_w 可取 10 kN/m³ 。

【例 7-1】　某原状土样,试验测得的天然密度 $\rho = 1.8\ \mathrm{t/m^3}$（天然重度 $\gamma = 18.0\ \mathrm{kN/m^3}$）,含水率 $\omega = 21.8\%$,土粒比重 $G_s = 2.75$ 。试求土的孔隙比 e、孔隙率 n、饱和度

S_r、干重度 γ_d、饱和度 γ_{sat} 和有效重度 γ'。

解：(1) $e = \frac{\gamma_w G_s(1+\omega)}{\gamma} - 1 = \frac{10 \times 2.75 \times (1+0.218)}{18} - 1 = 0.861$

(2) $n = \frac{e}{1+e} = \frac{0.861}{1+0.861} = 46.3\%$

(3) $S_r = \frac{\omega G_s}{e} = \frac{0.218 \times 2.75}{0.861} = 69.6\%$

(4) $\gamma_d = \frac{\gamma}{1+\omega} = \frac{18}{1+0.218} = 14.78(\text{kN/m}^3)$

(5) $\gamma_{sat} = \frac{\gamma_w(G_s+e)}{1+e} = \frac{10 \times (2.75+0.861)}{1+0.861} = 19.40(\text{kN/m}^3)$

(6) $\gamma' = \frac{\gamma_w(G_s-1)}{1+e} = \frac{10 \times (2.75-1)}{1+0.861} = 9.40(\text{kN/m}^3)$

【例 7-2】 用环刀切取一土样，测得该土样体积 69 cm^3，质量 135 g。土样烘干后测得其质量 118 g，若土粒比重 $G_s = 2.72$。试求土的密度 ρ、含水率 ω 和孔隙比 e。

解：$\rho = \frac{m}{V} = \frac{135}{69} = 1.96(\text{g/cm}^3) = 1.96\ \text{t/m}^3$

$\omega = \frac{m_w}{m_s} \times 100\% = \frac{135-118}{118} \times 100\% = 14.41\%$

$e = \frac{\rho_w G_s(1+\omega)}{\rho} - 1 = \frac{1 \times 2.72 \times (1+0.1441)}{1.96} - 1 = 0.59$

任务五 土的物理状态指标

一、无黏性土的密实度

砂土、碎石土统称为无黏性土，土粒之间无黏聚力，呈松散状态。无黏性土的密实度对其工程性质有重要的影响。在密实状态下，砂土、碎石土的结构稳定、压缩性小、强度较大，可作为建筑物的良好地基；当它们处在疏松状态时，特别是对于细砂、粉砂来说，稳定性差、压缩性大、强度偏低，属于软土范围。上述性质是由砂土和碎石土的单粒结构的特征所决定的。评价无黏性土的一个重要指标就是其密实度。

判别砂土密实度的方法有多种，其中采用天然孔隙比的大小来判别砂土密实度的方法是一种较简捷的方法，但这种方法的不足之处是它不能反映砂土的级配和形状的影响。实测证明，较疏松的级配良好的砂土孔隙比要比密实度颗粒均匀的砂土孔隙比小。此外，现场采取原状未扰动的砂样较为困难，在地下水位以下或较深的砂层更是如此。因此，国内外不少单位都采用砂土相对密实度作为砂土密实度分类的指标。相对密实度的计算公式如下

$$D_r = \frac{e_{max} - e}{e_{max} - e_{min}} \tag{7-16}$$

或

$$D_r = \frac{\rho_{dmax}(\rho_d - \rho_{dmin})}{\rho_d(\rho_{dmax} - \rho_{dmin})} \tag{7-17}$$

式中 e_{max} ——砂土最松散状态时的孔隙比,可取风干砂样,通过长颈漏斗轻轻倒入容器来确定;

e_{min} ——砂土最密实状态的孔隙比,可将风干砂样分批装入容器,采用振动或锤击夯实方法增加砂样的密实度,直至密实度不变时确定其最小孔隙比;

e ——砂土的天然孔隙比;

ρ_{dmax} ——砂土的最大干密度,g/cm^3;

ρ_{dmin} ——砂土的最小干密度,g/cm^3;

ρ_d ——砂土要求的干密度(或天然干密度),g/cm^3。

若砂土天然孔隙比 e 接近 e_{min},则其相对密实度较大,砂土处于较密实状态;若 e 接近 e_{max},D_r 较小,则砂土处于较疏松状态。根据 D_r 值大小,可将砂土密实度划分为下列三种状态:

$1 \geqslant D_r > 0.67$ 密实

$0.67 \geqslant D_r > 0.33$ 中密

$0.33 \geqslant D_r > 0$ 松散

采用相对密实度 D_r 来评价砂土的密实程度时,要在现场采取原状土样以求得土的天然孔隙比,如前所述,采取现场原状土样比较困难,在具体工程中,天然砂土可以根据标准贯入试验的锤击数的多少将砂土分为松散、稍密、中密及密实四类,具体标准见表 7-7。

表 7-7 砂土密实度的划分

密实度	松散	稍密	中密	密实
标准贯入试验锤击数 N	$N \leqslant 10$	$10 < N \leqslant 15$	$15 < N \leqslant 30$	$N > 30$

碎石土的密实度可以根据重型圆锥动力触探锤击数 $N_{63.5}$ 和野外鉴别方法划分。其划分标准见表 7-8、表 7-9。

表 7-8 碎石土的密实度

重型圆锥动力触探锤击数 $N_{63.5}$	$N_{63.5} \leqslant 5$	$5 < N_{63.5} \leqslant 10$	$10 < N_{63.5} \leqslant 20$	$N_{63.5} > 20$
密实度	松散	稍密	中密	密实

注:1. 本表适用于平均粒径小于等于 50 mm 且最大粒径不超过 100 mm 的卵石、碎石、圆砾、角砾等碎石土。对于平均粒径大于 50 mm 的碎石土,可按野外鉴别方法划分其密实度,参照表 7-9。

2. 表内 $N_{63.5}$ 为经综合修正后的平均值。

表 7-9　碎石土密实度野外鉴别方法

密实度	骨架颗粒含量和排列	可挖性	可钻性
密实	骨架颗粒含量大于总重的70%，呈交错排列，连续接触	锹、镐挖掘困难，用撬杠方能松动；井壁一般较稳定	钻井极困难；冲击钻探时，钻杆、吊锤跳动剧烈；孔壁较稳定
中密	骨架颗粒含量等于总重的60%～70%，呈交错排列，大部分接触	锹、镐可挖掘，井壁有掉块现象，从井壁取出大颗粒处，能保持颗粒凹面形状	钻进较困难；冲击钻探时，钻杆、吊锤跳动不剧烈；孔壁有坍落现象
稍密	骨架颗粒含量小于总重的55%～60%，且排列混乱，大部分不接触	锹可以挖掘，井壁易坍塌；从井壁取大颗粒后，填充物砂粒立即坍落	钻进较容易；冲击钻探时，钻杆稍有跳动；孔壁易坍落

注：1. 骨架颗粒是指与表 7-1 碎石土分类名称对应粒径的颗粒。

2. 碎石密实度的划分，应按表列各项要求综合确定。

二、黏性土的物理特征

黏性土依靠土粒间黏聚力使土具有黏性，黏土颗粒较细，单位体积的颗粒总表面积较大，土粒表面与水作用的能力较强。随着土中含水率变化，土具有不同的物理性质，因而也就具有不同的工程性质。

（一）黏性土的状态

随着含水率的增加，黏性土可能处在固态、半固态、可塑状态和流塑状态，如图 7-15 所示。此处所谓的可塑状态，是指当黏性土在含水率范围内，可用外力塑成任何形态而不发生裂纹，并在外力移去后仍能保持原有塑成的形状的性能。

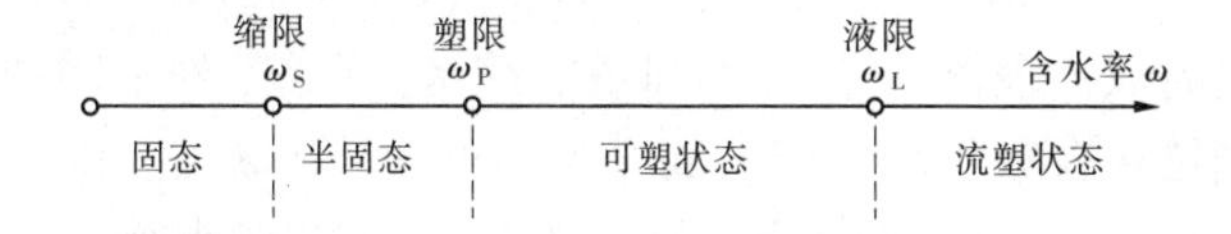

图 7-15　黏性土物理状态与含水率的关系

黏性土由一种状态转到另一种状态的分界含水率，称为界限含水率。

土由可塑状态转到流塑状态的界限含水率，称为液限。液限也可理解为土呈可塑状态时的上限含水率，用符号 ω_L 代表并用百分数表示。

土由半固态转到可塑状态的界限含水率，称为塑限。塑限也可理解为土呈可塑状态时的下限含水率，用符号 ω_P 代表并用百分数表示。

土由固态转到半固态的界限含水率，称为缩限，用符号 ω_S 代表并用百分数表示。当土处于固态和半固态时，土较坚硬，统称坚固状态。半固态时随着土中水分的蒸发，土的体积会缩小，固态时即便土中水分也会蒸发，但土体积已不再缩小。

当土中仅含强结合水时，土呈固体状态。含有弱结合水时，土呈半固状态。当土中含有一定量的自由水时，土粒间可相互滑动而不破坏土粒间的联系，土呈可塑状态。若土中含有大量的自由水，土呈流塑状态。随着含水率的增加，土从固态转到流塑状态，土的强度也同样逐渐降低。

土的界限含水率和土粒组成、矿物成分、土粒表面吸附阳离子等性质有关，可以说界限含水率的大小反映了上述因素的综合影响，因而对黏性土的分类和工程性质的评价具有重要意义。

我国的标准已规定采用锥式液限仪进行液限和塑限联合试验，如图 7-16 所示。

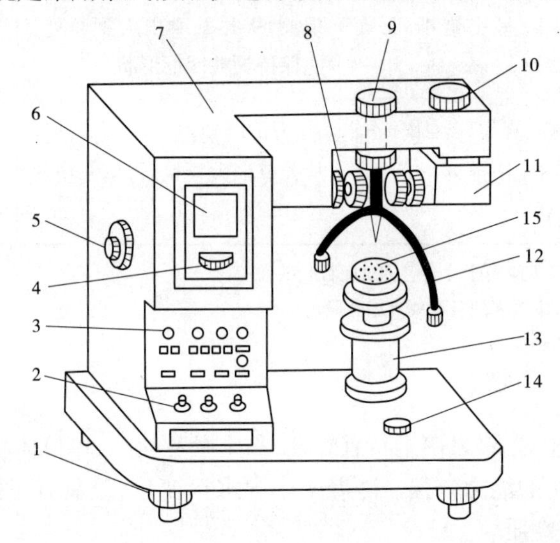

1—水平调节螺钉；2—控制开关；3—指示发光管；4—零线调节螺钉；
5—反光镜调节螺钉；6—屏幕；7—机壳；8—物镜调节螺钉；9—电磁装置；
10—光源调节螺钉；11—光源装置；12—圆锥仪；13—升降台；14—水平泡；15—盛样杯

图 7-16 光电式液、塑限仪结构示意图

液、塑限的测定方法可用《土工试验方法标准》(GB/T 50123—1999)中规定的联合测定法来进行。试验时取代表性试样，加不同量的纯水，调成三种不同稠度的试样，用电磁落锥法分别测定圆锥在自重作用下沉入试样 5 s 时的下沉深度。以含水率为横坐标、圆锥沉入深度为纵坐标，在双对数坐标上绘制二者关系曲线，三点连一线，如图 7-17 中的 A 线。当三点不在一直线时，通过高含水率的一点与其余两点连成两条直线作其平均值连线，如图 7-17 中的 B 线。试验方法标准规定，形成深度为 17 mm 时所对应的含水率为液限；下沉 10 mm 所对应的含水率为 10 mm 液限；下沉深度为 2 mm 所对应的含水率为塑限。

(二)黏性土塑性指数和液性指数

1. 塑性指数

液限与塑限的差值即为塑性指数，用符号 I_P 代表并习惯上略去百分号，即

$$I_P = \omega_L - \omega_P \tag{7-18}$$

塑性指数表示土处在可塑状态的含水率变化范围，其值的大小取决于颗粒吸附结合水的能力，即与土中黏粒含量有关。黏粒含量越多，土的比表面积越大，塑性指数越高。

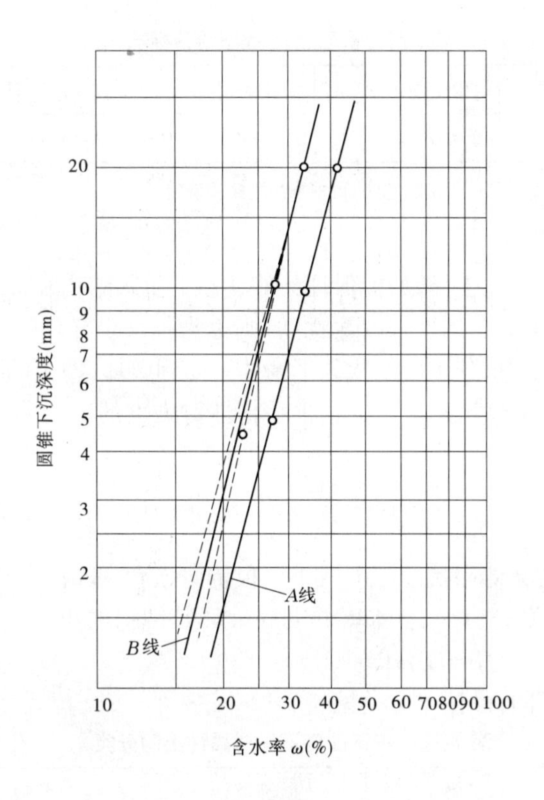

图 7-17 圆锥下沉深度与含水率的关系图

塑性指数是描述黏性土物理状态的重要指标之一,工程上普遍根据其值的高低对黏性土进行分类。

《建筑地基基础设计规范》(GB 50007—2011)对塑性指数大于 10 的土,分类方法见表 7-10。

表 7-10 黏性土的分类

土的名称	黏土	粉质黏土
塑性指数 I_P	$I_P > 17$	$10 < I_P \leqslant 17$

注:塑性指数由相应于 76 g 圆锥体沉入土样中深度为 10 mm 时测定的液限计算而得。

2. 液性指数

土的天然含水率和塑限的差值与塑性指数之比即为液性指数,用符号 I_L 表示,即

$$I_L = \frac{\omega - \omega_P}{I_P} \tag{7-19}$$

液性指数表征了土的天然含水率与分界含水率之间的相对关系。当 $I_L \leqslant 0$ 时,$\omega \leqslant \omega_P$,表示土处在坚硬状态;当 $I_L > 1$ 时,土处于流塑状态。因此,根据 I_L 值可以直接判定土的软硬状态。《建筑地基基础设计规范》(GB 50007—2011)给出的黏性土的状态划分标准见表 7-11。

表 7-11 黏性土的状态划分标准

状态	坚硬	硬塑	可塑	软塑	流塑
液体指数 I_L	$I_L \leqslant 0$	$0 < I_L \leqslant 0.25$	$0.25 < I_L \leqslant 0.75$	$0.75 < I_L \leqslant 1$	$I_L > 1$

注:当用静力触探探头阻力判定黏性土的状态时,可根据当地经验确定。

3. 灵敏度

由技术钻孔取出的黏性土样,如能保证天然状态下土的结构和含水率不变,则称为原样土。如土样的结构、构造受到外来因素扰动,则称为扰动土样。土经扰动后,土粒间的胶结物质以及土粒、离子、水分子所组成的平衡体系受到破坏,即土的天然结构受到破坏,导致土的强度降低和压缩性增加。土的这种结构性对强度的影响称为土的灵敏度,用 S_t 表示。

$$S_t = \frac{q_u}{q_{ur}} \tag{7-20}$$

式中 q_u ——原状土的无侧限抗压强度或十字板抗剪强度,kPa;

q_{ur} ——具有与原状土相同含水率并彻底破坏其结构的重塑土的无侧限抗压强度或十字板抗剪强度,kPa。

按灵敏度的大小不同,黏性土分类见表 7-12。

表 7-12 按灵敏度不同对黏性土的分类

分类	不灵敏	中等灵敏	灵敏	极灵敏
灵敏度	$S_t \leqslant 2$	$2 < S_t \leqslant 4$	$4 < S_t \leqslant 8$	$S_t > 8$

土的灵敏度越高,其结构性越强,受扰动后强度降低就越多。所以,在基础施工中应注意保护槽(坑)底土,尽量减少对土结构的扰动。

饱和黏性土的结构受到扰动导致强度降低,当扰动停止后,土的一部分强度随时间的变化而逐渐增长。这是由于土粒、离子和水分子体系随时间变化而逐渐形成新的平衡状态的缘故。黏性土这种胶体化学性质,称为土的触变性。在黏土内打桩时,桩侧土的结构受到破坏,强度降低,但在停止打桩以后,桩侧土的一部分强度渐渐恢复,桩的承载能力增加。

4. 黏性土的黏聚力

黏性土能承受一定的拉力,并能承受剪力,说明黏性土具有一定的黏聚力。黏聚力分为原始黏聚力、固化黏聚力、毛细黏聚力三种。

(1)原始黏聚力。是由土粒间分子引力产生的。由于黏土颗粒较小,土粒间距离较近,使得颗粒间的分子引力较为显著,能克服其他阻力,将邻近土粒连接在一起。当土粒受到扰动后,只有夯实到原来的密实度,原始黏聚力才能恢复。

(2)固化黏聚力。是由土粒间的化学胶结作用形成的,这种化学胶结作用需要很长的年代才能形成。若土的结构受到扰动,则固化胶结作用在短期内不能形成。

(3)毛细黏聚力。是由土粒间孔隙中的毛细水压力作用产生的。毛细黏聚力一般较小,可略去不计。

任务六　地基岩土的分类

在建筑工程中，对地基岩土的工程分类，是根据工程实践经验和其主要特征，把工程性能近似的岩土划分为一类，这样做既便于正确选择对土的研究方法，又可根据分类名称大致判断土（岩）的工程特性，评价岩土作为建筑材料或地基的适宜性。

一、《建筑地基基础设计规范》（GB 50007—2011）分类方法

《建筑地基基础设计规范》（GB 50007—2011）规定：作为建筑物地基岩土，可分为岩石、碎石土、砂土、粉土、黏性土和人工填土六类。

（一）岩石

岩石是指颗粒间牢固黏结，呈整体或具有节理裂隙岩体。

1. 岩石的硬质程度

作为建筑地基的岩石除应确定岩石的地质名称外，还应根据岩石的坚硬程度，依据岩石的饱和单轴抗压强度，将岩石分为坚硬岩、较硬岩、较软岩、软岩和极软岩，见表7-13。当缺乏饱和单轴抗压强度资料时，可在现场通过观察定性划分，划分的标准见表7-14。

表7-13　岩石坚硬程度的划分

坚硬程度级别	坚硬岩	较硬岩	较软岩	软岩	极软岩
饱和单轴抗压强度标准值f_{rk}（MPa）	$f_{rk}>60$	$60\geqslant f_{rk}>30$	$30\geqslant f_{rk}>15$	$15\geqslant f_{rk}>5$	$f_{rk}\leqslant 5$

表7-14　岩石坚硬程度的定性划分

名称		定性鉴定	代表性岩石
硬质岩石	坚硬岩	锤击声清脆，有回弹，震手，难击碎；基本无吸水性	未风化—微风化的花岗岩、闪长岩、辉绿岩、玄武岩，安山岩、片麻岩、石英岩、硅质砾岩、石英砂岩、硅质石灰岩等
	较硬岩	锤击声较清脆，有轻微回弹，稍震手，较难击碎；有轻微吸水性	（1）微风化坚硬岩； （2）未风化—微风化的大理石、板岩、石灰岩、钙质砂岩等
软质岩	较软岩	锤击声不清脆，无回弹，较易击碎；指甲可刻出印痕	（1）中风化的坚硬岩和较硬岩； （2）未风化—微风化的凝灰岩、千枚岩、砂质岩、泥灰岩等
	软岩	锤击声哑，无回弹，有凹痕，易击碎；浸水后可捏成团	（1）强风化的坚硬岩和较硬岩； （2）中风化的较软岩； （3）未风化—微风化的泥质砂岩、泥岩

续表 7-14

名称	定性鉴定	代表性岩石
极软岩	锤击声哑,无回弹,有较深凹痕,手可捏碎;浸水后可捏成团	(1)风化的软硬; (2)全风化的各种岩石; (3)各种半成岩

2. 岩石的完整程度

岩石除按表 7-13 划分坚硬程度外,还应划分其完整程度。岩石的完整程度按表 7-15 划分为完整、较完整、较破碎、破碎和极破碎五类。当缺乏试验数据时可按表 7-16 执行。

表 7-15 岩体完整程度划分

完整程度等级	完整	较完整	较破碎	破碎	极破碎
完整性指数	>0.75	0.75~0.55	0.55~0.35	0.35~0.15	0.15

注:完整性指数为岩体纵波波速与岩块纵波波速之比的平方,选定岩体、岩块测定波速时应有代表性。

表 7-16 岩石完整程度划分

名称	控制性结构面平均间距(m)	相应结构类型
完整	>0.1	整体状或巨厚层状结构
较完整	0.4~1.0	块状或厚层状结构
较破碎	0.2~0.4	裂隙块状、镶嵌状、中薄层状结构
破碎	<0.2	碎裂状结构、页状结构
极破碎	无序	散体状结构

(二)碎石土

碎石土是粒径大于 2 mm 的颗粒含量超过全重 50% 的土。碎石土根据颗粒含量及颗粒形状分为漂石、块石、卵石或碎石、圆砾或角砾六种。其分类标准见表 7-17。

表 7-17 碎石土的分类

名称	颗粒形状	粒组含量
漂石 块石	圆形及亚圆形为主 棱角形为主	粒径大于 200 mm 的颗粒超过全重的 50%
卵石 碎石	圆形及亚圆形为主 棱角形为主	粒径大于 20 mm 的颗粒超过全重的 85%
圆砾 角砾	圆形及亚圆形为主 棱角形为主	粒径大于 2 mm 的颗粒超过全重的 50%

注:分类时应根据粒组含量栏从上到下最先符合者确定。

(三)砂土

砂土是指粒径大于 2 mm 的颗粒含量不超过全重 50%、粒径大于 0.075 mm 的颗粒含量超过全重 50% 的土。按粒组含量分为砾砂、粗砂、中砂、细砂和粉砂，分类标准见表 7-18。

表 7-18　砂土的分类

名称	粒组含量
砾砂	粒径大于 2 mm 的颗粒含量超过全重的 25% ~50%
粗砂	粒径大于 0.5 mm 的颗粒含量超过全重的 50%
中砂	粒径大于 0.25 mm 的颗粒含量超过全重的 50%
细砂	粒径大于 0.075 mm 的颗粒含量超过全重的 85%
粉砂	粒径大于 0.075 mm 的颗粒含量超过全重的 50%

注：分类时应根据粒组含量栏从上到下以最先符合者确定。

砂土在工程中根据其标准贯入试验结果分为松散、稍密、中密、密实等，分类标准见表 7-19。

表 7-19　砂土的密实度

标准贯入试验锤击数 N	密实度	标准贯入试验锤击数 N	密实度
$N \leqslant 10$	松散	$15 < N \leqslant 30$	中密
$10 < N \leqslant 15$	稍密	$N > 30$	密实

注：当用静力触探探头阻力判定砂土的密实度时，可根据当地经验确定。

（四）粉土

粉土是指介于砂土和黏土之间，塑性指数 $I_P \leqslant 10$ 且粒径大于 0.075 mm 的颗粒含量不超过全重的 50% 的土。

（五）黏性土

塑性指数 I_P 大于 10 的土称为黏性土，可按表 7-20 分为黏土和粉质黏土。

表 7-20　黏性土的分类

塑性指数	土的名称	塑性指数	土的名称
$I_P > 17$	黏土	$10 < I_P \leqslant 17$	粉质黏土

黏性土的状态，可按表 7-21 分为坚硬、硬塑、可塑、软塑和流塑等。

表 7-21　黏性土的状态

液性指数	状态	液性指数	状态
$I_L \leqslant 0$	坚硬	$0.75 < I_L \leqslant 1$	软塑
$0 < I_L \leqslant 0.25$	硬塑	$I_L > 1$	流塑
$0.25 < I_L \leqslant 0.75$	可塑		

注：当用静力触探探头阻力判定黏性土的状态时，可根据当地经验确定。

（六）人工填土

人工填土是由指人类活动而形成的堆积物。其构成的物质成分较杂乱、均匀性较差。

人工填土根据其组成和成因,可分为素填土、压实填土、杂填土、冲填土。

(1)素填土是由碎石土、砂土、粉土、黏土等组成的填土。

(2)压实填土是指经过压实或夯实的素填土。

(3)杂填土为含有建筑垃圾、工业废料、生活垃圾等杂物的填土。

(4)冲填土是由水力冲填泥沙形成的填土。

除上述六种土类外,其他特殊土类,如淤泥、淤泥质土、湿陷性黄土、红黏土等,将在项目八中介绍。

二、《水利水电工程土工试验规程》(DL/T 5355—2006)分类方法

按《水利水电工程土工试验规程》(DL/T 5355—2006)对土进行分类时,先根据土中未完全分解的动植物残骸和无定型物质判定是有机土还是无机土。有机质呈黑色、青黑色或暗色,有臭味,手触有弹性和海绵感。也可根据土工试验结果确定。对于无机土,则按巨粒类土、粗粒类土和细粒类土进行细分类。

(一)巨粒类土

巨粒类土结合表7-2进行粒组分析,再按表7-22分类。

表7-22 巨粒类土

土类	粒组含量		土名称	土代号
巨粒土	巨粒含量>75%	漂石(块石)>卵石(碎石)	漂石(块石)	B(Ba)
		漂石(块石)≤卵石(碎石)	卵石(碎石)	Cb(Cba)
混合巨粒土	巨粒含量>50%,≤75%	漂石(块石)>卵石(碎石)	混合土漂石(块石)	B(Ba)SI
		漂石(块石)≤卵石(碎石)	混合土卵石(碎石)	Cb(Cba) SI
巨粒混合土	巨粒含量>15%,≤50%	漂石(块石)>卵石(碎石)	漂石(块石)混合土	SIB(Ba)
		漂石(块石)≤卵石(碎石)	卵石(碎石)混合土	SICb(Cba)

(二)粗粒类土

按表7-2进行粒组分析,粗粒组含量大于50%的土为粗粒土。其中,砾粒组含量大于砂粒组含量的土为砾类土,砾类土分类和定名见表7-23;砂粒组含量大于或等于砾粒组含量的土为砂类土,砂类土分类和定名见表7-24。

表 7-23　砾类土的分类和定名

土类	细粒组含量及名称		级配特征	土的名称	土的代号
砾	≤5%		$C_u \geq 5, C_c = 1 \sim 3$	级配良好砾	GW
			不同时满足上述要求	级配不良砾	GP
含细粒土砾	>5%，≤15%			含细粒土砾	GF
细粒土质砾	>15%，≤50%	黏土		黏土质砾	GC
		粉土		粉土质砾	GM

表 7-24　砂类土的分类和定名

土类	细粒组含量及名称		级配特征	土的名称	土的代号
砂	≤5%		$C_u \geq 5, C_c = 1 \sim 3$	级配良好砂	SW
			不同时满足上述要求	级配不良砂	SP
含细粒土砂	>5%，≤15%			含细粒土砂	SF
细粒土质砂	>15%，≤50%	黏土		黏土质砂	SC
		粉土		粉土质砂	SM

（三）细粒类土

（1）试样中细粒组含量等于或大于50%的土为细粒类土。

（2）试样中粗粒组含量小于或等于15%的土为细粒土，其分类和定名可根据塑性分类图7-18，并应符合表7-25的规定。

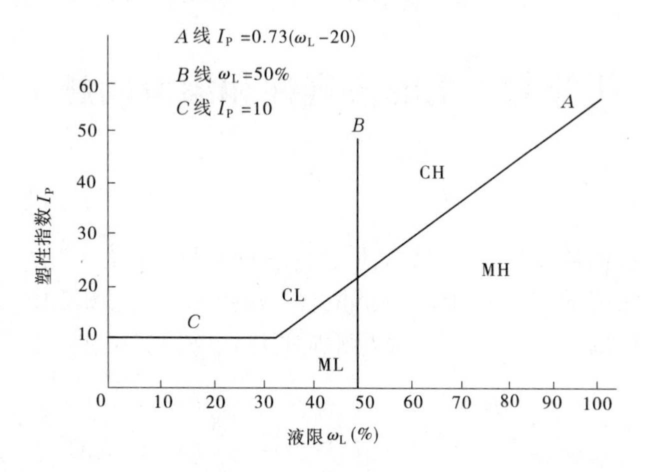

图 7-18　塑性分类图

表 7-25　细粒土的基本分类和定名

土的塑性指标在塑性图中的位置		土名称	土代号
塑性指数 I_P	液限 ω_L		
$I_P \geqslant 0.73(\omega_L - 20\%)$ 和 $I_P \geqslant 10$	$\omega_L \geqslant 50\%$	高液限黏土	CH
	$\omega_L < 50\%$	低液限黏土	CL
$I_P < 0.73(\omega_L - 20\%)$ 和 $I_P < 10$	$\omega_L \geqslant 50\%$	高液限粉土	MH
	$\omega_L < 50\%$	低液限粉土	ML

(3)试样中粗粒组含量大于15%、小于或等于30%时称含粗粒细粒类土。粗粒组中砾粒组含量大于砂粒组含量时称含砾细粒类土,在细粒类土代号后加g;粗粒组中砂粒组含量大于或等于砾粒组含量时称含砂细粒类土,在细粒类土代号后加s。

(4)试样中粗粒组含量大于30%、小于或等于50%时称粗粒质细粒类土。粗粒组中砾粒组含量大于砂粒组含量时称砾质细粒类土,在细粒类土代号后加G;粗粒组中砂粒组含量大于或等于砾粒组含量时称砂质细粒类土,在细粒类土代号后加S。

【例 7-3】 已知某天然土样的天然含水率 $\omega = 42.3\%$,天然重度 $\gamma = 18\ \mathrm{kN/m^3}$,土粒比重 $G_s = 2.75$,液限 $\omega_L = 40.2\%$,塑限 $\omega_P = 22.6\%$。试确定土的状态和名称。

解:塑限指数　$I_P = \omega_L - \omega_P = 17.6$

液性指数　$I_L = \dfrac{\omega - \omega_P}{I_P} = 1.12$

因为 $I_P > 17$,$I_L > 1$,可初步确定为黏土,且处于流塑状态。

$$e = \frac{\gamma_w G_s(1+\omega)}{\gamma} - 1 = \frac{10 \times 2.75 \times (1+0.423)}{18} - 1 = 1.17$$

因为 $\omega > \omega_L$ 且 $1 \leqslant e \leqslant 1.5$,该土判定为淤泥质黏土。

任务七　土的渗透性和渗流问题

一、达西定律

水可以通过土体渗透,即土具有渗透性,土的渗透性与什么有关呢?

早在1856年,法国学者达西(Darcy)根据砂土渗透试验(见图7-19),发现水的渗透速度与试样两端面间的水头差成正比,而与相应的渗透路径成反比。于是他把渗透速度表示为

$$v = k\frac{h}{L} = ki \tag{7-21}$$

或渗流量表示为

$$q = vA = kiA \tag{7-22}$$

这就是著名的达西定律。

式中　v——渗透速度,cm/s;

h——试样两端面间的水头差,cm;

L——渗透路径,cm;

i——水力梯度,无因次;

k——渗透系数,cm/s,其物理意义是当水力梯度 $i=1$ 时的渗透速度;

q——渗流量,cm^3/s;

A——试样截面面积,cm^2。

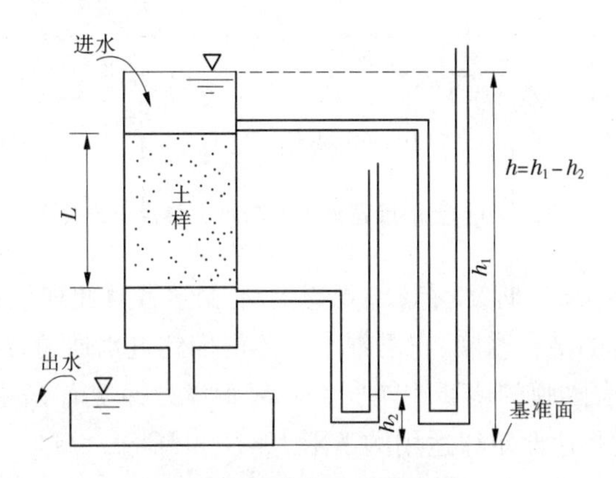

图 7-19　达西定律示意图

需要说明的是,在达西定律的表达式中,采用了两个基本假设:

(1)由于土试样断面内,仅颗粒骨架间的孔隙是渗水的,而沿试样长度的各个断面,其孔隙大小和分布是不均匀的。达西采用了以整个土样断面面积计的假想渗流速度,或单位时间内土样通过单位总面积的流量,而不是土样孔隙流体的真正流速。

(2)土中水的实际流程是十分弯曲的,比试样长度大得多,而且也无法知道。达西考虑了以试样长度计的平均水力梯度,而不是局部的真正水力梯度。

这样处理就避免了微观流体力学分析上的困难,得出一种统计平均值,基本上是经验性的宏观分析,但不影响其理论和实用价值,故一直沿用至今。

由于土中的孔隙一般非常微小,在多数情况下水在孔隙中流动时的黏滞阻力很大、流速缓慢,因此其流动状态大多属于层流(水流线互相平行流动)范围。此时土中水的渗流规律符合达西定律,所以达西定律也称层流渗透定律。但以下两种情况被认为超出达西定律的适用范围:

一种情况是在粗粒土(如砾、卵石等)中的渗流(如堆石体中的渗流),水力梯度较大时,土中水的流动已不再是层流,而是紊流。这时,达西定律不再适用,渗流速度 v 与水力梯度 i 之间的关系不再保持直线而变为次线性的曲线关系(见图 7-20(a)),层流与紊流的界限,即为达西定律适用的上限。该上限值目前尚无明确的方法确定。不少学者曾主张用临界雷诺数 Re 作为确定达西定律上限的指标,也有的学者(A. R. Ju－mikis)主张用临界流速 v_{cr} 来划分这一界限。

另一种情况是发生在黏性很强的致密黏土中。不少学者对原状黏土所进行的试验表明这类土的渗透特征也偏离达西定律,其 $v\sim i$ 关系如图 7-20(b)所示。实线表示试验曲线,它呈超线性规律增长,且不通过原点。使用时,可将曲线简化为如图虚线所示的直线关系。截距 i_0 称为起始水力梯度。这时,达西定律可修改为

$$v = k(i - i_0) \tag{7-23}$$

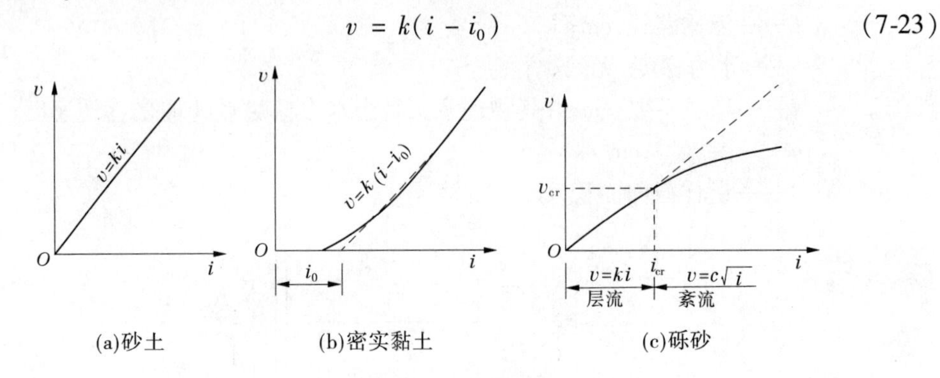

(a)砂土　(b)密实黏土　(c)砾砂

图 7-20　土的渗透速度 v 与水力梯度 i 的关系

当水力梯度很小,$i < i_0$ 时,没有渗流发生。不少学者对此现象做如下解释:密实黏土颗粒的外围具有较厚的结合水膜,它占据了土体内部的过水通道,渗流只有在较大的水力梯度作用下,挤开结合水膜的堵塞才能发生。起始水力梯度 i_0 是用以克服结合水膜阻力所消耗的能量。i_0 就是达西定律适用的下限。

二、渗透系数的测定

由达西定律,当 $i = 1$ 时 $v = k$,即土的渗透系数 k 就是水力梯度等于 1 时的渗透速度。k 值的大小反映了土渗透性的强弱,k 愈大,土的渗透性也愈大。土颗粒愈粗,k 值也愈大。k 值是土力学中一个较重要的力学指标,但不能由计算求出,只能通过试验直接测定。

渗透系数的测定可以分为现场试验和室内试验两大类。一般地讲,现场试验比室内试验得到的成果较准确可靠。因此,对于重要工程常需进行现场测定。现场试验常用野外井点抽水试验。

室内试验测定土的渗透系数的仪器和方法较多,但就原理来说可分为常水头试验和变水头试验两种。

(一)常水头试验

常水头试验见图 7-21(a),适用于透水性较大的土(无黏性土),它在整个试验过程中,水头保持不变。

如果试样截面面积为 A,长度为 L,试验时水头差为 h,用量筒和秒表测得在时间 t 内流经试样的水量 $Q(\mathrm{m}^3)$,则根据达西定律可得

$$Q = qt = vAt = kiAt = k\frac{h}{L}At$$

因此,土的渗透系数为

$$k = \frac{QL}{Aht} \tag{7-24}$$

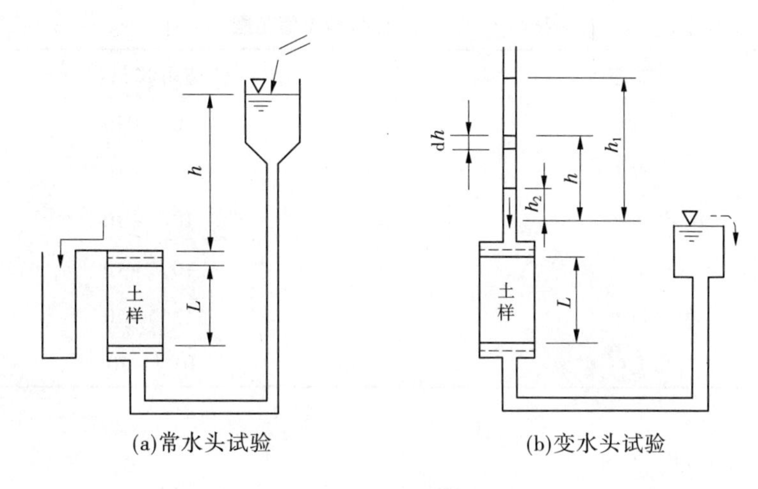

图 7-21　室内渗透试验

(二)变水头试验

变水头试验适用于透水性较差的黏性土。黏性土由于渗透系数很小,流经试样的水量很少,难以直接准确量测,因此应采用变水头试验法。变水头试验法在整个试验过程中,水头是随时间而变化的。

试验装置如图 7-21(b)所示,试样一端与细玻璃管相连,在试验过程中测出某一段时间内细玻璃管水位的变化,就可根据达西定律,求出渗透系数 k。

设玻璃细管过水截面面积为 a,土样截面面积为 A,长度为 L,试验开始后任一时刻土样的水头差为 h,经 $\mathrm{d}t$ 时间,管内水位下落 $\mathrm{d}h$,则在 $\mathrm{d}t$ 时间内流经试样的水量为

$$\mathrm{d}Q = -a\mathrm{d}h$$

式中负号表示渗水量随 h 的减小而增加。

根据达西定律,在 $\mathrm{d}t$ 时间内流经试样的水量又可表示为

$$\mathrm{d}Q = k\frac{h}{L}A\mathrm{d}t$$

因两者相等,可以得到

$$\mathrm{d}t = -\frac{aL}{kAh}\mathrm{d}h$$

将上式两边积分

$$\int_{t_1}^{t_2}\mathrm{d}t = -\int_{h_1}^{h_2}\frac{aL}{kAh}\mathrm{d}h$$

即可得到土的渗透系数

$$k = \frac{aL}{A(t_2 - t_1)}\ln\left(\frac{h_1}{h_2}\right) \approx 2.3\frac{aL}{A(t_2 - t_1)}\lg\frac{h_1}{h_2} \tag{7-25}$$

式(7-25)中的 a、L、A 为已知,试验时只要测出与时刻 t_1 和 t_2 对应的水位 h_1 和 h_2,就可以求出土的渗透系数 k。各种土常见的渗透系数 k 值见表 7-26。

表 7-26 土的渗透系数 k 值范围

土的类型	渗透系数 k(cm/s)
砾石、粗砂	$10^{-1} \sim 10^{-2}$
中砂	$10^{-2} \sim 10^{-3}$
细砂、粉砂	$10^{-3} \sim 10^{-4}$
粉土	$10^{-4} \sim 10^{-6}$
粉质黏土	$10^{-6} \sim 10^{-7}$
黏土	$10^{-7} \sim 10^{-10}$

三、成层土的渗透性

天然沉积土往往是由渗透性不同的土层组成的。对于与土层层面平行或垂直的简单渗流情况,当各土层的渗透系数和厚度为已知时,我们可求出整个土层与层面平行或垂直的平均渗透系数,作为进行渗流计算的依据。

(一)渗流方向平行于层面(水平向渗流)

如图 7-22 所示,假设各层土厚度分别为 H_1、H_2、…、H_n,总厚度 H 等于各层土层厚度之和;各土层的水平向渗透系数分别为 k_{1x}、k_{2x}、…、k_{nx}。如通过各土层的渗流量为 q_{1x}、q_{2x}、…、q_{nx},则通过整个土层的总渗流量 q_x 又为各土层的渗流量之和,即

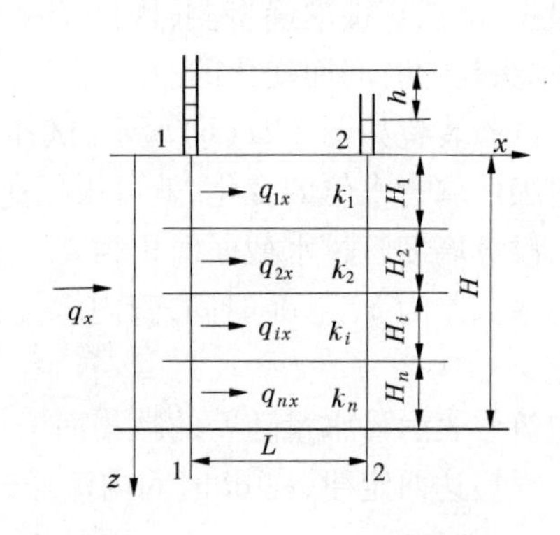

图 7-22 成层土水平向渗流

$$q_x = q_{1x} + q_{2x} + \cdots + q_{nx} = \sum_{i=1}^{n} q_{ix} \quad \text{(a)}$$

根据达西定律,总渗流量 q_x 又可表示为

$$q_x = k_x i_x A = k_x i_x H \quad \text{(b)}$$

式中 i_x——土层水平向平均水力梯度;

k_x——土层水平向平均渗透系数;

A——土层渗流的截面面积,取 $A = H \times 1 = H$。

对于这种条件下的渗流,通过各土层相同距离的水头均相等。因此,各土层的水力梯度以及整个土层的平均水力梯度均应相等。于是,任一土层的渗流量(取第 i 层土渗流的截面面积 $A_i = H_i \times 1 = H_i$)为

$$q_{ix} = k_x i_x H_i \quad \text{(c)}$$

将式(b)和式(c)代入式(a)可得

$$k_x i_x H = \sum_{i=1}^{n} k_{ix} i_x H_i \quad \text{(d)}$$

因此,最后得到整个土层的水平向平均渗透系数为

$$k_x = \frac{1}{H}\sum_{i=1}^{n} k_{ix}H_i \tag{7-26}$$

从式(7-26)可以证明,平行于层面渗流时,整个土层的水平向平均渗透系数 k_x 将取决于最透水土层的渗流,即

$$k_x = k_{jx}H_j/H \tag{7-27}$$

式中　k_{jx}——最透水土层的渗透系数;

H_j——最透水土层的厚度。

(二)渗流方向垂直于层面(竖向渗流)

如图 7-23 所示,各土层厚度为 H_1、H_2、…、H_n,总厚度 H 等于各土层厚度之和,各土层的竖向渗透系数分别为 k_{1z}、k_{2z}、…、k_{nz}。如通过各土层的渗流量为 q_{1z}、q_{2z}、…、q_{nz},根据水流连续定理,通过整个土层的总渗流量 q_z 必等于各土层的渗流量,即

$$q_z = q_{1z} = q_{2z} = \cdots = q_{nz} \tag{e}$$

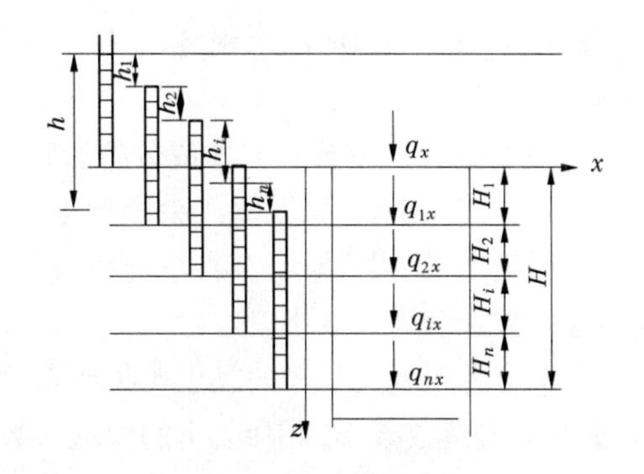

图 7-23　成层土竖向渗流

假设渗流通过任一土层的水头损失为 Δh_i,水力梯度 $i_{iz} = \Delta h_i/H_i$,则通过整个土层的总水头损失应为 $h = \sum\Delta h_i$,总的平均水力梯度应为 $i_z = h/H$。根据达西定律,通过整个土层的总渗流量为

$$q_z = k_z \frac{h}{H}A \tag{f}$$

式中　k_z——土层竖向平均渗透系数;

A——土层渗流的截面面积。

通过任一土层的渗流量为

$$q_{iz} = k_{iz}\frac{\Delta h_i}{H_i}A = k_{iz}i_{iz}A \tag{g}$$

将式(f)和式(g)代入式(e)可得

$$k_z \frac{h}{H} = k_{iz}i_{iz} \tag{h}$$

而整个土层的总水头损失又可表示为

$$h = i_{1z}H_1 + i_{2z}H_2 + \cdots + i_{nz}H_n = \sum_{i=1}^{n} i_{iz}H_i \tag{i}$$

将式(i)代入式(h)并经整理可得到整个土层的竖向平均渗透系数为

$$k_z = \frac{H}{\dfrac{H_1}{k_{1z}} + \dfrac{H_2}{k_{2z}} + \cdots + \dfrac{H_n}{k_{nz}}} = \frac{H}{\sum\limits_{i=1}^{n}\dfrac{H_i}{K_{iz}}} \tag{7-28}$$

由式(7-28)可以证明,整个土层的竖向平均渗透系数将取决于最不透水层土的渗流,即

$$k_z = \frac{k_{jz}H}{H_j} \tag{7-29}$$

式中 k_{jz}、H_j——最不透水土层的竖向渗透系数及厚度。

也可以证明,对于成层土,水平向平均渗透系数总是大于竖向平均渗透系数,即

$$k_x > k_z$$

四、影响土渗透系数的因素

影响土渗透系数的因素很多,主要有土的粒度成分和矿物成分、土的结构和土中气体等。

(一)土的粒度成分及矿物成分的影响

土的颗粒大小、形状及级配会影响土中孔隙大小及其形状因素,进而影响土的渗透系数。土粒越细、越圆、越均匀时,渗透系数就越大。砂土中含有较多粉土或黏性土颗粒时,其渗透系数就会大大减小。

土中含有亲水性较大的黏土矿物或有机质时,因为结合水膜厚度较厚,会阻塞土的孔隙,土的渗透系数减小。因此,土的渗透系数还和水中交换阳离子的性质有关系。

(二)土结构的影响

天然土层通常不是各向同性的,因此土的渗透系数在各个方向是不相同的。如黄土具有竖向大孔隙,所以竖向渗透系数要比水平方向大得多。这在实际工程中具有十分重要的意义。

(三)土中气体的影响

当土孔隙中存在密闭气泡时,会阻塞水的渗流,从而减小土的渗透系数。这种密闭气泡有时是由溶解于水中的气体分离出来而形成的,故水中的含气量也影响土的渗透性。

(四)渗透水的性质对渗透系数的影响

水的性质对渗透系数的影响主要是由于黏滞度不同所引起的。温度高时,水的黏滞性降低,渗透系数变大;反之,变小。所以,测定渗透系数 k 时,以 10 ℃作为标准温度,不是 10 ℃时要做温度校正。

任务八 渗透变形

一、渗透变形的破坏

土体在渗流作用下发生破坏,由于土体颗粒级配和土体的结构不同,存在流土、管涌、接触冲刷和接触流失四种破坏形式。

(一)流土

在上升的渗流作用下局部土体表面隆起、顶穿,或者粗细颗粒群同时浮动而流失称为流土。前者多发生于表层为黏性土与其他细粒土组成的土体或较均匀的粉细砂层中,后者多发生在不均匀的砂土层中。

（二）管涌

土体中的细颗粒在渗流作用下，由骨架孔隙通道流失，称为管涌，主要发生在砂砾石地基中。

（三）接触冲刷

当渗流沿着两种渗透系数不同的土层接触面，或建筑物与地基的接触面流动时，沿接触面带走细颗粒称为接触冲刷。

（四）接触流失

在层次分明、渗透系数相差悬殊的两土层中，当渗流垂直于层面将渗透系数小的一层土中的细颗粒带到渗透系数大的一层中的现象称为接触流失。

前两种类型主要出现在单一土层中，后两种类型多出现在多层结构土层中。除分散性黏性土外，黏性土的渗透变形形式主要是流土。对于重要工程或不易判别渗透类型的土，应通过渗透变形试验确定。土的渗透变形判别应包括下列内容：

（1）判别土的渗透变形类型。

（2）确定流土、管涌的临界水力比降。

（3）确定土的允许水力比降。

二、渗透变形计算

天然地基土的渗透变形判定可采用如下方法：

土的不均匀系数按式(7-1)计算。土中细颗粒含量的确定应符合下列规定：

（1）级配不连续的土。颗粒大小分布曲线上至少有一个以上粒组的颗粒含量小于或等于3%的土，称为级配不连续的土。以上述粒组在颗粒大小分布曲线上形成的平缓段的最大粒径和最小粒径的平均值或最小粒径作为粗、细颗粒的区分粒径 d，相应于该粒径的颗粒含量为细颗粒含量 P。

（2）级配连续的土。粗、细颗粒的区分粒径为

$$d = \sqrt{d_{70}d_{10}} \tag{7-30}$$

式中　d_{70}——小于该粒径的含量占总土重70%的颗粒粒径，mm；

d_{10}——小于该粒径的含量占总土重10%的颗粒粒径，mm。

无黏性土的渗透变形类型的差别可采用以下方法：

（1）不均匀系数小于等于5的土可判为流土。

（2）对于不均匀系数大于5的土可采用下列判别方法：

①流土

$$P \geqslant 35\% \tag{7-31}$$

②过渡型取决于土的密度、粒级和形状

$$25\% \leqslant P < 35\% \tag{7-32}$$

③管涌

$$P < 25\% \tag{7-33}$$

（3）接触冲刷宜采用下列方法判别：

对双层结构地基，当两层土的不均匀系数均等于或小于10，且符合式(7-34)规定的

条件时,不会发生接触冲刷。

$$\frac{D_{10}}{d_{10}} \leqslant 10 \tag{7-34}$$

式中 D_{10}、d_{10}——较粗和较细一层土的颗粒粒径,mm,小于该粒径的土重占总土重的10%。

(4)接触流失宜采用下列方法判别:

对于渗流向上的情况,符合下列条件将不会发生接触流失。

①不均匀系数等于或小于5的土层

$$\frac{D_{15}}{d_{85}} \leqslant 5 \tag{7-35}$$

式中 D_{15}——较粗一层土的颗粒粒径,mm,小于该粒径的土重占总土重的15%;

d_{85}——较细一层土的颗粒粒径,mm,小于该粒径的土重占总土重的85%。

②不均匀系数等于或小于10的土层

$$\frac{D_{20}}{d_{70}} \leqslant 7 \tag{7-36}$$

式中 D_{20}——较粗一层土的颗粒粒径,mm,小于该粒径的土重占总土重的20%;

d_{70}——较细一层土的颗粒粒径,mm,小于该粒径的土重占总土重的70%。

流土与管涌的临界水力比降宜采用下列方法确定:

(1)流土型宜采用下式计算

$$J_{cr} = (G_s - 1)(1 - n) \tag{7-37}$$

式中 J_{cr}——土的临界水力比降;

G_s——土粒比重;

n——土的孔隙率(以小数计)。

(2)管涌型或过渡型可采用下式计算

$$J_{cr} = 2.2(G_s - 1)(1 - n)^2 \frac{d_5}{d_{20}} \tag{7-38}$$

式中 d_5、d_{20}——小于该粒径的土重占总土重5%、20%的颗粒粒径,mm。

(3)管涌型也可采用下式计算

$$J_{cr} = \frac{42d_3}{\sqrt{\frac{k}{n^3}}} \tag{7-39}$$

式中 k——土的渗透系数,cm/s;

d_3——小于该粒径的土重占总土重3%的颗粒粒径,mm。

无黏性土的允许比降宜采用下列方法确定:

(1)以土的临界水力比降除以1.5~2.0的安全系数;当渗透稳定对水工建筑物的危害较大时,取安全系数为2;对于特别重要的工程也可取安全系数为2.5。

(2)无试验资料时,可根据表7-27选用经验值。

表 7-27　无黏性土的允许水力比降

允许水力比降	渗透变形类型					
	流土型			过渡型	管涌型	
	$C_u \leqslant 3$	$3 < C_u \leqslant 5$	$C_u > 5$		级配连续	级配不连续
$J_{允许}$	0.25~0.35	0.35~0.50	0.50~0.80	0.25~0.40	0.15~0.25	0.10~0.20

注：本表不适用于渗流出口有反滤层的情况。

小　结

本项目主要讨论了土的物质组成以及定性、定量描述其物质组成的方法，包括土的三相组成、土的三相指标、土的结构构造和土的工程分类等。这些内容是学习土力学原理和基础工程设计与施工技术所必需的基本知识，也是评价土的工程性质、分析与解决土的工程技术问题时讨论的最基本的内容。

(1)风化作用是一种使岩石产生物理和化学变化的破坏作用。岩石风化后变成粒状的物质，导致强度降低，透水性增强。风化作用分为物理风化、化学风化及生物风化三种。

(2)原岩表面经风化作用后残留在原地的碎屑物，称为残积土。它的分布受地形限制。在宽广的分水岭上，由于地表水流速很低，风化产物能留在原地，形成一定厚度。在平缓的山地或低洼地带也常有残积土分布。高处的岩石风化产物，由于受到雨雪水流的搬运作用，或由于重力作用而沉积在较平缓的山坡地上，这种沉积物称为坡积土。由暴雨或大量的融雪骤然积聚而成的暂时性山洪急流，将大量的基岩风化产物或基岩剥蚀、搬运、堆积于山谷冲沟出口或山前倾斜平原而形成洪积土。河流两岸的基岩及其上覆盖的松散物质，被河流流水剥蚀后，经搬运、沉积于河道坡度较平缓的地带而形成的沉积物，称为冲积土。

(3)土是岩石风化生成的松散沉积物。它的物质成分包括构成土的骨架固体颗粒及填充在孔隙中的水和气体。一般情况下，土就是由固体颗粒、水和气体组成的三相体系。

(4)土中土粒的大小及其组成情况，通常以土中各个粒组的相对含量(各粒组质量占总质量的百分数)来表示，称为土粒的级配。

(5)土的三相比例指标有土的密度、土的重度、土粒比重、含水率、土的干密度、土的干重度、饱和重度、有效重度、孔隙比、孔隙率和饱和度等。这些指标有些相互之间可以换算。

(6)土由可塑状态转到流塑状态的界限含水率，称为液限，液限也可理解为土呈可塑状态时的上限含水率，用符号 ω_L 代表并用百分数表示。土由半固态转到可塑状态的界限含水率称为塑限，塑限也可理解为土呈可塑状态时的下限含水率，用符号 ω_P 代表并用百分数表示。土由固态转到半固态的界限含水率称为缩限，用符号 ω_S 代表并用百分数表示。

(7)液限与塑限的差值即为塑性指数，用符号 I_P 代表，即 $I_P = \omega_L - \omega_P$。塑性指数表示土处在可塑状态的含水率变化范围，其值的大小取决于颗粒吸附结合水的能力，即与土中黏粒含量有关。黏粒含量越多,土的比表面积越大,塑性指数越高。塑性指数是描绘黏性土物理状态的重要指标之一,工程上普遍根据其值的高低对黏性土进行分类。土的天然含水率和塑限的差值与塑性指数之比即为液性指数,用符号 I_L 表示,即 $I_L = \frac{\omega - \omega_P}{I_P}$;液性指数表征了土的天然含水率与分界含水率之间的相对关系。当 $I_L \leqslant 0$ 时,$\omega \leqslant \omega_P$,表示土处在坚硬状态;当 $I_L > 1$ 时,土处于流塑状态。土经扰动后,土粒间的胶结物质以及土粒、离子、水分子所组成的平衡体系受到破坏,即土的天然结构受到破坏,导致土的强度降低和压缩性增加。土的这种结构性对强度的影响称为土的灵敏度,用 S_t 来表示。

(8)《建筑地基基础设计规范》(GB 50007—2011)规定:作为建筑物地基岩土,可分为岩石、碎石土、砂土、粉土、黏性土和人工填土六类。岩石是指颗粒间牢固黏结,呈整体或具有节理裂隙岩体。碎石土是粒径大于2 mm 的颗粒含量超过全重50%的土。砂土是指粒径大于2 mm 的颗粒含量不超过全重50%、粒径大于0.075 mm 的颗粒超过全重50%的土。粉土是指介于砂土和黏土之间,塑性指数 $I_P \leqslant 10$ 且粒径大于0.075 mm 的颗粒含量不超过全重的50%的土。塑性指数 I_P 大于10的土称为黏性土,通常可分为黏土、粉质黏土。人工填土是指由人类活动而形成的堆积物。其构成的物质成分较杂乱,均匀性较差。人工填土根据其组成和成因,可分为素填土、压实填土、杂填土、冲填土。

思考题

一、名词解释

沉积土　坡积土　洪积土　冲积土　土粒的级配　粒径级配曲线　土的密度　土的重度　土粒比重　土的含水率　土的干密度　土的干重度　土的饱和重度　土的有效重度　土的孔隙比　土的孔隙率　土的饱和度　无黏性土　黏性土　无黏性土的密实度　岩石　碎石土　砂土　粉土　黏性土　人工填土

二、问答题

1. 土是怎样形成的?

2. 土体结构有几种?它与矿物成分及成因条件有何关系?

3. 土中三相比例的变化对土的性质有哪些影响?

4. 土的物理性质指标中哪些对砂土的物理性质影响较大?哪些对黏土物理性质影响较大?

5. 无黏性土的密实度如何判断?不同判别方法各有何优缺点?

6. 当两种土含水率相同时,其饱和度是否也相同?为什么?

7. 地基岩土分为几类?各类土划分的依据是什么?

8. 地基土(岩)分类的目的和依据是什么?

习　题

一、选择题

1. 土的三相比例指标包括土粒比重、含水率、密度、孔隙比、孔隙率和饱和度，其中(　　)为实测指标。

A. 含水率、孔隙比、饱和度　　B. 密度、含水率、孔隙比

C. 土粒比重、含水率、密度

2. 砂性土分类的主要依据是(　　)。

A. 颗粒粒径及其级配　　B. 孔隙比及其液性指数

C. 土的液限及塑限

3. 有下列三个土样，试判断哪一个是黏土？(　　)

A. 含水率 $\omega=35\%$，塑限 $\omega_P=22\%$，液性指数 $I_L=0.9$

B. 含水率 $\omega=35\%$，塑限 $\omega_P=22\%$，液性指数 $I_L=0.85$

C. 含水率 $\omega=35\%$，塑限 $\omega_P=22\%$，液性指数 $I_L=0.75$

4. 有一个非饱和土样，在荷载作用下饱和度由80%增加至95%。试问土的重度 γ 和含水率 ω 变化如何？(　　)

A. 重度 γ 增加，ω 减少　　B. 重度 γ 不变，ω 不变

C. 重度 γ 增加，ω 不变

5. 有三个土样，它们的重度相同，含水率相同，试判断下述三种情况哪种是正确的？(　　)

A. 三个土样的孔隙比也必相同　　B. 三个土样的饱和度也必相同

C. 三个土样的干重度也必相同

6. 有一个土样，孔隙率 $n=50\%$，土粒比重 $G_s=2.7$，含水率 $\omega=37\%$，则该土样处于(　　)。

A. 可塑状态　　B. 饱和状态

C. 不饱和状态

二、简答题

1. 何谓土粒粒组？土粒六大粒组划分标准是什么？

2. 土的物理性质指标有哪些？哪些指标是直接测定的？说明天然重度 γ、饱和重度 γ_{sat}、有效重度 γ' 和干重度 γ_d 之间的相互关系，并比较其数值大小。

3. 土粒的相对密度和土的相对密实度有何区别？如何按相对密实度判断砂土的密实程度？

4. 什么是土的塑性指数？其中水与土粒粗细有何关系？塑性指数大的土具有哪些特点？

5. 什么是土的液性指数？如何应用液性指数的大小评价土的工程性质？

三、计算题

1. 在某土层中，用体积为72 cm^3 的环刀取样，经测定土样的质量为125.8 g，烘干质

量为 118.5 g,土粒比重为 2.72。试求该土样的含水率、湿重度、浮重度、干重度各是多少?计算该土样在各种情况下的重度各是多少?

2. 饱和土的干重度为 16.5 kN/m^3,含水率为 19.6%。试求土粒比重、孔隙比和饱和度。

3. 某砂土土样的天然密度为 1.75 g/cm^3,天然含水率为 9.6%,土粒比重为 2.69,烘干后测定的孔隙比为 0.458,最大孔隙比为 0.945。试求天然孔隙比 e 和相对密实度 D_r,并评定该砂土的密实度。

4. 已知某土样的天然含水率为 40.8%,天然重度为 17.45 kN/m^3,土粒比重为 2.74,液限为 41.8%,塑限为 22.1%。试确定该土样的名称。

5. 某无黏性土样,标准贯入试验锤击数 $N = 21$,饱和度 $S_r = 83\%$,土样颗粒分析结果见表 7-28。试确定该土的状态和名称。

表 7-28 土样颗粒分析结果

粒径(mm)	2 ~ 0.5	0.5 ~ 0.25	0.25 ~ 0.075	0.075 ~ 0.05	0.05 ~ 0.01	<0.01
粒组含量(%)	5.8	18.1	26.5	23.8	15.3	10.5

6. 从 A、B 两地土层中各取黏性土样进行试验,恰好其液、塑限相同,即液限 $\omega_L = 45\%$,塑限 $\omega_P = 30\%$,但 A 地的天然含水率 $\omega = 45\%$,而 B 地的天然含水率 $\omega = 25\%$。试求:A、B 两地的地基土的液性指数,并通过判断土的状态,确定哪个地基土比较好。

项目八 土的力学性质

【情景提示】

1. 久远地质年代中自然形成的土层，其内部存在应力吗？如果没有外力影响，会发生沉降或坍塌吗？

2. 在原有低层建筑的旁边修建高层建筑，会对原有建筑物产生什么样的影响？

3. 意大利的比萨斜塔为什么会倾斜呢？

4. 土体作为散体材料有强度吗？它的强度来自哪里？不同的土强度一样吗？请将砂土和黏性土进行对比。

5. 为保证建筑物的安全，如何才能确定地基的承载能力呢？

【项目导读】

土的力学性质是指土体在荷载作用下的应力状态、沉降变形、强度及稳定等方面的特性，是土体重要的工程特性。学习和掌握土的力学性质，是建筑地基基础设计和施工的理论依据，是保证建筑物地基与基础安全和正常使用的基本前提。

【教学要求】

1. 掌握自重应力的概念以及其在土体中的分布规律。
2. 掌握基底压力和基底附加压力的概念及计算方法。
3. 掌握附加应力的概念以及在各种荷载形式下的计算方法。
4. 掌握土压缩性指标的概念，熟悉侧限压缩试验原理与方法。
5. 掌握沉降量计算原理与方法。
6. 掌握土抗剪强度的概念，熟悉抗剪强度指标的测定方法。
7. 掌握土极限平衡条件式的运用。
8. 掌握地基承载力的概念和确定方法。

建筑物上部荷载传到地基上后，使得地基土中原有的应力状态发生了变化，从而引起地基产生变形。如果地基中的应力超过地基土的极限承载能力，则可能引起地基丧失整体稳定性而破坏。由于建筑物荷载差异和地基土不均匀等，基础各部分的沉降往往是不均匀的，当不均匀沉降超过一定限度时，将导致建筑物的开裂、倾斜甚至破坏。即便是均匀沉降，如果沉降量太大，也会影响建筑物正常使用。因此，为了计算地基的变形，必须了解土的压缩性,利用压缩性指标计算基础的最终沉降量以及研究变形与时间的关系,将地基在上部荷载作用下的应力和变形控制在允许的范围内,以保证建筑物的安全。

土的力学性质是地基基础验算的重要依据。为了计算地基变形、验算地基承载力和进行土坡稳定性分析,以及地基的勘察、处理等,都需要掌握土的力学性质,包括土中应力的大小和分布规律、土的压缩性、土的抗剪强度以及土的极限平衡理论等问题。

任务一 概 述

一、土的应力与地基变形的概念

土中应力按其产生的原因不同,可分为自重应力和附加应力。由土的自重在地基内所产生的应力,叫作自重应力;由建筑物传来的荷载或其他荷载(如地面堆放的材料、停放的车辆)在地基内产生的应力,称为附加应力。在附加应力作用下,地基土将产生压缩变形,引起基础沉降,甚至是不均匀沉降。因此,在地基基础设计时,对地基的变形必须加以控制。

土是由土粒、水和气所组成的非连续介质。土的应力—应变关系与土的种类、密实度、应力历史、受力条件等有密切关系,具有非线性和非弹性特征。同时,土的变形都有一个由开始到稳定的过程,即要经历一定的时间。为了简化计算,假定地基为均质的弹性体和变形半空间体,即地基的应力与应变呈线性关系,地基土在深度和水平方向的尺寸为无限大,并根据弹性力学公式求解地基土中的附加压力,然后利用某些简化和假设来解决地基的沉降计算问题。

二、饱和土的有效应力原理

根据太沙基有效应力原理,饱和土中的总应力 σ 等于有效应力 σ' 与孔隙水压力 u 之和,其表达式为

$$\sigma = \sigma' + u \tag{8-1}$$

式中 σ ——总应力;

σ' ——通过土粒承受和传递的粒间应力,又称为有效应力;

u ——孔隙水压力。

土体孔隙中的水压力有静水压力和超静孔隙水压力之分。前者是由水的自重引起的,其大小取决于水位的高低;后者一般是由附加应力引起的,在土体固结过程中会不断向有效应力转化。超静孔隙水压力通常简称为孔隙水压力。

在饱和土中,无论是土的自重应力还是附加应力,均应满足式(8-1)的要求。对自重应力而言,σ 为水与土颗粒的总自重应力,u 为静水压力,σ' 为土的有效自重应力。对附加应力而言,σ 为附加应力,u 为超静孔隙水压力,σ' 为有效应力增量。凡涉及土的体积变形或强度变化的应力均是有效应力 σ',而不是总应力 σ。

任务二　土的自重应力

一、土的自重应力计算原理

在计算土中自重应力时，假设地面以下土质均匀，天然重度为 γ（kN/m^3），若求地面以下深度 z（m）处的竖向自重应力，可取横截面面积为 1 m^{2}的土柱计算（见图 8-1），土柱的自重即为 z 处土的自重应力（kPa），即

$$\sigma_{cz} = \gamma z \tag{8-2}$$

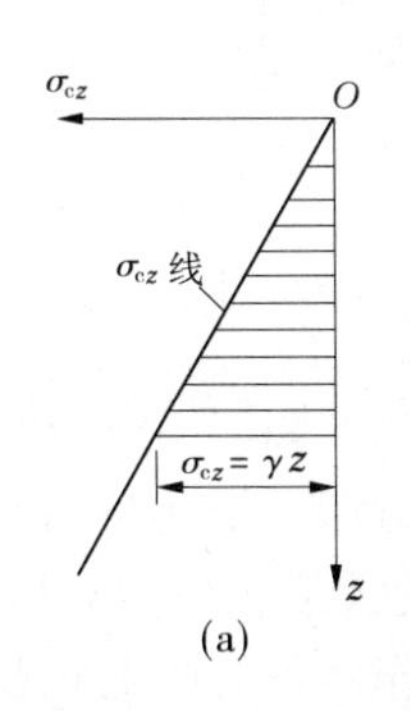

(a)

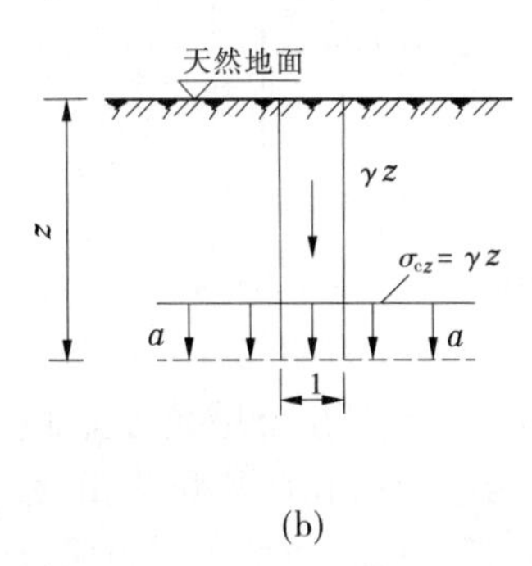

(b)

图 8-1　土中的竖向自重应力

由式(8-2)可知，匀质土的竖向自重应力随深度呈线性增加，应力分布图在竖向为三角形分布；在同一深度处的同一水平面的自重应力则呈均匀分布，如图 8-1(b)所示。

根据弹性力学原理可知，地基中除在水平面上存在竖向自重应力外，在竖直平面上还存在着与自重应力 σ_{cz} 成正比的水平方向应力 σ_{cx} 与 σ_{cy}，即

$$\sigma_{cx} = \sigma_{cy} = K_0\sigma_{cz} = K_0\gamma z \tag{8-3}$$

$$\tau_{xy} = \tau_{yz} = \tau_{zx} = 0 \tag{8-4}$$

式中　K_0 ——土的静止侧压力系数，其值可通过试验测得。

通常地基土是由不同重度的土层所构成的，如图 8-2 所示，因此计算成层土在 z 深度处的自重应力 σ_{cz} 时，应分层计算而后叠加，即

$$\sigma_{cz} = \gamma_1 h_1 + \gamma_2 h_2 + \cdots + \gamma_n h_n = \sum_{i=1}^{n} \gamma_i h_i \tag{8-5}$$

式中　σ_{cz} ——天然地面下任一深度 z 处的竖向自重应力，kPa；

n ——深度 z 范围内土层总数；

h_i ——第 i 层土的厚度，m；

γ_i ——第 i 层土的天然重度，地下水位以下的土层取浮重度 γ_i'，kN/m^3。

上面讨论的土中自重应力是指土颗粒之间接触传递的应力，也称有效自重应力，因此地下水位以下的自重应力应减去土层所受的浮力。但在地下水位以下，如埋藏有不透水层（如岩石或坚硬的黏土层），由于不透水层中不存在水的浮力，所以其层面及层面以下的自重应力应按其上覆盖土层的水土总重计算，即除计算土的有效自重应力外，还应计入

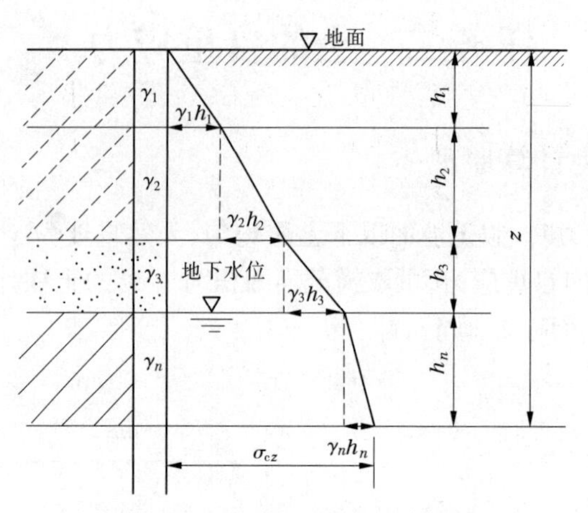

图 8-2 成层中的自重应力

水位面至不透水层顶面深度范围内的水压力。

从自重应力分布曲线的变化规律可知:自重应力随深度的增加而增加;土的自重应力分布曲线是一条折线,拐点在土层交界处和地下水位处;同一层土的自重应力按直线变化。通常,自重应力不会引起地基变形,因为自然界中的天然土层一般形成年代久远,早已固结稳定。但对近期沉积或堆积的土层,在自重应力作用下会产生变形。

【例 8-1】 试计算图 8-3 中各土层界面处及地下水位面处土的自重应力,并绘出分布图。

解:粉土层底处　　$\sigma_{c1} = \gamma_1 h_1 = 18 \times 3 = 54(\text{kPa})$

地下水位面处　　$\sigma_{c2} = \sigma_{c1} + \gamma_2 h_2 = 54 + 18.4 \times 2 = 90.8(\text{kPa})$

黏土层底处　　$\sigma_{c3} = \sigma_{c2} + \gamma_2' h_3 = 90.8 + (19 - 10) \times 3 = 117.8(\text{kPa})$

基岩层面处　　$\sigma_{c} = \sigma_{c3} + \gamma_w h_w = 117.8 + 10 \times 3 = 147.8(\text{kPa})$

土中应力分布如图 8-3 所示。

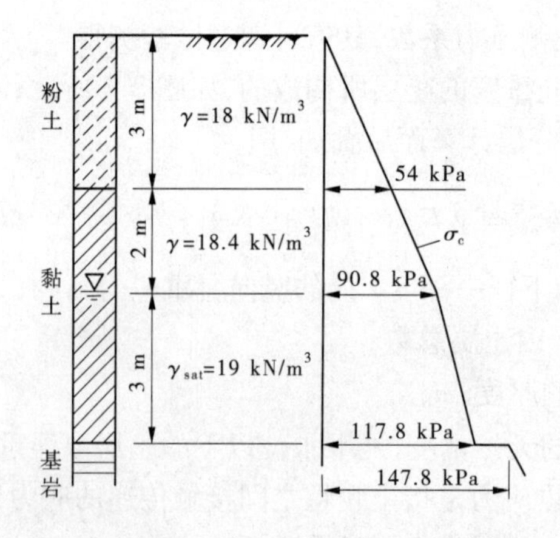

图 8-3 例 8-1 图

二、地下水位升降对土中自重应力的影响

地下水位的升降会引起土中应力的变化。随着我国城市化进程的不断加快，过度开采地下水以及工程建设基坑开挖时的降水，导致城市地下水位逐年下降，新增的自重应力造成许多城市地表大面积下沉或塌陷，其上的建筑物会产生附加沉降。当地下水位上升时，土中自重应力减小，地基承载力降低，还会导致湿陷性黄土地基土湿陷、膨胀土地基膨胀以及一些地下水结构（如水池）可能因水位上升而上浮等；在人工抬高蓄水位的地区，会导致滑坡现象增多；在基础工程完工之前，如停止基坑降水工作而使地下水位回升，则可能导致基坑边坡坍塌，或使得新浇筑尚未充分发挥强度的基础底板混凝土断裂等，见图8-4。

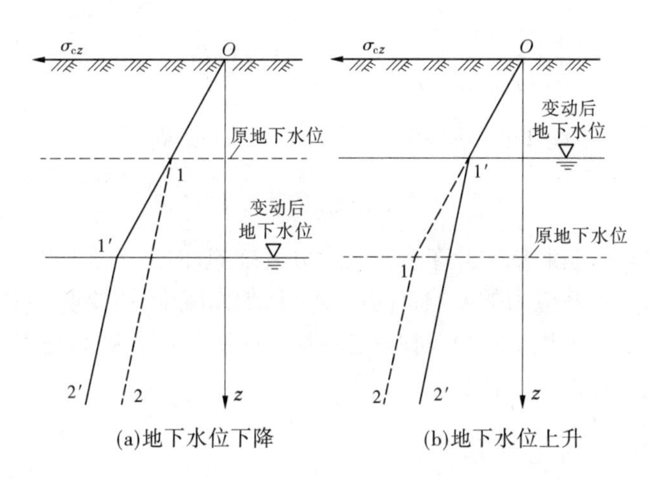

图8-4　地下水位升降对土中自重应力的影响

任务三　基底压力

一、基底压力分布

建筑物上部荷载通过基础传至地基，在基础底面与地基之间便产生了接触应力。它是基础作用于地基表面的基底压力，又是地基反作用于基础底面的基底反力。因此，在计算地基中的附加应力以及确定基础底面尺寸时，都必须了解基底压力的大小和分布情况。

影响基底压力分布的因素有很多，除与基础的刚度、平面形状、尺寸和基础的埋深等有关外，还与作用于基础的荷载大小及分布、土的性质等多种因素有关。刚性基础本身刚度远大于土的刚度，因此中心受压的刚性基础置于硬黏性土层上时，由于硬黏性土不易发生土颗粒侧向挤出，基底压力为马鞍形分布，如图8-5(a)所示。如将刚性基础置于砂土表面上，由于基础边缘的砂粒容易朝侧向挤出，基底压力呈抛物线分布，如图8-5(b)所示。如果将作用于刚性基础的荷载加大，当地基接近破坏时，应力图形又变为钟形，如图8-5(c)所示。柔性基础的刚度很小，在荷载的作用下，地基与基础的变形协调一致，其

基底压力与上部荷载的分布相同。如均匀受压,基底压力均匀分布,如图 8-6 所示。

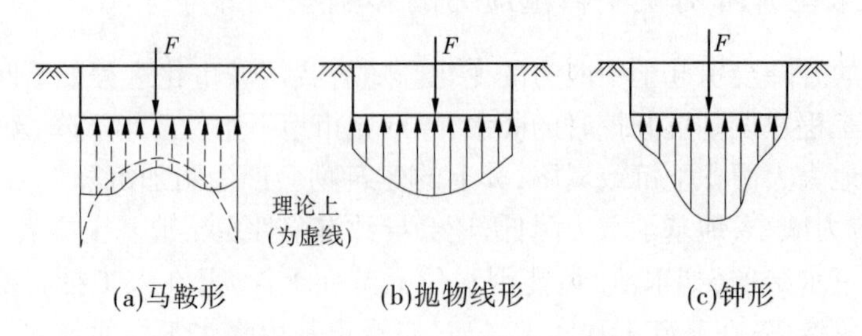

图 8-5 刚性基础下的基底压力分布

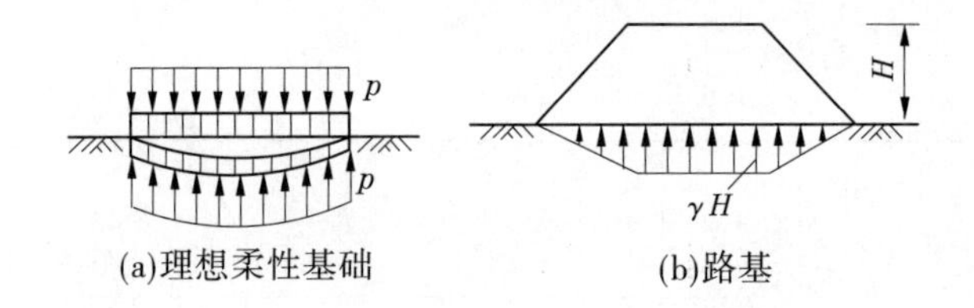

图 8-6 柔性基础下的基底压力分布

从以上分析可见,基底压力分布形式是十分复杂的,但由于基底压力都是作用于地表附近,其分布形式对地基应力的影响将随深度的增加而减少,主要取决于荷载合力的大小和位置。因此,在目前工程实践中,对一般基础均采用简化方法,假定基底压力呈直线分布,按材料力学受压杆件公式计算。

二、基底压力的简化计算

(一)轴心荷载作用下的基地压力

矩形基础在轴心荷载作用下,基底压力假设为均匀分布,如图 8-6 所示。其平均压力值按下式计算

$$p = \frac{F + G}{A} \tag{8-6}$$

式中 p ——基地平均压力,kPa;

F ——上部结构传至基础顶面的竖向力,kN;

G ——基础自重和基础上的土重,kN, $G = \gamma_G A d$,其中 γ_G 为基础及基础上填土的平均重度,一般取 20 kN/m^3 ,但地下水位以下部分应取有效重度,d 为基础的埋深,m,当室内外高差较大时,取平均值;

A ——基础底面面积,m^2,如为条形基础,且荷载沿长度方向均匀分布,则沿长度方向取 1 m 计算(此时式中 F、G 为每延米的相应值,A 取基础宽度)。

(二)偏心荷载作用下的基底压力

偏心荷载分为单向偏心和双向偏心,常见的为单向偏心,即偏心力作用在矩形基底的一个对称轴上,设计时通常将基底长边方向取与偏心一致,此时基底边缘压力 p_{max} 、p_{min} 的计算公式为

$$p_{\min}^{\max} = \frac{F+G}{A} \pm \frac{M}{W} \tag{8-7}$$

式中　M——作用在基础底面的弯矩，kN·m；

W——基础底面的抵抗矩，m^3。

偏心荷载的偏心距 $e = \dfrac{M}{F+G}$，基础底面的抵抗矩 $W = \dfrac{bl^2}{6}$，将 e、W 带入式(8-7)得

$$p_{\min}^{\max} = \frac{F+G}{lb}\left(1 \pm \frac{6e}{l}\right) \tag{8-8}$$

式中　$p_{\max}$、$p_{\min}$——基底边缘的最大压力和最小压力，kPa；

e——偏心距，m；

l——矩形基础底面长度，m；

b——矩形基础底面宽度，m。

由式(8-8)及图 8-7 可知：

(1)当 $e < l/6$ 时，$p_{\min} > 0$，基底压力呈梯形分布，见图 8-7(a)。

(2)当 $e = l/6$ 时，$p_{\min} = 0$，基底压力呈三角形分布，见图 8-7(b)。

(3)当 $e > l/6$ 时，$p_{\min} < 0$，见图 8-7(c)。

由于基底与地基之间不能承受拉力，此时基底与地基之间局部脱开，而使基底压力重新分布，根据静力平衡条件，偏心力 $F+G$ 应与三角形反力分布图的形心重合并与其合力相等，由此可得基础边缘的最大压力 $p_{\max}$ 为

$$p_{\max} = \frac{2(F+G)}{3ab} \tag{8-9}$$

式中　a——单向偏心荷载作用点至基底最大压力边缘的距离，$a = l/2 - e$。

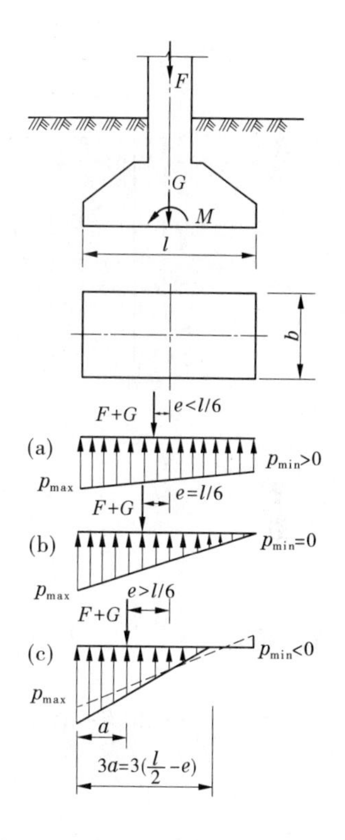

图 8-7　偏心荷载作用下的基底压力

(三)基底附加压力

建筑物修建前地基土的自重应力早已存在，并且一般地基在自重作用下的变形已经完成，只有建筑物荷载引起的地基应力，才能导致地基产生新的变形。建筑物基础通常都有一定的埋深，建筑物修建时进行的基坑开挖，减小了地基原有的自重应力，相当于加了一个负荷载。因此，在计算地基附加应力时，应该在基底压力中扣除基底处原有的自重应力，剩余的部分称为基底附加压力。显然，在基底压力相同时，基础埋深越大，其附加压力越小，越有利于减小地基的沉降，根据该原理可以进行地基基础的补偿性设计。

基底附加压力 p_0 按下式计算

$$p_0 = p - \sigma_{cz} = p - \gamma_m d \tag{8-10}$$

式中　p——基底压力，kPa；

σ_{cz} ——基底处土的自重应力,kPa;

γ_m ——基底标高以上土的加权平均重度,$\gamma_m = (\gamma_1 h_1 + \gamma_2 h_2 + \cdots + \gamma_n h_n)/(h_1 + h_2 + \cdots + h_h)$,地下水位以下取有效(浮)重度;

d——基础埋深,一般从设计地面或室内外平均设计地面算起,m。

【例 8-2】 一墙下条形基础宽 1.2 m,埋深 1.4 m,承重墙传来的竖向荷载为 180 kN/m。试求基底压力 p。

解: $p = \dfrac{F}{b} + 20d = \dfrac{180}{1.2} + 20 \times 1.4 = 178(\text{kPa})$

【例 8-3】 如图 8-8 所示,柱下单独基础底面尺寸为 3 m×2.4 m,柱传给基础的竖向力 $F = 1\ 200$ kN,弯矩 $M = 210$ kN·m。试计算 p、p_{max}、p_{min}、p_0,并画出基底压力的分布图。

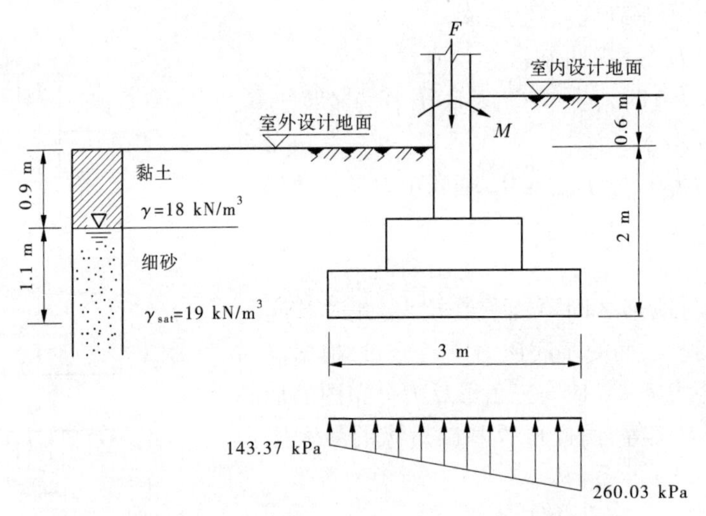

图 8-8 例 8-3 图

解: $d = 2 + \dfrac{0.6}{2} = 2.3(\text{m})$

$$p = \frac{F}{A} + 20d - 10h_w = \frac{1\ 200}{3 \times 2.4} + 20 \times 2.3 - 10 \times 1.1 = 201.7(\text{kPa})$$

$$p_{max} = p + \frac{6M}{bl^2} = 201.7 + \frac{6 \times 210}{2.4 \times 3^2} = 260.03(\text{kPa})$$

$$p_{min} = p - \frac{6M}{bl^2} = 201.7 - \frac{6 \times 210}{2.4 \times 3^2} = 143.37(\text{kPa})$$

$$p_{0\max} = p_{max} - \sigma_{cz} = p_{max} - \gamma_m d = 260.03 - [18 \times 0.9 + (19 - 10) \times 1.1] = 233.93(\text{kPa})$$

$$p_{0\min} = p_{min} - \sigma_{cz} = p_{min} - \gamma_m d = 143.37 - [18 \times 0.9 + (19 - 10) \times 1.1] = 117.27(\text{kPa})$$

基底压力分布图如图 8-8 所示。

任务四　地基附加应力

建筑物在上部荷载作用下,地基中必然产生应力和变形。通常把由建筑物荷载或其他原因在土体中引起的应力,称为地基附加应力。计算地基附加应力时,通常假定地基土是均质的线性变形半空间(弹性半空间)。将基底附加压力或其他荷载作为作用在弹性半空间表面的局部荷载,应用弹性力学公式便可求出地基中的附加应力。

一、竖向集中荷载作用下的地基附加应力

在弹性半空间表面上作用一个竖向集中力时,半空间任一点处所引起的应力和位移,可由法国J·布辛奈斯克的弹性力学解答作出。如图8-9所示,在半空间处的六个应力分量和三个位移分量中,对工程计算意义最大的是竖向正应力 σ_z ,表达式如下

$$\sigma_z = \frac{3Pz^3}{2\pi R^5} = \frac{3P}{2\pi R^2}\cos^3\theta = \alpha\frac{P}{z^2} \tag{8-11}$$

式中　σ_z ——地基中 M 点处的竖向附加应力,kPa;

P ——作用于坐标原点 O 的竖向集中力;

θ ——R 线与 Z 坐标轴间的夹角;

R——计算点(M 点)至集中力作用点(坐标原点)的距离,其取值为 $R = \sqrt{x^2+y^2+z^2} = \sqrt{r^2+z^2} = z/\cos\theta$

r ——M 点与集中力作用点的水平距离;

α ——集中力作用下地基竖向附加应力系数,$\alpha = \dfrac{3}{2\pi\left[1+\left(\dfrac{r}{z}\right)^2\right]^{5/2}}$,见表8-1。

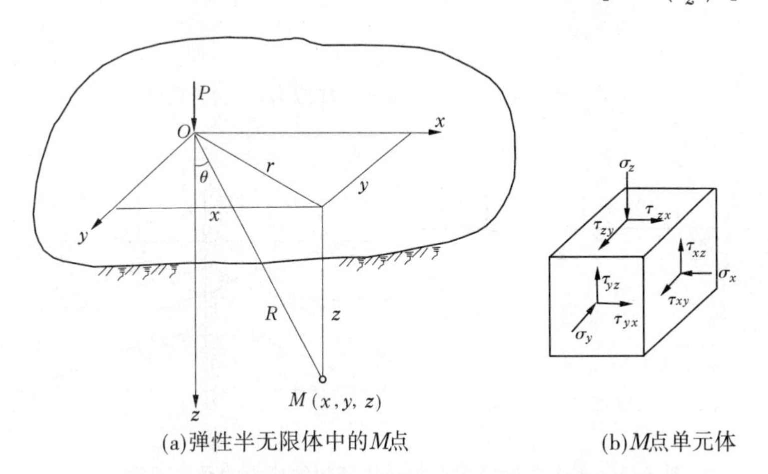

(a)弹性半无限体中的M点　(b)M点单元体

图8-9　弹性半无限体在竖向集中力作用下的附加应力

由式(8-11)计算所得的附加应力 σ_z 的分布规律,体现了附加应力的扩散性质,如图8-10所示。在相邻多个集中力作用下,各个集中力都向土中产生应力扩散,结果将使地基中的 σ_z 增大,这种现象称为附加应力叠加现象,如图8-11所示。在工程中,由于附加应

力的扩散与积聚作用，邻近基础将互相影响，引起附加沉降，这在软土地基中尤为明显，新建筑物可能使旧建筑物发生倾斜或产生裂缝。

表 8-1　集中荷载作用下地基竖向附加应力系数 α

r/z	α	r/z	α	r/z	α	r/z	α	r/z	α
0	0.477 5	0.50	0.273 3	1.00	0.084 4	1.50	0.025 1	2.00	0.008 5
0.05	0.474 5	0.55	0.246 6	1.05	0.074 4	1.55	0.022 4	2.20	0.005 8
0.10	0.465 7	0.60	0.221 4	1.10	0.065 8	1.60	0.020 0	2.40	0.004 0
0.15	0.451 6	0.65	0.197 8	1.15	0.058 1	1.65	0.017 9	2.60	0.002 9
0.20	0.432 9	0.70	0.176 2	1.20	0.051 3	1.70	0.016 0	2.80	0.002 1
0.25	0.410 3	0.75	0.156 5	1.25	0.045 4	1.75	0.014 4	3.00	0.001 5
0.30	0.384 9	0.80	0.138 6	1.30	0.040 2	1.80	0.012 9	3.50	0.000 7
0.35	0.357 7	0.85	0.122 6	1.35	0.035 7	1.85	0.011 6	4.00	0.000 4
0.40	0.329 4	0.90	0.108 3	1.40	0.031 7	1.90	0.010 5	4.50	0.000 2
0.45	0.301 1	0.95	0.095 6	1.45	0.028 2	1.95	0.009 5	5.00	0.000 1

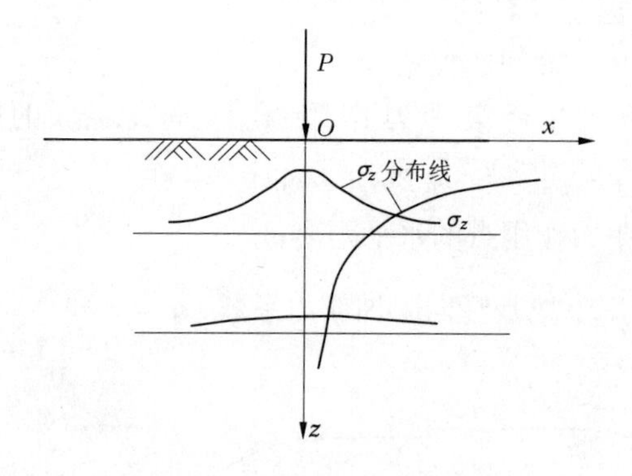

图 8-10　竖向集中荷载作用下附加应力 σ_z 的分布图

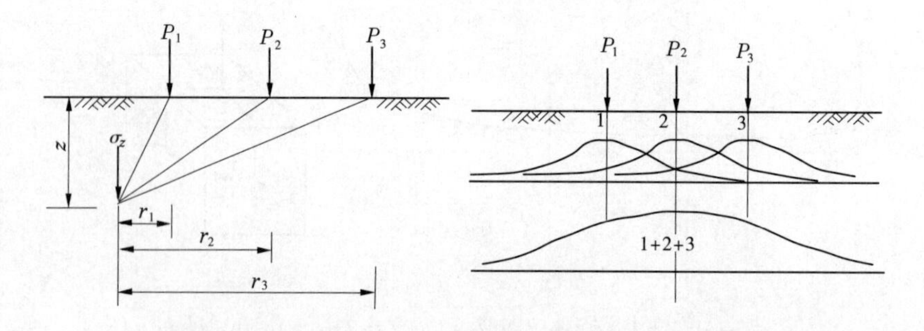

图 8-11　多个竖向集中荷载作用下附加应力的叠加现象

二、竖向矩形荷载下的地基附加应力

(一)均布的矩形荷载

轴心受压基础的基底附加压力即属于均布矩形荷载,如图8-12所示。求解时一般先以积分法求得矩形荷载截面角点下的附加应力,然后运用角点法求得矩形荷载任一点的地基附加应力。矩形截面的长边和短边尺寸分别为 l 和 b ,竖向均布荷载 p_0 。从荷载面内取一微面积 $dxdy$,并将其上的均布荷载用集中力 p_0dxdy 来代替,则由集中力所产生的角点 O 下任一深度处 M 点的竖向应力 $d\sigma_z$ 可由下式求得

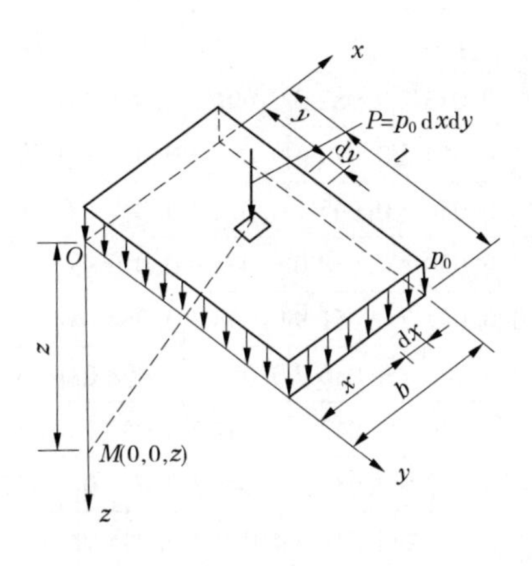

图8-12　竖向均布矩形荷载角点下的 σ_z

$$d\sigma_z = \frac{3}{2\pi}\frac{p_0z^3}{(x^2+y^2+z^2)^{5/2}}dxdy \tag{8-12}$$

对整个面积积分得

$$\sigma_z = \iint_A d\sigma_z = \frac{3p_0z^3}{2\pi}\int_0^l\int_0^b\frac{1}{(x^2+y^2+z^2)^{5/2}}dxdy$$

最后得

$$\sigma_z = \alpha p_0 \tag{8-13}$$

式中　α——竖向均布矩形荷载角点下的竖向附加应力系数,按表8-2查用。

表8-2　竖向均布矩形荷载角点下的竖向附加应力系数 α

z/b	l/b											
	1.0	1.2	1.4	1.6	1.8	2.0	3.0	4.0	5.0	6.0	10.0	条形
0	0.250 0	0.250 0	0.250 0	0.250 0	0.250 0	0.250 0	0.250 0	0.250 0	0.250 0	0.250 0	0.250 0	0.250 0
0.2	0.248 6	0.248 9	0.249 0	0.249 1	0.249 1	0.249 1	0.249 2	0.249 2	0.249 2	0.249 2	0.249 2	0.249 2
0.4	0.240 1	0.242 0	0.242 9	0.243 4	0.243 9	0.244 2	0.244 3	0.244 3	0.244 3	0.244 3	0.244 3	0.244 3
0.6	0.222 9	0.227 5	0.230 0	0.231 5	0.232 4	0.232 9	0.233 9	0.234 1	0.234 2	0.234 2	0.234 2	0.234 2
0.8	0.199 9	0.207 5	0.212 0	0.214 7	0.216 5	0.217 6	0.219 6	0.220 2	0.220 2	0.220 2	0.220 2	0.220 3
1.0	0.175 2	0.181 5	0.191 1	0.195 5	0.198 1	0.199 9	0.203 4	0.204 2	0.204 4	0.204 5	0.204 6	0.204 6
1.2	0.151 6	0.162 6	0.170 5	0.175 8	0.179 3	0.181 8	0.187 0	0.188 2	0.188 5	0.188 7	0.188 8	0.188 9
1.4	0.130 8	0.142 3	0.150 8	0.156 9	0.161 3	0.164 4	0.171 2	0.173 0	0.173 5	0.173 8	0.174 0	0.174 0
1.6	0.112 3	0.124 1	0.132 9	0.139 6	0.144 5	0.148 2	0.156 7	0.159 0	0.159 8	0.160 1	0.160 4	0.160 5
1.8	0.096 9	0.108 3	0.117 2	0.124 1	0.129 4	0.133 4	0.143 4	0.146 3	0.147 4	0.147 8	0.148 2	0.148 3
2.0	0.084 0	0.094 7	0.103 4	0.110 3	0.115 8	0.120 2	0.131 4	0.135 0	0.136 3	0.136 8	0.137 4	0.137 5

续表 8-2

z/b	l/b											
	1.0	1.2	1.4	1.6	1.8	2.0	3.0	4.0	5.0	6.0	10.0	条形
2.2	0.073 2	0.082 3	0.091 7	0.098 4	0.103 9	0.108 4	0.120 5	0.124 8	0.126 4	0.127 1	0.127 7	0.127 9
2.4	0.064 2	0.073 4	0.081 3	0.087 9	0.093 4	0.097 9	0.110 8	0.115 6	0.117 5	0.118 4	0.119 2	0.119 4
2.6	0.056 6	0.065 1	0.072 5	0.078 8	0.084 2	0.088 7	0.102 0	0.107 3	0.109 5	0.110 6	0.111 6	0.111 8
2.8	0.050 2	0.058 0	0.064 9	0.070 9	0.076 1	0.080 5	0.094 2	0.099 9	0.102 4	0.103 6	0.104 8	0.105 0
3.0	0.047 7	0.051 9	0.058 3	0.064 0	0.069 0	0.073 2	0.087 0	0.093 1	0.095 9	0.097 3	0.098 7	0.099 0
3.2	0.040 1	0.046 7	0.052 6	0.058 0	0.062 7	0.066 8	0.080 6	0.087 0	0.090 0	0.091 6	0.093 3	0.093 5
3.4	0.036 1	0.042 1	0.047 7	0.052 7	0.057 1	0.061 1	0.074 7	0.081 4	0.084 7	0.086 4	0.088 2	0.088 6
3.6	0.032 6	0.038 2	0.043 3	0.048 0	0.052 3	0.056 1	0.069 4	0.076 3	0.079 9	0.081 6	0.083 7	0.084 2
3.8	0.029 6	0.034 8	0.039 5	0.043 9	0.047 9	0.051 6	0.064 6	0.071 7	0.075 3	0.077 3	0.079 6	0.080 2
4.0	0.027 0	0.031 8	0.036 2	0.040 8	0.044 1	0.047 4	0.060 3	0.067 4	0.071 2	0.073 3	0.075 8	0.076 5
4.2	0.024 7	0.029 1	0.033 3	0.037 1	0.040 7	0.043 9	0.056 3	0.063 4	0.067 4	0.069 6	0.072 4	0.073 1
4.4	0.022 7	0.026 8	0.030 6	0.034 3	0.037 6	0.040 7	0.052 7	0.057 9	0.063 9	0.066 2	0.069 2	0.070 0
4.6	0.020 9	0.024 7	0.028 3	0.031 7	0.034 8	0.037 8	0.049 3	0.056 4	0.060 6	0.063 0	0.066 3	0.067 1
4.8	0.019 3	0.022 9	0.026 2	0.029 4	0.032 4	0.035 2	0.046 3	0.053 3	0.057 6	0.060 1	0.063 5	0.064 5
5.0	0.017 9	0.021 2	0.024 3	0.027 4	0.030 2	0.032 8	0.043 5	0.050 4	0.057 4	0.057 3	0.061 0	0.062 0
6.0	0.012 7	0.015 1	0.017 4	0.019 6	0.021 8	0.023 8	0.032 5	0.038 8	0.043 1	0.046 0	0.050 6	0.052 1
7.0	0.009 4	0.011 2	0.013 0	0.014 7	0.016 4	0.018 0	0.025 1	0.030 6	0.034 6	0.037 6	0.042 8	0.044 9
8.0	0.007 3	0.008 7	0.010 1	0.011 4	0.012 7	0.014 0	0.019 8	0.024 6	0.028 3	0.031 1	0.036 7	0.039 4
9.0	0.005 8	0.006 9	0.008 0	0.009 1	0.010 2	0.011 2	0.016 1	0.020 2	0.023 5	0.026 2	0.031 9	0.035 1
10.0	0.004 7	0.005 6	0.006 5	0.007 4	0.008 3	0.009 2	0.013 2	0.016 8	0.019 8	0.022 2	0.028 0	0.031 6
12.0	0.003 3	0.003 9	0.004 6	0.005 2	0.005 8	0.006 4	0.009 4	0.012 1	0.014 5	0.016 5	0.021 9	0.026 4
14.0	0.002 4	0.002 9	0.003 4	0.003 8	0.004 3	0.004 8	0.007 0	0.009 1	0.011 0	0.012 7	0.017 5	0.022 7
16.0	0.001 9	0.002 2	0.002 6	0.002 9	0.003 3	0.003 7	0.005 4	0.007 1	0.008 6	0.010 0	0.014 3	0.019 8
18.0	0.001 5	0.001 8	0.002 0	0.002 3	0.002 5	0.002 9	0.004 3	0.005 6	0.006 9	0.008 1	0.011 8	0.017 6
20.0	0.001 2	0.001 4	0.001 7	0.001 9	0.002 1	0.002 4	0.003 5	0.004 6	0.005 7	0.006 7	0.009 9	0.015 9

实际计算中,常会遇到计算点不在矩形荷载角点之下的情况,这时可以通过作辅助线把荷载分成若干个矩形面积,而计算点则必须正好位于这些矩形面积的角点之下,这样就可以用附加应力的叠加原理来求解,这种方法称为角点法。

用图 8-13 所示的四种情况说明角点法的具体应用。

(1)O 点在荷载面边缘,见图 8-13(a)。

过 O 点作辅助线,将荷载面分成Ⅰ、Ⅱ两块,由叠加原理可得

$$\sigma_z = (\alpha_{c\mathrm{I}} + \alpha_{c\mathrm{II}})p_0 \tag{8-14}$$

式中,$\alpha_{c\mathrm{I}}$、$\alpha_{c\mathrm{II}}$ 是分别按两块小矩形($l_{\mathrm{I}}/b_{\mathrm{I}}$、$z/b_{\mathrm{I}}$)、($l_{\mathrm{II}}/b_{\mathrm{II}}$、$z/b_{\mathrm{II}}$)查得的附加应力系

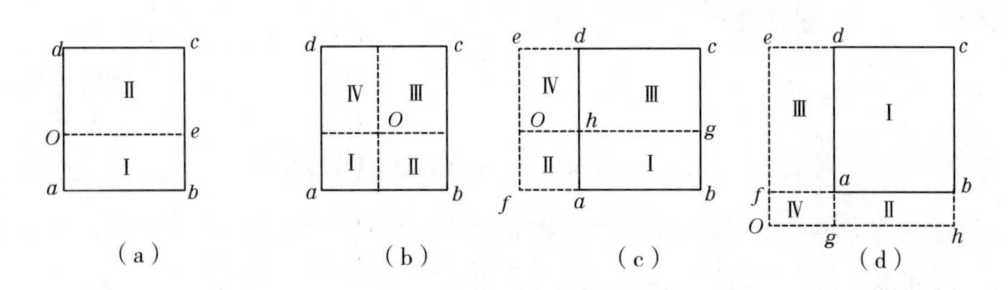

图 8-13　用角点法计算 σ_z

数。

(2) O 点在荷载面内，见图 8-13(b)。

作两条辅助线将荷载分成Ⅰ、Ⅱ、Ⅲ、Ⅳ共四块面积，于是

$$\sigma_z = (\alpha_{c\mathrm{I}} + \alpha_{c\mathrm{II}} + \alpha_{c\mathrm{III}} + \alpha_{c\mathrm{IV}})p_0 \tag{8-15}$$

(3) O 点在荷载面边缘外侧，见图 8-13(c)。

$$\sigma_z = (\alpha_{c\mathrm{I}} - \alpha_{c\mathrm{II}} + \alpha_{c\mathrm{III}} - \alpha_{c\mathrm{IV}})p_0 \tag{8-16}$$

(4) O 点在荷载面角点外侧，见图 8-13(d)。

$$\sigma_z = (\alpha_{c\mathrm{I}} - \alpha_{c\mathrm{II}} - \alpha_{c\mathrm{III}} + \alpha_{c\mathrm{IV}})p_0 \tag{8-17}$$

【例 8-4】　考虑相邻基础的影响，试计算图 8-14 所示的甲、乙两个基础基底中心点下不同深度处的地基附加应力值，绘出分布图。基础埋深范围内天然土层的重度 $\gamma_m = 18$ kN/m^3。

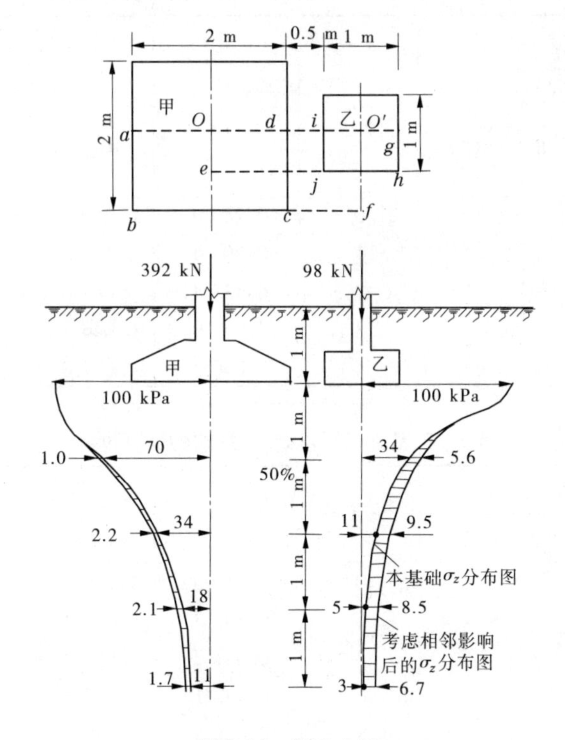

图 8-14　例 8-4 图

解：(1) 两基础的基底附加应力：

甲基础 $p_0 = p - \sigma_{cz} = \dfrac{F}{A} + 20d - \gamma_m d = \dfrac{392}{2 \times 2} + 20 \times 1 - 18 \times 1 = 100(\text{kPa})$

乙基础 $p_0 = \dfrac{98}{1 \times 1} + 20 \times 1 - 18 \times 1 = 100(\text{kPa})$

(2) 计算两基础中心点下由本基础荷载引起的 σ_z 时，过基底中心点将基底分成相等的两块，采用角点法进行计算，计算过程列于表 8-3。

表 8-3　两基础中心点下由本基础荷载引起的 σ_z

z (m)	甲基础				乙基础			
	l/b	z/b	α_{c1}	$\sigma_z = 4\alpha_{c1}p_0$ (kPa)	l/b	z/b	α_{c1}	$\sigma_z = 4\alpha_{c1}p_0$ (kPa)
0	$\frac{1}{1}=1$	0	0.250 0	100	$\frac{0.5}{0.5}=1$	0	0.250 0	100
1		1	0.175 2	70		2	0.084 0	34
2		2	0.084 0	34		4	0.027 0	11
3		3	0.044 7	18		6	0.012 7	5
4		4	0.027 0	11		8	0.007 3	3

(3) 计算本基础中心点下由相邻基础荷载引起的 σ_z 时，可按计算点在荷载面边缘外侧的情况以角点法计算，计算过程见表 8-4 和表 8-5。

表 8-4　甲基础对乙基础 σ_z 影响的计算过程

z (m)	l/b		z/b	α_c		$\sigma_z = 2(\alpha_{c\,\text{I}} - \alpha_{c\,\text{II}})p_0$ (kPa)
	Ⅰ ($abfO'$)	Ⅱ ($dcfO'$)		$\alpha_{c\,\text{I}}$	$\alpha_{c\,\text{II}}$	
0	$\frac{3}{1}=3$	$\frac{1}{1}=1$	0	0.250 0	0.250 0	0
1			1	0.203 4	0.175 2	5.6
2			2	0.131 4	0.084 0	9.5
3			3	0.087 0	0.044 7	8.5
4			4	0.060 3	0.027 0	6.7

表 8-5　乙基础对甲基础 σ_z 影响的计算过程

z (m)	l/b		z/b	α_c		$\sigma_z = 2(\alpha_{c\,\text{I}} - \alpha_{c\,\text{II}})p_0$ (kPa)
	Ⅰ ($gheO$)	Ⅱ ($jeOi$)		$\alpha_{c\,\text{I}}$	$\alpha_{c\,\text{II}}$	
0	$\frac{2.5}{0.5}=5$	$\frac{1.5}{0.5}=3$	0	0.250 0	0.250 0	0
1			2	0.136 3	0.131 4	1.0
2			4	0.071 2	0.060 3	2.2
3			6	0.043 1	0.032 5	2.1
4			8	0.028 3	0.019 8	1.7

(4) σ_z 的分布图见图 8-14，图中阴影部分表示相邻基础对本基础中心点下 σ_z 的影响。

比较图 8-14 中两基础下 σ_z 的分布图可知，基础底面尺寸大的基础下的附加应力比尺寸小的收敛得慢，影响深度大，对相邻基础的影响也较大。可以预见，在基底附加应力相等的条件下，基础尺寸越大的基础沉降也越大，这一点在基础设计时必须引起注意。

(二)三角形分布的矩形荷载

设竖向荷载沿矩形截面一边 b 方向上呈三角形分布(沿另一边 l 的荷载不变)，荷载的最大值 p_0，设荷载零值边的角点 1 为坐标原点，如图 8-15 所示，将荷载面内某点 (x,y) 处所取微面积 $\mathrm{d}x\mathrm{d}y$ 上的分布荷载以集中力 $\frac{x}{b}p_0\mathrm{d}x\mathrm{d}y$ 代替。运用式(8-11)以积分法可求得角点 1 下任一深度 z 处 M 点竖向附加应力 σ_z 为

$$\sigma_z = \iint_A \mathrm{d}\sigma_z = \iint_A \frac{3}{2\pi}\frac{p_0xz^3}{(x^2+y^2+z^2)^{5/2}}\mathrm{d}x\mathrm{d}y$$

积分后得

$$\sigma_z = \alpha_t p_0 \tag{8-18}$$

式中　α_t ——竖向三角形分布矩形荷载作用下零角点下的竖向附加应力系数，按表 8-6 查取。

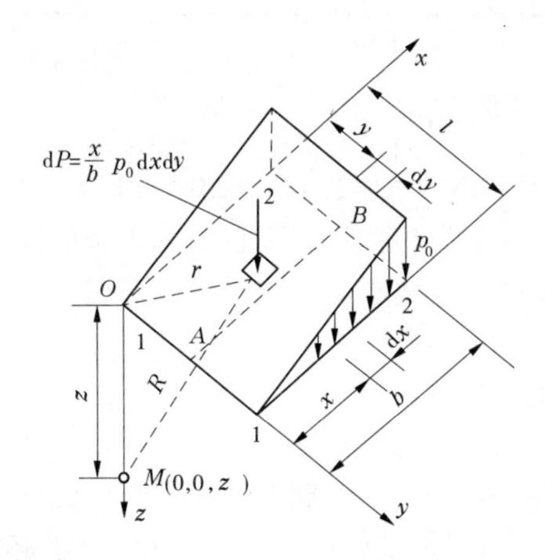

图 8-15　竖向三角形分布矩形荷载零角点下的 σ_z

表 8-6　竖向三角形分布矩形荷载作用零角点下竖向附加应力系数 α_t 值

z/b	l/b										
	0.2	0.4	0.6	0.8	1.0	1.2	1.4	1.6	1.8	2.0	4.0
0.2	0.022 3	0.028 0	0.029 6	0.030 1	0.030 4	0.030 5	0.030 5	0.030 6	0.030 6	0.030 6	0.030 6
0.4	0.026 9	0.042 0	0.048 7	0.051 7	0.053 1	0.053 9	0.054 3	0.054 5	0.054 6	0.054 7	0.054 9
0.6	0.0 259	0.044 8	0.056 0	0.062 1	0.065 4	0.067 3	0.068 4	0.069 0	0.069 4	0.069 6	0.070 2
0.8	0.023 2	0.042 1	0.055 3	0.063 7	0.068 8	0.072 0	0.073 9	0.075 1	0.075 9	0.076 4	0.077 6

续表 8-6

z/b	l/b										
	0.2	0.4	0.6	0.8	1.0	1.2	1.4	1.6	1.8	2.0	4.0
1.0	0.020 1	0.037 5	0.050 8	0.060 2	0.066 6	0.070 8	0.073 5	0.075 3	0.076 6	0.077 4	0.079 4
1.2	0.017 1	0.032 4	0.045 0	0.054 6	0.061 5	0.066 4	0.069 8	0.072 1	0.073 8	0.074 9	0.077 9
1.4	0.014 5	0.027 8	0.039 2	0.048 3	0.055 4	0.060 6	0.064 4	0.067 2	0.069 2	0.070 7	0.074 8
1.6	0.012 3	0.023 8	0.033 9	0.042 4	0.049 2	0.054 5	0.058 6	0.061 6	0.063 9	0.065 6	0.070 8
1.8	0.010 5	0.020 4	0.029 4	0.037 1	0.043 5	0.048 7	0.052 8	0.056 0	0.058 5	0.060 4	0.066 6
2.0	0.009 0	0.017 6	0.025 5	0.032 4	0.038 4	0.043 4	0.047 4	0.050 7	0.053 3	0.055 3	0.062 4
2.5	0.006 3	0.012 5	0.018 3	0.023 6	0.028 4	0.032 6	0.036 2	0.039 3	0.041 9	0.044 0	0.052 9
3.0	0.004 6	0.009 2	0.013 5	0.017 2	0.021 4	0.024 9	0.028 0	0.030 7	0.033 1	0.035 2	0.044 9
5.0	0.001 8	0.003 6	0.005 4	0.007 1	0.008 8	0.010 4	0.012 0	0.013 5	0.014 8	0.016 1	0.024 8
7.0	0.000 9	0.001 9	0.002 8	0.003 8	0.004 7	0.005 6	0.006 4	0.007 3	0.008 1	0.008 9	0.015 2
10.0	0.000 5	0.000 9	0.001 4	0.001 9	0.002 3	0.002 8	0.003 3	0.003 7	0.004 1	0.004 6	0.008 4

三、条形荷载下的地基附加应力

在工程中，当作用在矩形基础的长宽比 $l/b \geqslant 10$ 时，矩形面积角点下的地基附加应力计算值与按 $l/b=\infty$ 时的解相比误差很小。因此，如墙下条形基础、挡土墙基础、路坝、坝基等，常可视为条形荷载，按平面问题求解。先讨论线荷载作用下的附加应力的计算方法。

（一）线荷载作用下的附加应力

线荷载是在半空间表面一条无限长直线上的均布荷载。设一竖向线荷载 $\bar{p}$(kN/m)作用在 y 坐标上，沿 y 轴截取一微分段 dy，将其上作用的线荷载以集中力 $dP=\bar{p}dy$ 代替（见图 8-16），利用式(8-13)可求得地基中任一点 M 处由 dP 引起的 $d\sigma_z$，再通过积分，即可求得 M 点的 σ_z

$$\sigma_z=\frac{2\bar{p}z^3}{\pi R_1^4}=\frac{2\bar{p}}{\pi R_1}\cos^3\beta \tag{8-19}$$

（二）竖向均布条形荷载作用下的附加应力

均布条形荷载是沿宽度方向和长度方向均匀分布，而长度方向为无限长的荷载，如图 8-7 所示。沿 x 轴取一宽度 dx 为无限长的微分段，作用于其上的荷载以线荷载 $\bar{p}=p_0dx$ 代替，运用式(8-19)并作积分，可求得地基中任一点 M 处的竖向附加应力为

$$\sigma_z=\frac{p_0}{\pi}\left[\arctan\frac{1-2n}{2m}+\arctan\frac{1+2n}{2m}-\frac{4m(4n^2-4m-1)}{(4n^2+4m-1)+16m^2}\right]=\alpha_{sz}p_0 \tag{8-20}$$

式中　α_{sz}——竖向均布条形荷载作用下的竖向附加应力系数，由表 8-7 查用。

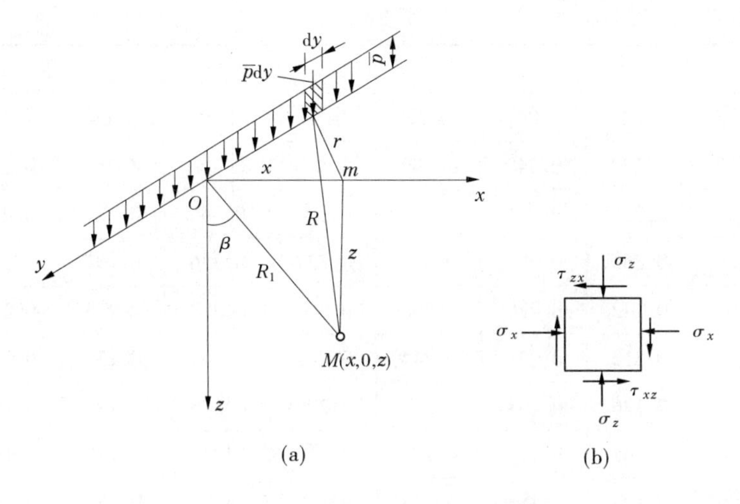

图 8-16　无限线荷载作用下附加应力的平面问题

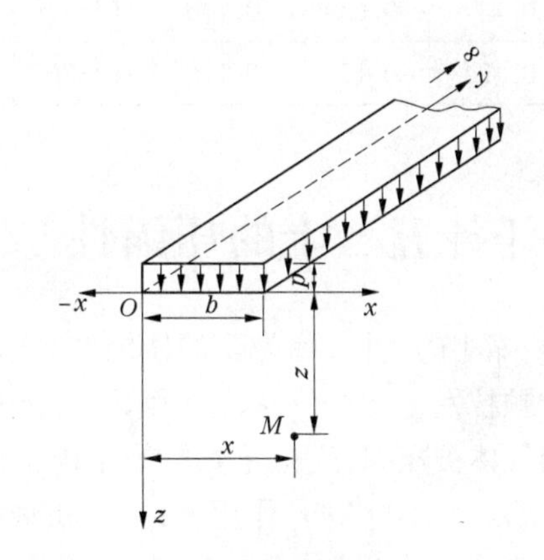

图 8-17　竖向均布条形荷载作用下的 σ_z

表 8-7　竖向均布条形荷载作用下的竖向附加应力系数 α_{sz}

z/b	x/b								
	−0.5	−0.25	0	0.25	0.50	0.75	1.00	1.25	1.50
0.01	0.001	0.000	0.500	0.999	0.999	0.999	0.500	0.000	0.001
0.1	0.002	0.011	0.499	0.988	0.997	0.988	0.499	0.011	0.002
0.2	0.011	0.091	0.498	0.936	0.978	0.936	0.498	0.091	0.011
0.4	0.056	0.174	0.489	0.797	0.881	0.797	0.489	0.174	0.056
0.6	0.111	0.243	0.468	0.679	0.756	0.679	0.468	0.243	0.111
0.8	0.156	0.276	0.440	0.586	0.642	0.586	0.440	0.276	0.156
1.0	0.186	0.288	0.409	0.511	0.549	0.511	0.409	0.288	0.186
1.2	0.202	0.287	0.375	0.450	0.478	0.450	0.375	0.287	0.202

续表 8-7

z/b	x/b								
	-0.5	-0.25	0	0.25	0.50	0.75	1.00	1.25	1.50
1.4	0.210	0.279	0.348	0.400	0.420	0.400	0.348	0.279	0.210
1.6	0.212	0.268	0.321	0.360	0.374	0.360	0.321	0.268	0.212
1.8	0.209	0.255	0.297	0.326	0.337	0.326	0.297	0.255	0.209
2.0	0.205	0.242	0.275	0.298	0.306	0.298	0.275	0.242	0.205
2.5	0.188	0.212	0.231	0.244	0.248	0.244	0.231	0.212	0.188
3.0	0.171	0.186	0.198	0.206	0.208	0.206	0.198	0.186	0.171
3.5	0.154	0.165	0.173	0.178	0.179	0.178	0.173	0.165	0.154
4.0	0.140	0.147	0.153	0.156	0.158	0.156	0.153	0.147	0.140
4.5	0.128	0.133	0.137	0.139	0.140	0.139	0.137	0.133	0.128
5.0	0.117	0.121	0.124	0.126	0.126	0.126	0.124	0.121	0.117

任务五　土的压缩性

地基土在压力作用下体积缩小的特性,称为土的压缩性。通常土的压缩变形主要由以下几方面因素引起:一是土颗粒发生相对位移,土中水及气体从孔隙中排出,使孔隙体积减小;二是封闭在土体中的气体被压缩;三是土颗粒和土中水被压缩。试验研究表明,在工程实践中所遇到的压力(常小于 600 kPa)作用下,土粒和水的压缩量很小,可以忽略不计。因此,土的压缩变形主要是由于土中水和气体排出孔隙减小的缘故。

土的压缩变形速度的快慢与土中水的渗透速度有关。对于饱和的无黏性土,由于透水性大,故在压力作用下土中水很快被排出,其压缩过程很快完成。饱和黏性土由于透水性差,土中水的排出比较缓慢,故要达到压缩稳定则需要相当长的时间。这种土的压缩随时间而增长的过程,称为土的固结。

一、压缩试验及压缩曲线

为了了解土的压缩性,可以采用室内压缩试验来获得所需的资料。室内试验是用侧限压缩仪(也称固结仪)进行的,仪器的主要部分是一个圆形的压缩器,如图 8-18 所示。试验时,用金属环刀切去保持天然结构的原状土样,并置于圆筒形压缩容器的刚性护环内,土样上下各垫一层透水石,使土样受压后土中水可以自由地从上下两面排出。由于金属环刀和刚性护环的限制,土样在压力作用下只有可能被竖向压缩,而没有可能发生侧向变形,这种试验称为侧限条件下的压缩试验。土样在天然状态下或经人工饱和后,进行逐级加压固结,求出各级压力(一般 p = 50 kPa、100 kPa、200 kPa、300 kPa、400 kPa)作用下土样压缩稳定后的孔隙比,便可绘出土的压缩曲线。

在图 8-19 中,假设土样的初始高度为 h_0,土样断面面积为 A,初始孔隙比为 e_0,则

$$e_0 = \frac{V_v}{V_s} = \frac{Ah_0 - V_s}{V_s} \quad 或 \quad V_s = \frac{Ah_0}{1 + e_0} \tag{8-21}$$

式中　V_v——孔隙体积;

V_s——土颗粒体积。

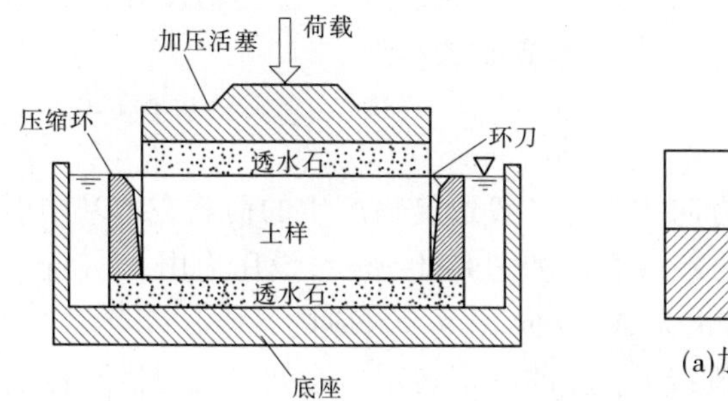

图 8-18　压缩仪的压缩容器

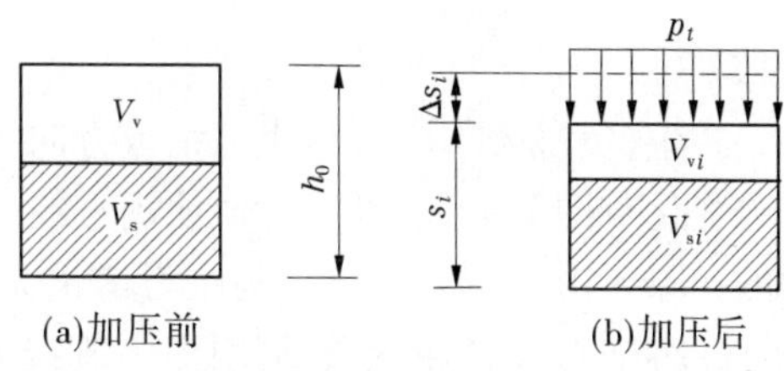

图 8-19　加压前后土样体积的变化

压力增至 p_i 时,如图 8-19(b)所示,土样的稳定变形量为 Δs_i,这时土样的高度 $s_i = h_0 - \Delta s_i$,设此时土样的孔隙比为 e_i,则土颗粒体积 V_{si} 为

$$V_{si} = \frac{A(h_0 - \Delta s_i)}{1 + e_i} \tag{8-22}$$

由于土颗粒压缩不计,土样截面面积不变,因此有

$$\frac{Ah_0}{1 + e_0} = \frac{A(h_0 - \Delta s_i)}{1 + e_i}$$

可得

$$e_i = e_0 - \frac{\Delta s_i}{h_0}(1 + e_0) \tag{8-23}$$

根据每级荷载作用下的稳定变量 Δs_i,利用式(8-22)即可求出相应荷载下的孔隙比 e_i,然后以横坐标表示压力 p、纵坐标表示孔隙比 e,可绘出 $e \sim p$ 压缩曲线,如图 8-20 所示。

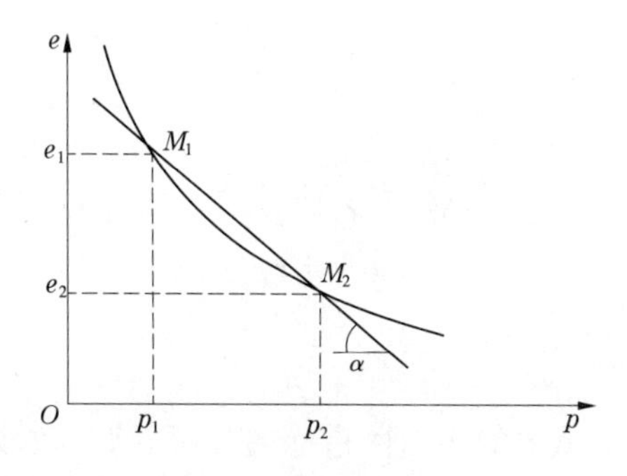

图 8-20　压缩试验曲线

二、压缩性指标

(一)压缩系数

从图 8-20 压缩曲线可知,孔隙比 e 随压力的增加而减小,曲线越陡,说明随着压力的增加,土的孔隙比减小越显著,土产生的压缩变形就大,土的压缩性高。反之,土的压缩性就低。因此,曲线的陡缓反映了土的压缩性大小。取曲线上任一点的切线斜率 a ,称为压缩系数。表示相当于 p 作用下的压缩性。压缩系数 a 表示为

$$a = -\frac{\mathrm{d}e}{\mathrm{d}p} \tag{8-24}$$

式中,负号表示压力与压缩系数方向相关。一般建筑物产生的荷载在地基中引起的压力变化范围都不大,可以近似地用直线代替。如图 8-20 所示,设压力由 p_1 增至 p_2 ,相应的孔隙比由 e_1 减小到 e_2 ,则压力增量为 $\Delta p = p_2 - p_1$,对应的孔隙比变化量为 $\Delta e = e_1 - e_2$,此时土的压缩系数可用图中割线 M_1M_2 的斜率表示。设此割线与横坐标的夹角为 β ,则

$$a = \tan\beta = \frac{\Delta e}{\Delta p} = \frac{e_1 - e_2}{p_2 - p_1} \tag{8-25}$$

式中 a ——土的压缩系数, MPa^{-1} ;

e_1 ——相应于 p_1 作用下压缩稳定后的孔隙比;

e_2 ——相应于 p_2 作用下压缩稳定后的孔隙比。

不同的土压缩性差异很大,即便是同一种土,压缩曲线的斜率也是变化的。为了便于比较,在工程实际中,通常取 $p_1 = 100$ kPa、$p_2 = 200$ kPa,相应的压缩系数用 a_{1-2} 表示,以此判定土的压缩性。《建筑地基基础设计规范》(GB 50007—2011)中规定: $a_{1-2} < 0.1\ \mathrm{MPa}^{-1}$ 时,为低压缩性土; $0.1\ \mathrm{MPa}^{-1} \leqslant a_{1-2} < 0.5\ \mathrm{MPa}^{-1}$ 时,为中压缩性土; $a_{1-2} \geqslant 0.5\ \mathrm{MPa}^{-1}$ 时,为高压缩性土。

(二)压缩模量 E_s

土在完全侧限条件下的竖向附加应力与相应的应变增量的比值,称为土的侧限压缩模量,用 E_s 表示。设附加应力的增量 $\Delta p = p_2 - p_1$,应变的增量 $\Delta\varepsilon = \Delta s/h$,由式(8-23)可得

$$\Delta\varepsilon = \frac{\Delta s}{h} = \frac{e_1 - e_2}{1 + e_1} \tag{8-26}$$

则

$$E_s = \frac{\Delta p}{\Delta\varepsilon} = \frac{p_2 - p_1}{\dfrac{e_1 - e_2}{1 + e_1}} = \frac{1 + e_1}{a} \tag{8-27}$$

式中 E_s ——土的压缩模量,MPa;

其他符号含义同前。

压缩模量也是土的一个重要的压缩性指标,它与压缩系数成反比, E_s 越大, a 越小,土的压缩性越低。一般情况下, $E_s < 4$ MPa,属于高压缩性土; $E_s = 4 \sim 15$ MPa,属于中压缩性土; $E_s > 15$ MPa,属于低压缩性土。

三、土的受荷历史对压缩性的影响

在做压缩试验时，如加压到某一级荷载达到压缩稳定后，逐级卸荷，可以看到土的一部分变形可以恢复（即弹性变形），而另一部分变形不能恢复（即残余变形）。如果卸荷后又逐级加荷便可得到再加压曲线，再加压曲线比原压缩曲线平缓得多，如图 8-21 所示。这说明，土在历史上若受过大于现在所受的压力，其压缩性将大大降低。

为了考虑受荷历史对地基土压缩性的影响，需知道土的前期固结压力 p_c。土的前期固结压力是指土层形成后的历史上所经受过的最大固结压力，可用卡萨格兰德的经验作图法确定，如图 8-22 所示。在 $e \sim \lg p$ 曲线上找出曲率半径最小的一点 A，过 A 点作水平线 $A1$ 和切线 $A2$，作 $\angle 1A2$ 的平分线 $A3$ 并与 $e \sim \lg p$ 曲线中直线段的延长线相交于 B 点，B 点所对应的压力就是前期固结压力。

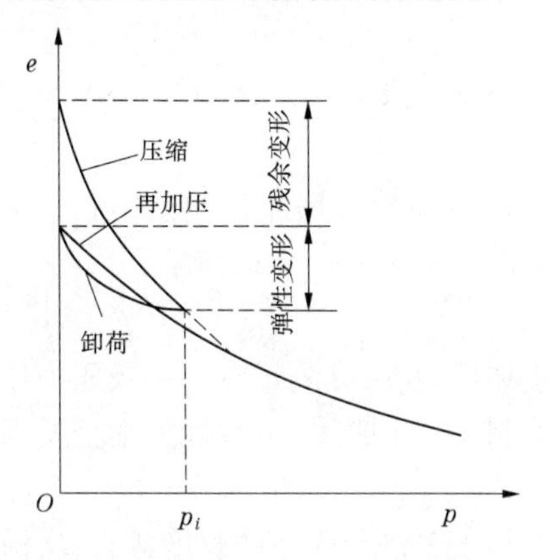

图 8-21　土的压缩、卸荷、再加压曲线

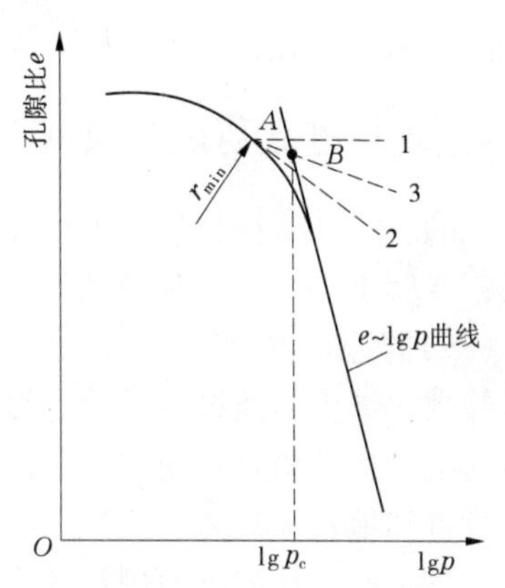

图 8-22　卡萨格兰德法确定 p_c

将土层所受的前期固结压力 p_c 与土层现在所受的自重应力 σ_c 的比值称为超固结比，以 OCR 表示。根据 OCR 可将天然土层分为三种固结状态，见图 8-23。

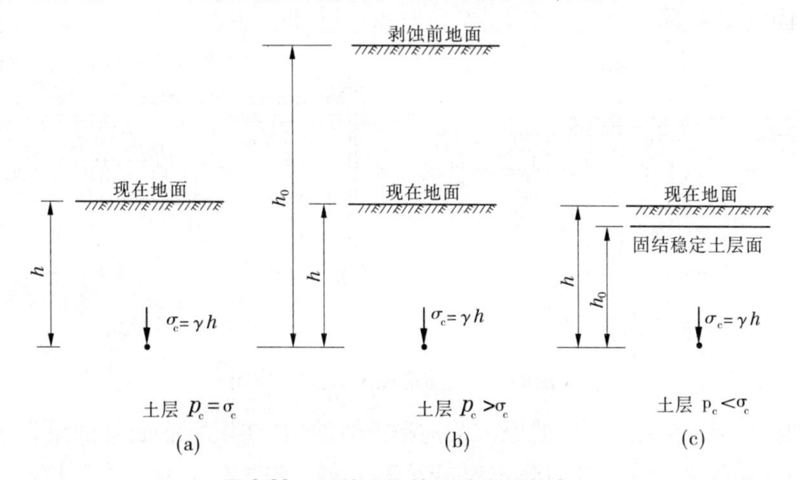

图 8-23　天然土层的三种固结状态

(一)正常固结土($OCR=1$)

一般土体的固结是在自重应力的作用下伴随土的沉积过程逐渐达到的。当土体达到固结稳定后,土层的应力未发生明显变化,即前期固结压力等于目前土层的自重应力,这种状态的土称为正常固结土,如图 8-23(a)所示。工程中多数建筑物地基均为正常固结土。

(二)超固结土($OCR>1$)

当土层在历史上经受过较大的固结压力作用而达到固结稳定后,由于受到强烈的侵蚀、冲刷等,使其目前的自重应力小于前期固结压力,这种状态的土称为超固结土,如图 8-23(b)所示。

(三)欠固结土($OCR<1$)

土层沉积历史短,在自重应力作用下尚未达到固结稳定,这种状态的土称为欠固结土,如图 8-23(c)所示。

四、现场静载荷试验及变形模量

土的压缩性指标除从室内压缩试验得到外,也可通过现场原位测试得到。常见的试验是在浅层土中进行静载荷试验,通过试验结果确定地基土的变形模量。

(一)静载荷试验

静载荷试验是通过承压板,对地基土分级施加压力 p ,并测量在每一级压力作用下承压板的沉降达到相对稳定时的沉降量 s ,最后绘制 $p\sim s$ 曲线,由弹性力学公式求得土的变形模量和地基承载力。

试验一般是在试坑内进行的,试坑宽度不应小于 3 倍承压板的宽度或直径,深度依所需测试土层的深度而定。承压板面积一般为 $0.25\sim0.50\ m^2$,对于软土及人工填土则不应小于 $0.5\ m^2$(正方形边长 $0.707\ m\times0.707\ m$ 或圆形直径 $0.798\ m$)。试验装置如图 8-24所示,一般由加荷稳压装置、反力装置及观测装置三部分组成。加荷稳压装置包括承压板、千斤顶及稳压器等;反力装置包括平台堆重系统或地锚系统等;观测装置包括百分表及固定支架等。

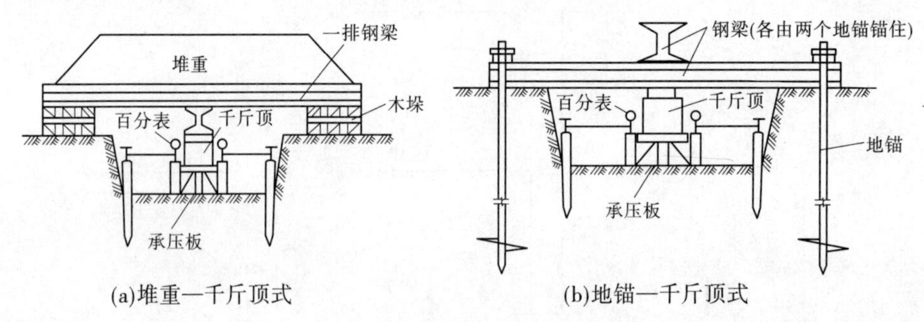

图 8-24 地基静载荷试验示意图

试验时必须注意保持土层的原状结构和天然湿度,在试坑底面宜铺设不大于 20 mm 厚的粗、中砂层找平。最大加载量不应小于荷载设计值的 2 倍,且应尽量接近预估的地基极限承载力 p_u。第一级荷载(包括设备重)宜接近开挖试坑所卸除的土重,与其相应的沉

降量不计；其后每级荷载增量，对于较松软的土可采用 10 ~ 20 kPa，对于较硬密的土则用 50 ~ 100 kPa；加荷等级不应小于 8 级。

地基静载荷试验的观测标准：

(1) 每级加载后，按间隔 10 min、10 min、10 min、15 min、15 min，以后每隔 30 min 测读一次沉降量，当连续 2 h 内，每小时的沉降量小于 0.1 mm 时，则认为已趋稳定，可加下一级荷载。

(2) 当出现下列情况之一时，即可终止加载：①承压板周围的土有明显的侧向挤出(砂土)或发生裂纹(黏性土和粉土)；②沉降 s 急剧增大，荷载—沉降($p \sim s$)曲线出现陡降段；③在某一级荷载下，24 h 内沉降速率不能达到稳定标准；④ $s/b \geq 0.06$(b 为承压板的宽度或直径)。

(二) 静载荷试验成果与土的变形模量

根据试验结果绘制荷载 p 与稳定沉降量 s 的关系曲线，即 $p \sim s$ 曲线。图 8-25 为一些代表性土类的 $p \sim s$ 曲线。其中，曲线的开始部分往往接近于直线，与直线段终点 1 对应的荷载 p_1，称为地基的比例界限荷载或临塑荷载。

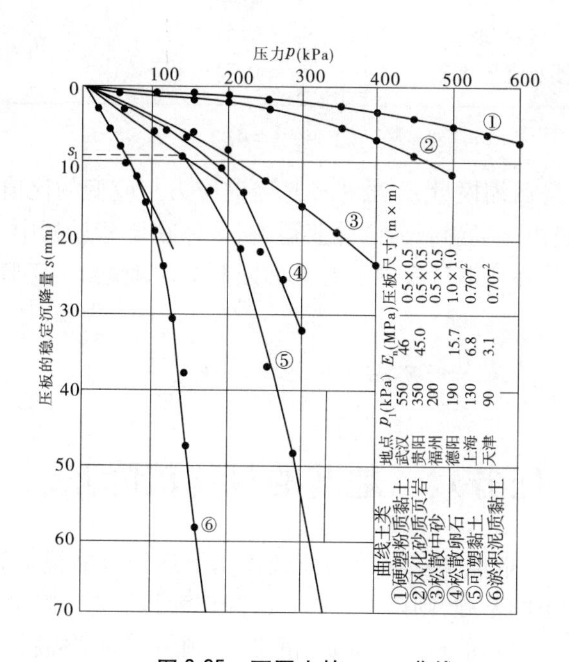

图 8-25　不同土的 $p \sim s$ 曲线

根据试验结果，可以确定土的变形模量及地基承载力。土的变形模量是指在无侧限条件下竖向压应力与竖向总应变的比值，用 E_0 表示，其大小可由地基静载荷试验结果按弹性力学公式求得，即

$$E_0 = \omega(1 - \mu^2) \frac{p_1 b}{s_1} \tag{8-28}$$

式中　ω ——沉降影响系数，方形承压板取 0.88，圆形承压板取 0.79；

μ ——地基土的泊松比，可由表 8-8 查取；

b ——承压板边长或直径,mm;

s_1 ——与所取的比例界限荷载 p_1 相对应的沉降,mm,如果 $p \sim s$ 曲线无起始直线段,可取 $s_1 = (0.010 \sim 0.015)b$(低压缩性土取低值,高压缩性土取高值)及其所对应的荷载为 p_1 代入公式中。

表 8-8 侧压力系数 K_0 和泊松比 μ 的经验值

土的种类和状态		K_0	μ
碎石土		0.18 ~ 0.33	0.15 ~ 0.25
砂土		0.33 ~ 0.43	0.25 ~ 0.30
粉土		0.43	0.30
粉质黏土	坚硬状态	0.33	0.25
	可塑状态	0.43	0.30
	软塑及流塑状态	0.53	0.35
黏土	坚硬状态	0.33	0.25
	可塑状态	0.53	0.35
	软塑及流塑状态	0.72	0.42

注:表中侧压力系数 K_0 也称为静止土压力系数,$K_0 = \mu/(1-\mu)$。

土的变形模量 E_0 与压缩模量 E_s 虽然都是竖向应力与应变的比值,但是在概念上它们是有所区别的。E_0 是由现场静载荷试验获得的,土体在压缩过程中无侧限,E_s 是由室内压缩试验求得的,土体在压缩过程中是有侧面限制的。理论上,变形模量 E_0 与压缩模量 E_s 的关系如为

$$E_0 = \left(1 - \frac{2\mu^2}{1-\mu}\right)E_s \tag{8-29}$$

任务六 地基的最终沉降量

地基的最终沉降量是指地基在建筑物荷载作用下达到压缩稳定时地基表面的沉降量,对于偏心荷载作用下的基础,则以基底中点沉降作为其平均沉降量。计算地基最终沉降量的目的,在于确定建筑物的最大沉降量、沉降差、倾斜和局部倾斜,将其控制在允许的范围内,以保证建筑物的安全和正常使用。在必要情况下,需要分别预估建筑物在施工期间和使用期间的地基变形值,以便预留建筑物之间的净空,选择连接方法和施工顺序。

常用计算地基最终沉降量的方法有分层总和法及《建筑地基基础设计规范》(GB 50007—2011)中推荐的应力面积法。

一、分层总和法

(一)计算原理

分层总和法一般取基底中心点下地基附加应力来计算各分层土的竖向压缩量,认为

基础的平均沉降量 s 为各分层上竖向压缩量 Δs_i 之和。在计算 Δs_i 时,假设地基土只在竖向发生压缩变形,没有侧向变形,故可利用室内侧限压缩试验成果进行计算。

(二)计算步骤

分层总和法是将地基沉降深度 z 范围的土划分为若干个分层,如图 8-26 所示,按侧限条件下分别计算各分层的压缩量,其总和即为地基最终沉降量,具体计算步骤如下:

(1)按分层厚度 $h_i \leqslant 0.4b$ (b 为基础底面的宽度)或 1 ~2 m 将基础下土层分成若干薄层,成层土的层面和地下水面是当然的分层面。

(2)计算基底中心点下各分层界面处的自重应力 σ_c 和附加应力 σ_z 。

(3)确定地基沉降计算深度 z_n 。

深度是指基底以下需要计算压缩变形的土层总厚度,也称为地基压缩层深度。在该深度以下的土层变形小,可略去不计。其确定方法是:该深度处应符合 $\sigma_z \leqslant 0.2\sigma_c$ 的要求;若其下方存在高压缩性土,则要求 $\sigma_z \leqslant 0.1\sigma_c$ 。

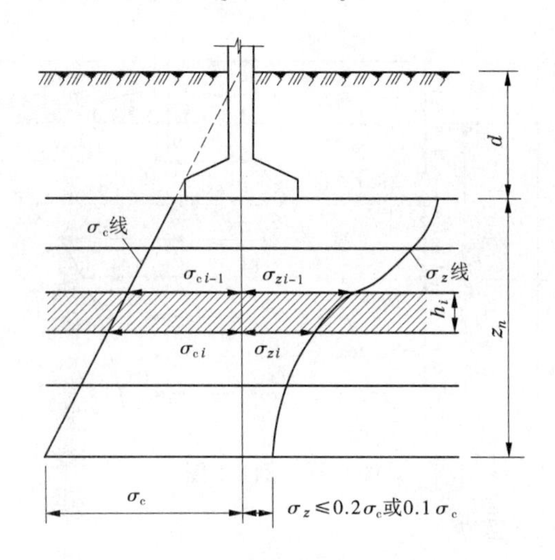

图 8-26　分层总和法示意图

(4)计算各分层的自重应力平均值 $p_{1i} = \dfrac{\sigma_{ci-1} + \sigma_{ci}}{2}$ 和附加应力平均值 $\Delta p_i = \dfrac{\sigma_{zi-1} + \sigma_{zi}}{2}$ 。

(5)从 $e \sim p$ 曲线上查得与 p_{1i}、p_{2i} 对应的孔隙比 e_{1i} 及 e_{2i} 。

(6)计算各层土在侧限条件下的压缩量,计算公式为

$$\Delta s_i = \varepsilon_i h_i = \frac{e_{1i} - e_{2i}}{1 + e_{1i}} h_i \tag{8-30}$$

式中　Δs_i ——第 i 分层土的压缩模量,mm;

ε_i ——第 i 分层土的平均竖向应变;

h_i ——第 i 分层土的厚度,mm。

又因为

$$\varepsilon_i = \frac{e_{1i} - e_{2i}}{1 + e_{1i}} = \frac{a_i(p_{2i} - p_{1i})}{1 + e_{1i}} = \frac{\Delta p_i}{E_{si}} \tag{8-31}$$

所以
$$\Delta s_i = \frac{a_i(p_{2i} - p_{1i})}{1 + e_{1i}}h_i = \frac{\Delta p_i}{E_{si}}h_i \tag{8-32}$$

式中 a_i——第 i 层土的压缩系数；

E_{si}——第 i 层土的压缩模量。

(7)计算地基的最终沉降量。

$$s = \sum_{i=1}^{n} \Delta s_i \tag{8-33}$$

式中 n——地基沉降计算深度范围内所划分的土层数。

【例 8-5】 试用分层总和法求图 8-27 中所示柱下独立基础的最终沉降量。由地表起各层土的重度分别为：粉土 $\gamma = 18\ \text{kN/m}^3$；粉质黏土 $\gamma = 19\ \text{kN/m}^3$，$\gamma_{sat} = 19.5\ \text{kN/m}^3$；黏土 $\gamma_{sat} = 20\ \text{kN/m}^3$。分别从粉质黏土层和黏土层中取土样做室内压缩试验，其压缩曲线略。柱传给基础的轴心荷载标准值 $F = 2\ 000\ \text{kN}$，方形基础底面边长为 4 m。

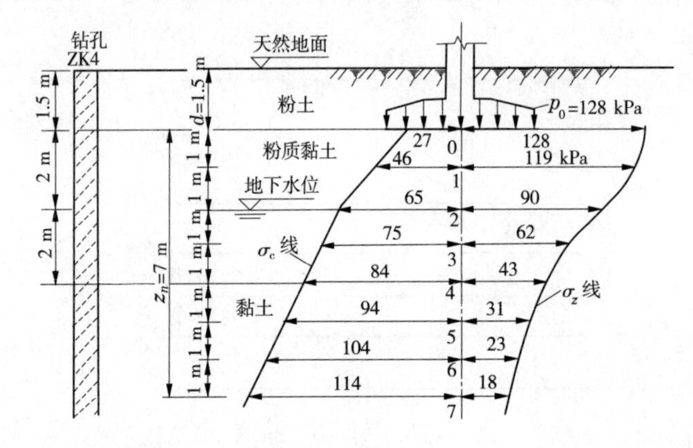

图 8-27 例 8-5 图

解：(1)计算基底附加应力。

基底压力 $p = \frac{F}{A} + 20d = \frac{2\ 000}{4 \times 4} + 20 \times 1.5 = 155(\text{kPa})$

基底处土的自重应力 $\sigma_{cd} = 18 \times 1.5 = 27(\text{kPa})$

基底附加压力 $p_0 = p - \sigma_{cd} = 155 - 27 = 128(\text{kPa})$

(2)对地基分层，取分层厚度为 1 m。

(3)计算各分层层面处土的自重应力 σ_c。基底天然土层层面和地下水位处各点的自重应力为：

0 点 $\sigma_c = 18 \times 1.5 = 27(\text{kPa})$

2 点 $\sigma_c = 27 + 19 \times 2 = 65(\text{kPa})$

4 点 $\sigma_c = 65 + (19.5 - 10) \times 2 = 84(\text{kPa})$

各层分层面处的 σ_c 计算结果见图 8-27。

(4)计算基底中心点下各分层层面处的附加应力 σ_z。基底中心点可看成四个相等的小方形面积的公共角点，其长宽比 $l/b = 2/2 = 1$，用角点法得到的 σ_z 计算结果。

(5)计算各分层的自重应力平均值 p_{1i} 和附加应力平均值 Δp_i，以及 $p_{2i} = p_{1i} + \Delta p_i$。

例如对0—1分层

$$p_{1i}=\frac{\sigma_{ci-1}+\sigma_{ci}}{2}=\frac{27+46}{2}\approx 37(\text{kPa}),\Delta p_i=\frac{\sigma_{zi-1}+\sigma_{zi}}{2}=\frac{128+109}{2}\approx 119(\text{kPa}),$$

$$p_{2i}=p_{1i}+\Delta p_i=37+119=156(\text{kPa})$$

(6)确定地基沉降计算深度 z_n。

在6 m深处(点6)，$\sigma_z/\sigma_c=23/104=0.22>0.2$(不行)，在7 m深处(7点)，$\sigma_z/\sigma_c=18/114=0.16<0.2$(可以)。

(7)确定各分层受压前后的孔隙比 e_{1i} 和 e_{2i}。按各分层的 p_{1i} 及 p_{2i} 值，从粉质黏土或黏土的压缩曲线上查取孔隙比。例如对0—1分层，按 $p_{1i}=37$ kPa，从粉质黏土的压缩曲线上得 $e_{1i}=0.960$，按 $p_{2i}=161$ kPa 则得 $e_{2i}=0.858$。

(8)计算各分层土的压缩量 Δs_i。

例如，对0—1分层：$\Delta s_i=\frac{e_{1i}-e_{2i}}{1+e_{1i}}=\frac{0.96-0.858}{1+0.96}\times 1\,000=52.0(\text{mm})$

(9)计算基础的最终沉降量。

$$s=\sum_{i=1}^{n}\Delta s_i=52.0+39.8+29.7+20.4+11.3+8.5+6.2=167.9(\text{mm})$$

二、应力面积法

该法是《建筑地基基础设计规范》(GB 50007—2011)中计算地基沉降的方法，是根据分层总和法的基本公式导出的一种沉降量的简化计算方法，其实质是在分层综合法的基础上，采用平均附加应力面积的概念，按天然土层界面分层，并结合大量工程沉降观测值的统计分析，以沉降计算经验系数对地基最终沉降量计算值加以修正。

(一)采用平均附加应力系数计算沉降量的基本公式

由分层总和法式(8-31)、式(8-32)和图8-28可知，计算第 i 层沉降量为

$$\Delta s'_i=\frac{\Delta p_i}{E_{si}}h_i=\frac{\Delta A_i}{E_{si}}=\frac{A_i-A_{i-1}}{E_{si}} \tag{8-34}$$

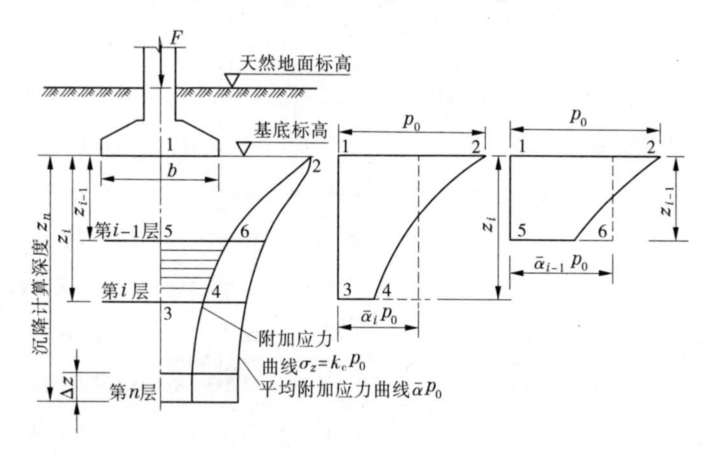

图8-28　应力面积法示意图

式中的 $\Delta A_i = \Delta p_i h_i$ 为第 i 分层附加应力图形面积(图中面积5643),故规范的方法也称为应力面积法。A_i 和 A_{i-1} 分别为从基面起至 z_i 和 z_{i-1} 深度处的附加应力图形面积(图中面积1243和1265),将应力面积 A_i 和 A_{i-1} 分别等代成高度仍为 z_i 和 z_{i-1} 的矩形,该等代面积的宽度用 $\overline{\alpha}_i p_0$ 和 $\overline{\alpha}_{i-1} p_0$,即平均附加应力,如图8-28所示,则 $A_i = \overline{\alpha}_i p_0 z_i$,$A_{i-1} = \overline{\alpha}_{i-1} p_0 z_{i-1}$,将以上两式代入式(8-32)可得规范给定的方法计算第 i 层压缩量的基本公式,式中 $\overline{\alpha}_i$、$\overline{\alpha}_{i-1}$ 分别为深度 z_i、z_{i-1} 范围内的竖向附加应力系数,见表8-9。

$$\Delta s'_i = \frac{p_0}{E_{si}}(z_i \overline{\alpha}_i - z_{i-1}\overline{\alpha}_{i-1}) \tag{8-35}$$

表8-9 竖向均布矩形荷载角点下的平均竖向附加应力系数 $\overline{\alpha}$

z/b	l/b												
	1.0	1.2	1.4	1.6	1.8	2.0	2.4	2.8	3.2	3.6	4.0	5.0	10.0
0.0	0.250 0	0.250 0	0.250 0	0.250 0	0.250 0	0.250 0	0.250 0	0.250 0	0.250 0	0.250 0	0.250 0	0.250 0	0.250 0
0.2	0.249 6	0.249 7	0.249 7	0.249 8	0.249 8	0.249 8	0.249 8	0.249 8	0.249 8	0.249 8	0.249 8	0.249 8	0.249 8
0.4	0.247 4	0.247 9	0.248 1	0.248 3	0.248 3	0.248 4	0.248 5	0.248 5	0.248 5	0.248 5	0.248 5	0.248 5	0.248 5
0.6	0.242 3	0.243 7	0.244 4	0.244 8	0.245 1	0.245 2	0.245 4	0.245 5	0.245 5	0.245 5	0.245 5	0.245 5	0.245 6
0.8	0.234 6	0.237 2	0.238 7	0.239 5	0.240 0	0.240 3	0.240 7	0.240 8	0.240 9	0.240 9	0.241 0	0.241 0	0.241 0
1.0	0.225 2	0.229 1	0.231 3	0.232 6	0.233 5	0.234 0	0.234 6	0.234 9	0.235 1	0.235 2	0.235 2	0.235 3	0.235 3
1.2	0.214 9	0.219 9	0.222 9	0.224 8	0.226 0	0.226 8	0.227 8	0.228 2	0.228 5	0.228 6	0.228 7	0.228 8	0.228 9
1.4	0.204 3	0.210 2	0.214 0	0.216 4	0.219 0	0.219 1	0.220 4	0.221 1	0.221 5	0.221 7	0.221 8	0.222 0	0.221 0
1.6	0.193 9	0.200 6	0.204 9	0.207 9	0.209 9	0.211 3	0.213 0	0.213 8	0.214 3	0.214 6	0.214 8	0.215 0	0.215 2
1.8	0.184 0	0.191 2	0.196 0	0.199 4	0.201 8	0.203 4	0.205 5	0.206 6	0.207 3	0.207 7	0.207 9	0.208 2	0.208 4
2.0	0.174 6	0.182 2	0.187 5	0.191 2	0.193 8	0.195 8	0.198 2	0.199 6	0.200 4	0.200 9	0.201 2	0.201 5	0.201 8
2.2	0.165 9	0.173 7	0.179 3	0.183 3	0.186 2	0.188 3	0.191 1	0.192 7	0.193 7	0.194 3	0.194 7	0.195 2	0.195 5
2.4	0.157 8	0.165 7	0.171 5	0.175 7	0.178 9	0.181 2	0.184 3	0.186 2	0.187 3	0.188 0	0.188 5	0.189 0	0.189 5
2.6	0.150 3	0.158 3	0.164 2	0.168 6	0.171 9	0.174 5	0.177 9	0.179 9	0.181 2	0.182 0	0.182 5	0.183 2	0.183 8
2.8	0.143 3	0.151 4	0.157 4	0.161 9	0.165 4	0.168 0	0.171 7	0.173 9	0.175 3	0.176 3	0.176 9	0.177 7	0.178 4
3.0	0.136 9	0.144 9	0.151 0	0.155 6	0.159 2	0.161 9	0.165 8	0.168 2	0.169 8	0.170 8	0.171 5	0.172 5	0.173 3
3.2	0.131 0	0.139 0	0.145 0	0.149 7	0.153 3	0.156 2	0.160 2	0.162 8	0.164 5	0.165 7	0.166 4	0.167 5	0.168 5
3.4	0.125 6	0.133 4	0.139 4	0.144 1	0.147 8	0.150 8	0.155 0	0.157 7	0.159 5	0.160 7	0.161 6	0.162 8	0.163 9
3.6	0.120 5	0.128 2	0.134 2	0.138 9	0.142 7	0.145 6	0.150 0	0.152 8	0.154 8	0.156 1	0.157 0	0.158 3	0.159 5
3.8	0.115 8	0.123 4	0.129 3	0.134 0	0.137 8	0.140 8	0.145 2	0.148 2	0.150 2	0.151 6	0.152 6	0.154 1	0.155 4
4.0	0.111 4	0.118 9	0.124 8	0.129 4	0.133 2	0.136 2	0.140 8	0.143 8	0.145 9	0.147 4	0.148 5	0.150 0	0.151 6
4.2	0.107 3	0.114 7	0.120 5	0.125 1	0.128 9	0.131 9	0.136 5	0.139 6	0.141 8	0.143 4	0.144 5	0.146 2	0.147 9
4.4	0.103 5	0.110 7	0.116 4	0.121 0	0.124 8	0.127 9	0.132 5	0.135 7	0.137 9	0.139 6	0.140 7	0.142 5	0.144 4

续表 8-9

z/b	l/b												
	1.0	1.2	1.4	1.6	1.8	2.0	2.4	2.8	3.2	3.6	4.0	5.0	10.0
4.6	0.100 0	0.107 0	0.112 7	0.117 2	0.120 9	0.124 0	0.128 7	0.131 9	0.134 2	0.135 9	0.137 1	0.139 0	0.141 0
4.8	0.096 7	0.103 6	0.109 1	0.113 6	0.117 3	0.120 4	0.125 0	0.128 3	0.130 7	0.132 4	0.133 7	0.135 7	0.137 9
5.2	0.090 6	0.097 2	0.102 6	0.107 0	0.110 6	0.113 6	0.118 3	0.127 1	0.124 1	0.125 9	0.127 3	0.129 5	0.132 0
5.6	0.085 2	0.091 6	0.096 8	0.101 0	0.104 6	0.107 6	0.112 2	0.115 6	0.118 1	0.120 0	0.121 5	0.123 8	0.126 6
6.4	0.076 2	0.082 0	0.086 9	0.090 9	0.094 2	0.097 1	0.101 6	0.105 0	0.107 6	0.109 6	0.111 1	0.113 7	0.117 1
7.2	0.068 8	0.074 2	0.078 7	0.082 5	0.085 7	0.088 4	0.092 8	0.096 2	0.098 7	0.100 8	0.102 3	0.105 1	0.109 0
8.0	0.062 7	0.067 8	0.072 0	0.075 5	0.078 5	0.081 1	0.085 3	0.088 6	0.091 2	0.093 2	0.094 8	0.097 6	0.102 0
8.8	0.057 6	0.062 3	0.066 3	0.069 6	0.072 4	0.074 9	0.079 0	0.082 1	0.084 6	0.086 6	0.088 2	0.091 2	0.095 9
9.6	0.053 3	0.057 7	0.061 4	0.064 5	0.067 2	0.069 6	0.073 4	0.076 5	0.078 9	0.080 9	0.082 5	0.085 5	0.090 5
10.4	0.049 6	0.053 7	0.057 2	0.060 1	0.062 7	0.064 9	0.068 6	0.071 6	0.073 9	0.075 9	0.077 5	0.080 4	0.085 7
11.2	0.046 3	0.050 2	0.053 5	0.056 3	0.058 7	0.060 9	0.064 4	0.067 2	0.069 5	0.071 4	0.073 0	0.075 9	0.081 3
12.0	0.043 5	0.047 1	0.050 2	0.052 9	0.055 2	0.057 3	0.060 6	0.063 4	0.065 6	0.067 4	0.069 0	0.071 9	0.077 4
12.8	0.040 9	0.044 4	0.047 4	0.049 9	0.052 1	0.054 1	0.057 3	0.059 9	0.062 1	0.063 9	0.065 4	0.068 2	0.073 9
13.6	0.038 7	0.042 0	0.044 8	0.047 2	0.049 3	0.051 2	0.054 3	0.056 8	0.058 9	0.060 7	0.062 1	0.064 9	0.070 7
14.4	0.036 7	0.039 8	0.042 5	0.044 8	0.046 8	0.048 6	0.051 6	0.054 0	0.056 1	0.057 7	0.059 2	0.061 9	0.067 7
16.0	0.033 2	0.036 1	0.038 5	0.040 7	0.042 5	0.044 2	0.046 9	0.049 2	0.051 1	0.052 7	0.054 0	0.056 7	0.062 5
18.0	0.029 7	0.032 3	0.034 5	0.036 4	0.038 1	0.039 6	0.042 2	0.044 2	0.046 0	0.047 5	0.048 7	0.051 2	0.057 0
20.0	0.026 9	0.029 2	0.031 2	0.033 0	0.034 5	0.035 9	0.038 3	0.040 2	0.041 8	0.043 2	0.044 4	0.046 8	0.052 4

注：l 为基础长度，m；b 为基础宽度，m；z 为计算点离基础底面的垂直距离，m。

（二）地基沉降计算深度

根据规范规定，地基变形计算深度 z_n，应符合式（8-36）的规定，当计算深度下部仍有较软土层时，应继续计算。

$$\Delta s'_n \leqslant 0.025 \sum_{i=1}^{n} \Delta s'_i \tag{8-36}$$

式中　$\Delta s'_i$——在计算深度范围内，第 i 土层的计算变形值，mm；

$\Delta s'_n$——在由计算深度向上取厚度为 Δz 的土层计算变形值，mm，Δz 由表 8-10 确定。

表 8-10　Δz 的取值

b（m）	$b \leqslant 2$	$2 < b \leqslant 4$	$4 < b \leqslant 8$	$b > 8$
Δz（m）	0.3	0.6	0.8	1.0

规范规定,当无相邻荷载影响,基础宽度在 1 ~ 30 m 范围内时,基础中点的地基变形计算深度也可按简化式(8-35)进行计算。在计算深度范围内存在基岩时,z_n 可取至基岩表面;当存在较硬的黏性土层,其孔隙比小于 0.5、压缩模量大于 50 MPa,或存在较厚的砂卵石层,其压缩模量大于 80 MPa 时,z_n 可取至该土层表面。

$$z_n = b(2.5 - 0.4\ln b) \tag{8-37}$$

(三)地基最终沉降量计算

计算地基变形时,地基内的应力分布,可采用各向同性均质变形体理论,其最终沉降量可按式(8-38)计算

$$s = \psi_s s' = \psi_s \sum_{i=1}^{n} \frac{p_0}{E_{si}}(z_i\overline{\alpha}_i - z_{i-1}\overline{\alpha}_{i-1}) \tag{8-38}$$

式中 s ——地基最终沉降量,mm;

s' ——按分层总和法计算出的地基沉降量,mm;

ψ_s ——沉降计算经验系数,根据地区沉降观测资料及经验确定,也可根据表 8-11 取值;

n ——地基变形计算深度范围内按压缩模量不同所划分的土层数;

p_0 ——相应于作用的准永久组合时基础地面处的附加压力,kPa;

E_{si} ——基础地面下第 i 层土的压缩模量,MPa,应取土的自重压力至土的自重压力与附加压力之和的压力段计算;

z_i、z_{i-1} ——基础底面计算点至第 i 层土、第 $i-1$ 层土底面的距离,m;

$\overline{\alpha}_i$、$\overline{\alpha}_{i-1}$ ——基础底面计算点至第 i 层土、第 $i-1$ 层土底面范围内平均附加应力系数,见表 8-9。

表 8-11 沉降计算经验系数 ψ_s

基底附加压力 p_0 (kPa)	$\overline{E}_s$				
	2.5	4.0	7.0	15.0	20.0
$p_0 \geqslant f_{ak}$	1.4	1.3	1.0	0.4	0.2
$p_0 \leqslant 0.75f_{ak}$	1.1	1.0	0.7	0.4	0.2

注:1. f_{ak} 为地基承载力特征值。

2. $\overline{E}_s$ 为计算深度范围内压缩模量的当量值,$\overline{E}_s = \dfrac{\sum_{i=1}^{n} A_i}{\sum_{i=1}^{n}(A_i/E_{si})}$(式中 A_i 为第 i 层土的附加应力系数面积)。

【例 8-6】 某基础底面尺寸为 4.8 m×3.2 m,埋深为 1.5 m,已知基底压力 p_k = 147 kPa,地基的土层分层及各层土的侧限压缩模量(相应于自重应力至自重应力加附加应力段)如图 8-29 所示,持力层的地基承载力为 f_{ak} = 180 kPa。试用应力面积法计算基础中点的最终沉降量。

解:(1)基底附加压力

$$p_0 = p_k - \sigma_{cz} = 147 - 18 \times 1.5 = 120(\text{kPa})$$

(2)取计算深度为 8 m,计算过程见表 8-12,计算沉降量为 123.4 mm。

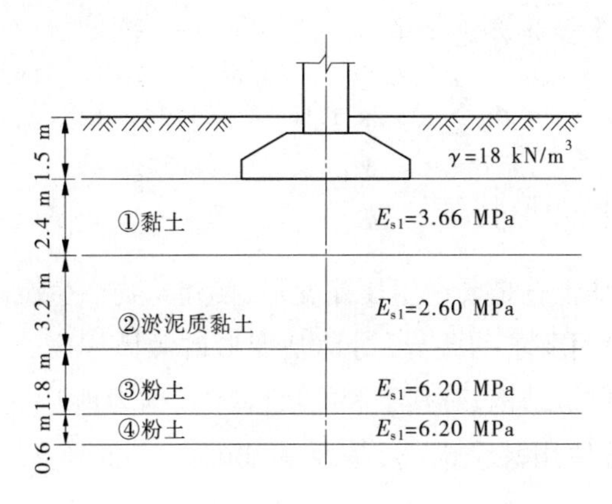

图 8-29　例 8-6 图

表 8-12　应力面积法计算地基最终沉降

z_i (m)	l/b	z_i/b	$\bar{a}_i$	$z\bar{a}$	$z_i\bar{a}_i - z_{i-1}\bar{a}_{i-1}$	E_{si} (MPa)	$\Delta s_i'$ (mm)	$\sum \Delta s_i'$ (mm)
0	4.8/3.2 =1.5	0/3.2 = 0.0	4 × 0.250 0 = 1.000 0	0.000				
2.4	1.5	2.4/3.2 = 0.7	4 × 0.210 8 = 0.843 2	2.024	2.024	3.66	66.4	66.4
5.6	1.5	5.6/3.2 = 1.75	4 × 0.139 2 = 0.556 8	3.118	1.094	2.60	50.5	116.9
7.4	1.5	7.4/3.2 =2.31	4 × 0.114 5 = 0.458 0	3.389	0.271	6.20	5.2	122.1
8.0	1.5	8.0/3.2 = 2.5	4 × 0.108 0 = 0.4320	3.456	0.067	6.20	1.3≤0.025 × 123.4	123.4

(3)确定沉降计算深度 z_n。

根据 b = 3.2 m 查表 8-10 可得 Δz = 0.6 m，相应于往上取 Δz 厚度范围（7.4～8.0 m 深度范围），该层的计算沉降量为 1.3 mm≤0.025 × 123.4 mm = 3.09 mm，满足要求，故沉降计算深度可取为 8 m。

(4)确定修正系数 ψ_s。

$$\bar{E}_s = \frac{\sum_{i=1}^{n} A_i}{\sum_{i=1}^{n} A_i/E_{si}} = \frac{2.024 + 1.094 + 0.271 + 0.067}{\frac{2.024}{3.66} + \frac{1.094}{2.60} + \frac{0.271}{6.20} + \frac{0.067}{6.20}} = 3.36(\text{MPa})$$

由于 $p_0 \leqslant 0.75 f_{ak}$ = 135 kPa，查表 8-11 得 ψ_s = 1.04 。

(5)计算基础中点最终沉降量 s。

$$s = \psi_s s' = \psi_s \sum_{i=1}^{n} \Delta s'_i = 1.04 \times 123.4 = 128.3(\text{mm})$$

三、建筑物的地基变形特征

在荷载作用下,地基土总是要产生压缩变形,使建筑物产生沉降。由于不同建筑物的结构类型、整体刚度、使用要求的差异,对地基变形的敏感程度、危害、变形要求也不同。因此,对于各类不同的建筑结构,对其不利的沉降形式称为地基变形特征,如何控制使之不会影响建筑物的正常使用甚至破坏,是地基基础设计必须予以充分考虑的一个基本问题。

地基变形特征一般分为沉降量、沉降差、倾斜、局部倾斜四种。

(一)沉降量

沉降量指独立基础中心点的沉降值或整幢建筑物基础的平均沉降值。

关于单层排架结构,在低压缩性的地基上一般不会因沉降损坏,但在中高压缩性的地基上,应该限制柱基沉降量,尤其是要限制多跨排架中受荷较大的中排柱基的沉降量不宜过大,以免支承于其上的相邻屋架发生对倾而使端部相碰。

(二)沉降差

沉降差一般指相邻柱基中心点的沉降量之差。

框架结构主要因柱基的不均匀沉降而使结构受剪损坏,因此其地基变形由沉降差控制。

(三)倾斜

倾斜指基础倾斜方向两端点的沉降差与其距离的比值。

高耸结构和高层建筑的整体刚度很大,可近似看成刚性结构,其地基变形应由建筑物的整体倾斜控制,必要时应控制平均沉降量。

对于有吊车的工业厂房,还应验算桥式吊车轨面沿纵向或横向的倾斜,以免因倾斜而导致吊车自动滑行或卡轨。

(四)局部倾斜

局部倾斜指砌体承重结构沿纵向 6 ~ 10 m 内基础两点的沉降差与其距离的比值。

砌体承重结构对地基的不均匀沉降是很敏感的,其损坏主要是由于墙体挠曲引起局部出现斜裂缝,故砌体承重结构的地基变形由局部倾斜控制。

《建筑地基基础设计规范》(GB 50007—2011)规定:建筑物的地基变形计算值,不应大于地基变形允许值。建筑物地基变形允许值应按表 8-13 的规定采用。对表中未包括的建筑物,其地基变形允许值应根据上部结构对地基变形的适应能力和使用要求确定。

表 8-13　建筑物的地基变形允许值

变形特征		地基土类别	
		中、低压缩性土	高压缩性土
砌体承重结构基础的局部倾斜		0.002	0.223
工业与民用建筑物相邻柱基的沉降差	框架结构	0.002l	0.003l
	砌体墙填充的边排柱	0.007l	0.003l
	当基础不均匀沉降时不产生附加应力的结构	0.005l	0.005l
单层排架结构（柱距为 6 m）柱基的沉降量（mm）		（120）	220
桥式吊车轨面的倾斜（按不调整轨道考虑）	纵向	0.004	
	横向	0.003	
多层和多层建筑的整体倾斜	$H_g \leqslant 24$ m	0.004	
	24 m $< H_g \leqslant 60$ m	0.003	
	60 m $< H_g \leqslant 100$ m	0.002 5	
	$H_g > 100$ m	0.002	
体型简单的高层建筑基础的平均沉降量（mm）		200	
高耸结构的倾斜	$H_g \leqslant 20$ m	0.008	
	20 m $< H_g \leqslant 50$ m	0.006	
	50 m $< H_g \leqslant 100$ m	0.005	
	100 m $< H_g \leqslant 150$ m	0.004	
	150m $< H_g \leqslant 200$ m	0.003	
	200 m $< H_g \leqslant 250$ m	0.002	
高耸结构的沉降量（mm）	$H_g \leqslant 100$ m	400	
	100 m $< H_g \leqslant 200$ m	300	
	200 m $< H_g \leqslant 250$ m	200	

注：1. 本表数值为建筑物地基实际最终变形允许值。
2. 有括号者仅适用于中压缩性土。
3. l 为相邻柱基的中心距离，mm；H_g 为自室外地面起算的建筑物高度，m。

任务七　土的抗剪强度与极限平衡条件

土的抗剪强度是指土体对于外荷载所产生的剪应力的极限抵抗能力。在外荷载作用下，土体中将产生剪应力和剪切变形，当土中某点由外力所产生的剪应力达到土的抗剪强度时，土就沿着剪应力作用方向产生相对滑动，该点便发生剪切破坏。剪切破坏是土体强度破坏的重要特点，因此土的强度问题实质上就是土的抗剪强度问题。

在工程实践中与土的抗剪强度有关的工程问题主要有三类：第一类是以土作为建造材料的土工构筑物的稳定性问题，如土坝、路堤等填方边坡以及天然土坡等的稳定性问题；第二类是土作为工程构筑物环境的安全性问题，即土压力问题，如挡土墙、地下结构等的周围土体，它的强度破坏将造成对墙体过大的侧向土压力，可能导致这些工程构筑物发生滑动、倾覆等破坏事故；第三类是土作为建筑物地基的承载力问题，如果基础下的地基土体产生整体滑动或因局部剪切破坏而导致过大的地基变形，将会造成上部结构的破坏或影响其正常使用功能，如图 8-30 所示。

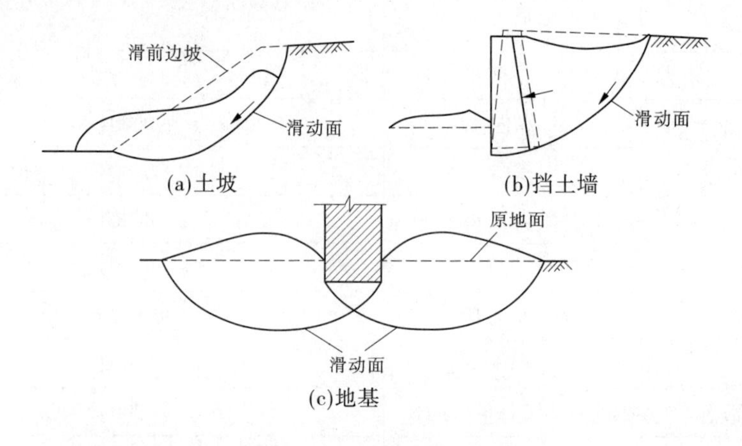

图 8-30 土体剪切破坏示意图

土的抗剪强度，首先取决于它本身的基本性质，即土的组成、土的状态和土的结构，这些性质又与它形成的环境和应力历史等因素有关；其次取决于它所处的应力状态。研究土的抗剪强度及其变化规律对于工程设计、施工组织等都具有非常重要的意义。

一、土的抗剪强度与极限平衡条件

(一)库仑定律

1773 年，法国科学家库仑通过一系列砂土剪切试验，提出砂土抗剪强度的表达式为

$$\tau_f = \sigma \tan\varphi \tag{8-39}$$

以后又通过进一步试验研究，提出了黏性土的抗剪强度表达式为

$$\tau_f = c + \sigma \tan\varphi \tag{8-40}$$

式中 τ_f ——土体的抗剪强度，kPa；

σ ——剪切滑动面上的法向应力，kPa；

c ——土的黏聚力，kPa，对无黏性土 $c = 0$ ；

φ ——土的内摩擦角，(°)。

式(8-39)和式(8-40)即为著名的库仑定律。

库仑定律表明，土的抗剪强度是剪切面上的法向总应力 σ 的线性函数，如图 8-31 所示。同时从该定律可知，对于无黏性土，其抗剪强度仅仅是粒间的摩擦力；而对于黏性土，其抗剪强度由黏聚力和摩擦力两部分构成。

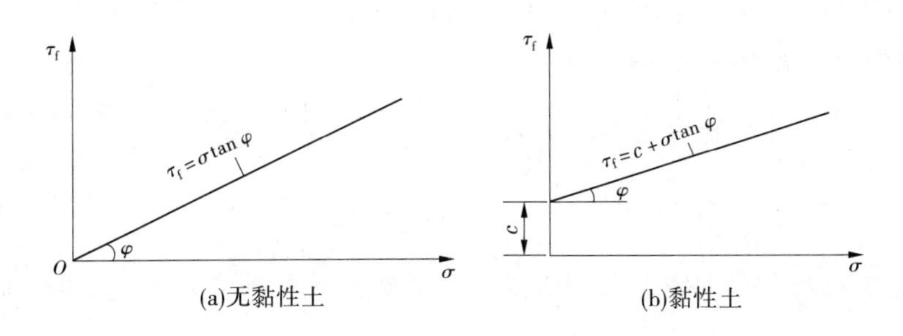

(a)无黏性土　(b)黏性土

图 8-31　抗剪强度与法向应力关系

抗剪强度的摩擦力 $\sigma\tan\varphi$ 主要由以下两部分组成：一是滑动摩擦，即剪切面土粒间表面的粗糙所产生的摩擦作用；二是咬合摩擦，即由粒间互相嵌入所产生的咬合力。因此，抗剪强度的摩擦力除与剪切面上的法向总应力有关外，还与土的原始密度、土粒的形状、表面的粗糙程度以及级配等因素有关。抗剪强度的黏聚力 c 一般由土粒之间的胶结作用和电分子引力等因素所形成，因此黏聚力通常与土中的黏粒含量、矿物成分、含水率、土的结构等因素密切相关。应当指出，c、φ 是决定土的抗剪强度的两个重要指标，随试验方法和土样的排水条件不同而有较大差异。

（二）土的极限平衡条件

1. 土中某点的应力状态

当土中某点任一方向的剪应力达到土的抗剪强度时，称该点处于极限平衡状态，或称该点即将发生剪切破坏。因此，为了研究土中某一点是否破坏，需要首先了解该点的应力状态。

从土中任取一单元体，如图 8-32(a)所示。设作用在单元体的大、小主应力分别为 σ_1 和 σ_3，在单元体内与大主应力 σ_1 作用面成任意角的 mn 平面上有正应力 σ 和剪应力 τ。为建立 σ、τ 与 σ_1、σ_3 之间的关系，取楔形脱离体 abc（见图 8-32(b)）。为了便于讨论，现以平面受力体为例：

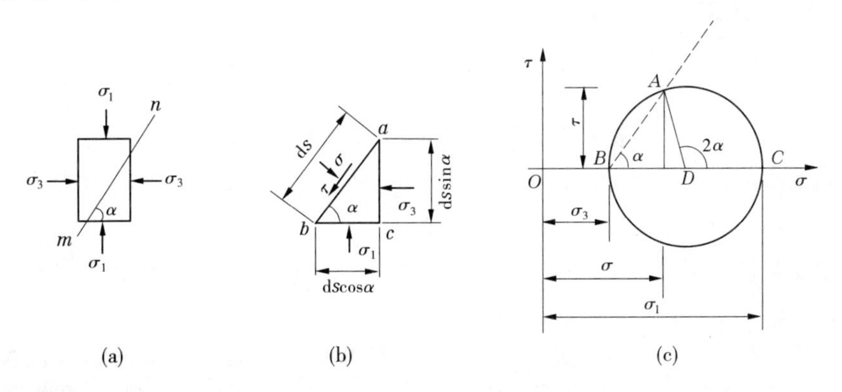

(a)　(b)　(c)

图 8-32　土体内任一点的应力状态

根据楔体极限平衡条件可得

$$\sigma_3 ds\sin\alpha - \sigma ds\sin\alpha + \tau ds\cos\alpha = 0$$

$$\sigma_1 \mathrm{d}s\cos\alpha - \sigma \mathrm{d}s\cos\alpha - \tau \mathrm{d}s\sin\alpha = 0$$

联立求解以上方程得研究平面上的应力为

$$\sigma = \frac{1}{2}(\sigma_1 + \sigma_3) + \frac{1}{2}(\sigma_1 - \sigma_3)\cos 2\alpha \tag{8-41}$$

$$\tau = \frac{1}{2}(\sigma_1 - \sigma_3)\sin 2\alpha \tag{8-42}$$

按材料力学公式,单元体上大、小应力值与 xOz 坐标上 σ_z 、σ_x 和 τ_{xz} 间的相互转换关系为

$$\frac{\sigma_1}{\sigma_3} = \frac{\sigma_z + \sigma_x}{2} \pm \sqrt{\frac{(\sigma_z - \sigma_x)^2}{4} + \tau_{xz}^2} \tag{8-43}$$

由材料力学可知,土中某点应力状态既可用上述公式表示,也可用莫尔应力圆描述,如图 8-32(c)所示,$(\frac{\sigma_1 + \sigma_3}{2},0)$ 为圆心、$\frac{\sigma_1 - \sigma_3}{2}$ 为圆半径。莫尔应力圆圆周上某点的坐标表示土中该点相应某个面上的正应力和剪应力,该面与大主应力作用面的夹角等于 CA 所含的圆心角的一半。由图 8-32 可见,最大剪应力 $\tau_{\max} = \frac{1}{2}(\sigma_1 - \sigma_3)$,作用面与大主应力 σ_1 作用面的夹角 $\alpha = 45°$ 。

2. 土的极限平衡条件

为判别土体中某点的平衡状态,可将抗剪强度包线与土体中某点的莫尔应力圆绘于同一坐标系中,按其相对位置判断该点所处的状态,如图 8-33 所示,可以划分为以下三种状态:

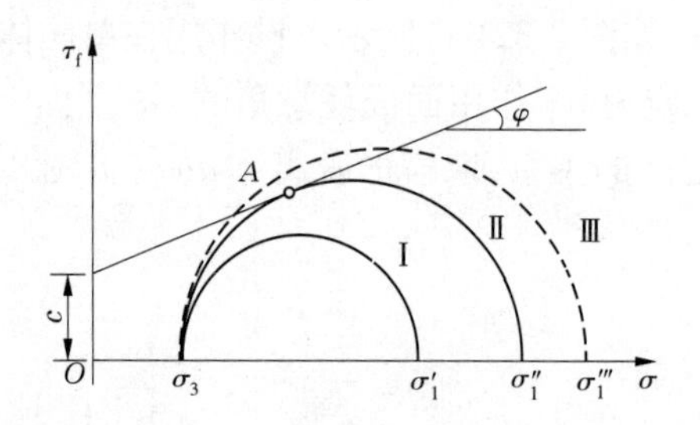

图 8-33 莫尔应力圆与抗剪强度的关系

(1)圆Ⅰ位于抗剪强度包线的下方,表明通过该点的任何平面上的剪应力都小于抗剪强度,即 $\tau < \tau_f$,所以该点处于弹性平衡状态。

(2)圆Ⅱ与抗剪强度包线在 A 点相切,表明切点 A 所代表的平面上剪应力等于抗剪强度,即 $\tau = \tau_f$,该点处于极限平衡状态。

(3)圆Ⅲ与抗剪强度包线相割,表示过该点的相应于割线所对应的弧段代表的平面上的剪应力已"超过"土的抗剪强度,即 $\tau > \tau_f$,该点"已被剪破"。实际上圆Ⅲ的应力状态是不可能存在的,对于土体,当其剪应力达到抗剪强度时,应力已不符合弹性理论解答。

土的极限平衡条件,即 $\tau = \tau_f$ 时的应力间关系,故圆Ⅱ被称为极限应力圆。图 8-34 表示了极限应力圆与抗剪强度包线之间的几何关系,由此几何关系可得极限平衡条件的

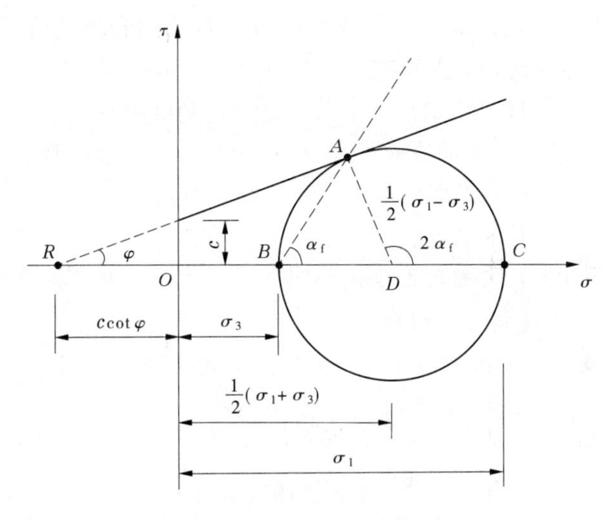

图 8-34　土的极限平衡条件

数学形式

$$\sin\varphi = \frac{\overline{AD}}{\overline{RD}} = \frac{\frac{1}{2}(\sigma_1 - \sigma_3)}{c\cot\varphi + \frac{1}{2}(\sigma_1 + \sigma_3)}$$

利用三角关系转换后可得

$$\sigma_1 = \sigma_3 \tan^2\left(45° + \frac{\varphi}{2}\right) + 2c\tan\left(45° + \frac{\varphi}{2}\right) \tag{8-44}$$

或

$$\sigma_3 = \sigma_1 \tan^2\left(45° - \frac{\varphi}{2}\right) - 2c\tan\left(45° - \frac{\varphi}{2}\right) \tag{8-45}$$

土处于极限平衡状态时,破坏面与大主应力作用面间的夹角为 α_f ,由图 8-34 中的几何关系可得

$$\alpha_f = \frac{1}{2}(90° + \varphi) = 45° + \frac{\varphi}{2} \tag{8-46}$$

上述公式统称为莫尔库仑强度理论,由该理论所描述的土体极限平衡状态可知,土的剪切破坏并不是由最大剪应力 $\tau_{max} = \frac{\sigma_1 - \sigma_3}{2}$ 控制,即剪破面并不产生于最大剪应力面,而与最大剪应力面成 $45° + \frac{\varphi}{2}$ 的夹角。

土的抗剪强度理论可以归纳为以下几点:

(1)土的抗剪强度与该面上正应力的大小成正比。

(2)土的强度破坏是由土中某点的剪应力达到土的抗剪强度引起的。

(3)破坏面不发生在最大剪应力作用面上,而是在应力圆与抗剪强度包线相切的切点所代表的平面上,即与大主应力作用面成 $\alpha = 45° + \frac{\alpha}{2}$ 交角的平面上。

(4)如果同一种土有几个试样在不同的大、小主应力组合下受剪,则在 $\tau_f \sim \sigma$ 坐标图上可得几个极限应力圆,这些应力圆的公切线就是其抗剪强度包线(可视为一直线)。

(5)土的极限平衡条件是判别土体中某点是否达到极限平衡状态的基本公式。

【例 8-7】 地基中某一单元土体上的大主应力 $\sigma_1 = 420$ kPa,小主应力 $\sigma_3 = 180$ kPa。通过试验测得该土样的抗剪强度指标 $c = 18$ kPa, $\varphi = 20°$。试问:

(1)该单元土体处于何种状态?

(2)是否会沿剪应力最大的面发生破坏?

解:(1)单元土体所处状态的判别。

设达到极限平衡状态时所需小主应力为 σ_3,则由式(8-45)得

$$\sigma_3 = \sigma_1 \tan^2\left(45° - \frac{\varphi}{2}\right) - 2c\tan\left(45° - \frac{\varphi}{2}\right)$$

$$= 420 \times \tan^2\left(45° - \frac{20°}{2}\right) - 2 \times 18 \times \tan\left(45° - \frac{20°}{2}\right) = 180.7(\text{kPa})$$

因为 σ_3 大于该单元土体的实际小主应力,所以该单元土体处于剪破状态。若设达到极限平衡状态时的大主应力为 σ_1,则

$$\sigma_1 = \sigma_3\tan^2\left(45° + \frac{\varphi}{2}\right) + 2c\tan\left(45° + \frac{\varphi}{2}\right)$$

$$= 180 \times \tan^2\left(45° + \frac{20°}{2}\right) + 2 \times 18 \times \tan\left(45° + \frac{20°}{2}\right)$$

$$= 419(\text{kPa})$$

同样可得出上述结论。

(2)是否沿剪应力最大的面剪破。

最大剪应力为

$$\tau_{\max} = \frac{1}{2}(\sigma_1 - \sigma_3) = \frac{1}{2} \times (420 - 180) = 120(\text{kPa})$$

剪应力最大面上的正应力

$$\sigma = \frac{1}{2}(\sigma_1 + \sigma_3) + \frac{1}{2}(\sigma_1 - \sigma_3)\cos 2\alpha$$

$$= \frac{1}{2} \times (420 + 180) + \frac{1}{2} \times (420 - 180) \times \cos 90°$$

$$= 300(\text{kPa})$$

该面上的抗剪强度

$$\tau_f = c + \sigma\tan\varphi = 18 + 300 \times \tan 20° = 127(\text{kPa})$$

因为在剪应力最大面上 $\tau_f > \tau_{\max}$,所以不会沿该面发生剪破。

二、土的抗剪强度试验方法

确定土的抗剪强度的试验,称为剪切试验。剪切试验的方法有多种,在实验室内常用的有直接剪切试验、三轴剪切试验和无侧限抗压试验。现场原位测试有十字板剪切试验等。

(一)直接剪切试验

直接剪切试验是测定土的抗剪强度的最简便和最常用的方法。所使用的仪器称直剪仪,分应变控制式和应力控制式两种,前者以等应变速率使试样产生剪切位移直至剪破,后者是分级施加水平剪应力并测定相应的剪切位移。目前我国使用较多的是应变控制式直剪仪。

应变控制式直剪仪的主要工作部件如图 8-35 所示。试验时,首先将剪切盒的上、下盒对正,然后用环刀切取土样,并将其推入由上、下盒构成的剪切盒中。通过杠杆对土样施加垂直压力 p 后,由推动座均匀推进对下盒施加剪应力,使土样沿上下盒水平接触面产生剪切变形,直至破坏。剪切面上相应的剪应力值由与上盒接触的量力环的变形值推算。在剪切过程中,每隔一固定时间间隔测计量力环中百分表读数,直至剪损。根据计量的剪应力 τ 与剪切位移 Δl 的值,可绘制出一定法向应力 σ 条件下的剪应力—剪切位移关系曲线,如图 8-36 所示。

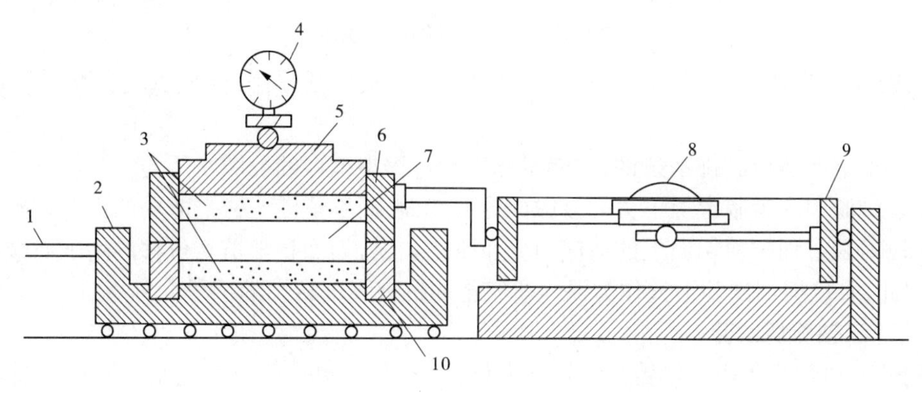

1—轮轴;2—底座;3—透水石;4、8—测微表;5—活塞;
6—上盒;7—土样;9—量力环;10—下盒

图 8-35　应变控制式直剪仪示意图

对于较密实的黏土及密砂土的 $\tau\sim\Delta l$ 曲线具有明显峰值,如图 8-36 的中的曲线 1,其峰值即为破坏强度 τ_f,峰后强度随应变增大而降低,此为应变软化特征;对于软黏土和松砂,其 $\tau\sim\Delta l$ 型曲线常不出现峰值,如图 8-36 中的曲线 2,强度随应变增大趋于某一稳定值,称之为应变硬化特征,此时可按某一剪切变形量作为控制破坏标准,《土工试验方法标准》(2007 版)(GB/T 50123—1999)规定以剪切位移为 4 mm 相对应 b 点的剪应力作为抗剪强度 τ_f。

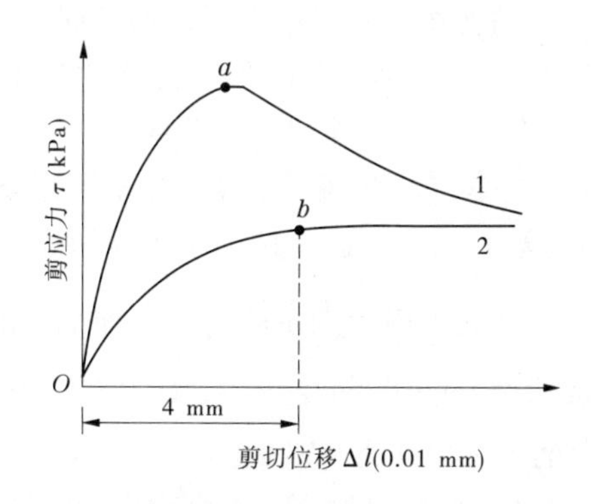

1—应变软化特征曲线;2—应变硬化曲线

图 8-36　剪应力—剪切位移关系曲线

要通过直剪试验确定某种土的抗剪强度,通常取四个试样,分别施加不同的垂直压力 σ 进行剪切试验,求得相应的抗剪强度 τ_f。将 τ_f 与 σ 绘于直角坐标系中,即得该土的抗剪强度包线，如图 8-37 所示。强度包线与 σ 轴的夹角即为内摩擦角 φ，在 τ 轴上的截距即为土的黏聚力 c。绘图时须注意纵横坐标的比例一致。

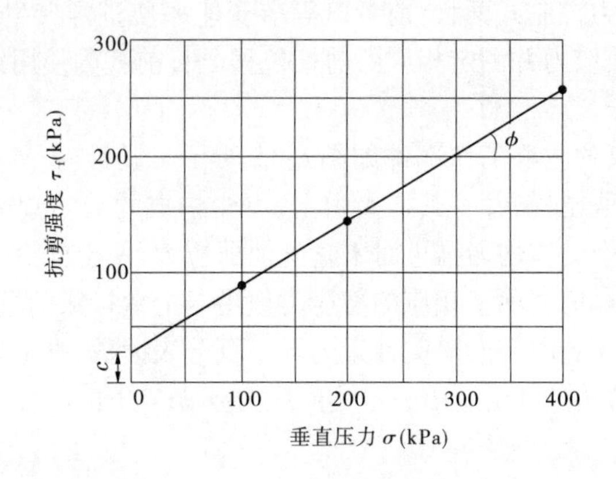

图 8-37　直剪试验的成果表示

直剪仪构造简单，操作方便，因而在一般工程中被广泛采用，但该试验存在着下述不足：

(1)不能严格控制排水条件，不能量测试验过程中试样的孔隙水压力。

(2)试验中人为限定上下盒的接触面为剪切面，而不是沿土样最薄弱的面剪切破坏。

(3)剪切过程中剪切面上的剪应力分布不均匀，剪切面积随剪切位移的增加而减小。

因此，直接剪切试验不宜作为深入研究土的抗剪强度特性的手段。

(二)三轴剪切试验

三轴剪切试验所用的仪器是三轴剪力仪，有应变控制式和应力控制式两种。前者操作较后者简单，因而使用广泛。应变控制式三轴剪力仪的主要工作部分包括反压力控制系统、周围压力控制系统、压力室、孔隙水压力测量系统、试验机等。图 8-38 为三轴剪力仪组成示意图。

三轴剪切试验采用正圆柱形试样。试验的主要步骤为：①将制备好的试样套在橡皮膜内置于压力室底座上，装上压力室外罩并密封；②向压力室充水使周围压力达到所需的 σ_3，并使液压在整个试验过程中保持不变；③按照试验要求关闭或开启各阀门，开动马达使压力室按选定的速率上升，活塞即对试样施加轴向压力增量 $\Delta\sigma$，$\sigma_1 = \sigma_3 + \Delta\sigma$，如图 8-39(a)所示。假定试验上下端所受约束的影响忽略不计，则轴向即为大主应力方向，试样剪破面方向与大主应力作用面平面的夹角为 $\alpha_f = 45° + \dfrac{\varphi}{2}$，如图 8-39(b)所示。按试样剪破时的 σ_1 和 σ_3 作极限应力圆，它必与抗剪强度包线切于 A 点，如图 8-39(c)所示。A 点的坐标值即为剪破面 $m—n$ 上的法向应力 σ_f 与极限剪切应力 τ_f。

试验时一般采用 3 ~4 个土样，在不同的 σ_3 作用下进行剪切，得出 3 ~4 个不同的破坏应力圆，绘出各应力圆的公切线，即为抗剪强度包线，通常近似取一直线。由此求得抗剪强度指标 c、φ 值，如图 8-39(d)所示。

三轴剪切试验的突出优点是能严格地控制试样的排水条件，从而可以量测试样中的孔隙水压力，以定量地获得土中有效应力的变化情况，试样中的应力分布比较均匀，所以

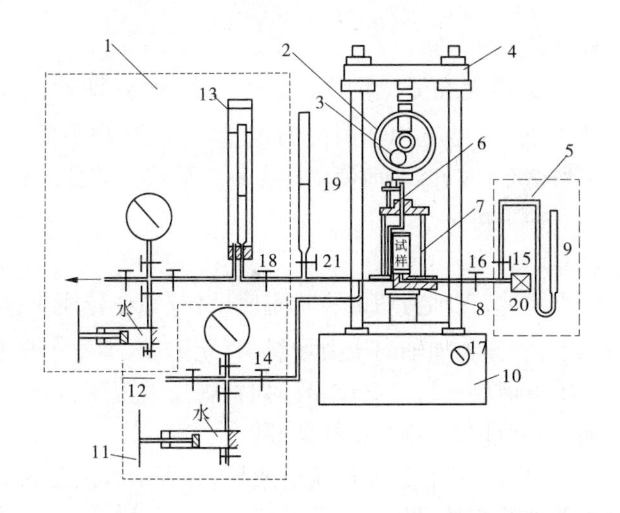

1—反压力控制系统；2—轴向测力计；3—轴向位移计；4—试验机横梁；5—孔隙水压力测量系统；
6—活塞；7—压力室；8—升降台；9—量水管；10—试验机；11—周围压力控制系统；
12—压力源；13—体变管；14—周围压力阀；15—量管阀；16—孔隙压力阀；17—手轮；
18—体变管阀；19—排水管；20—孔隙压力传感器；21—排水管阀

图 8-38　三轴剪力仪示意图

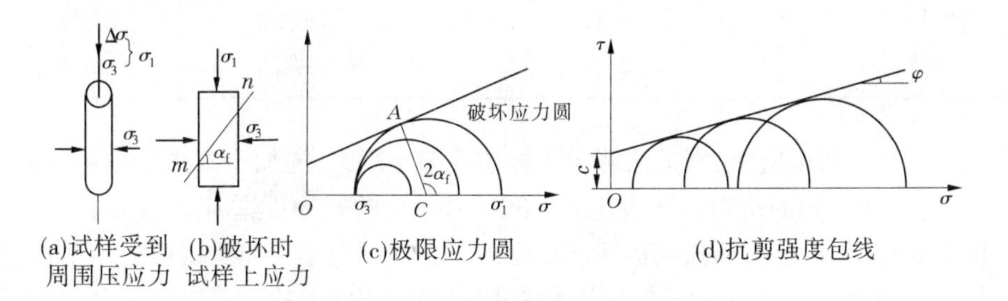

图 8-39　三轴剪切试验示意图

三轴试验成果较直接剪切试验成果更加可靠、准确；但该仪器较复杂，操作技术要求高，且试样制备也比较麻烦，且试验是在轴对称情况下进行的，即 $\sigma_2 = \sigma_3$，这与一般土体实际受力有所差异。为此，有 $\sigma_1 \neq \sigma_2 \neq \sigma_3$ 的真三轴剪力仪、平面应变仪等能更准确地测定不同应力状态下土的强度指标的试验仪器。

土的抗剪强度与试验时的排水条件密切相关，根据土体现场受剪的排水条件，有三种特定的试验方法可供选择，即三轴剪切试验中的不固结不排水剪、固结不排水剪和固结排水剪，对应直剪试验中的快剪、固结快剪和慢剪。

1. 不固结不排水剪（UU）

不固结不排水剪简称不排水剪，在三轴剪切试验中自始至终不让试样排水固结，即施加周围压力 σ_3 和随后施加轴向压力增量 $\Delta\sigma$ 直至土样剪损的整个过程都关闭排水阀，使土样的含水率不变。用直剪仪进行快剪（Q）时，在土样的上、下面与透水石之间用不透水薄膜隔开，施加预定的垂直压力后，立即施加水平剪力，并在 3 ~ 5 min 内将土样剪损。

2. 固结不排水剪(CU)

三轴剪切试验中使试样先在 σ_3 作用下完全排水固结，即让试样中的孔隙水压力 $u_1 = 0$。然后关闭排水阀门，再施加轴向应力增量，使试样在不排水条件下剪切破坏。用直剪仪进行固结快剪(CQ)时，剪切前使试样在垂直荷载下充分固结，剪切时速率较快，尽量使土样在剪切过程中不再排水。

3. 固结排水剪(CD)

固结排水剪简称排水剪，三轴剪切试验时先使试样在 σ_3 作用下排水固结，再让试样在能充分排水的情况下，缓慢施加轴向压力增量，直至剪破，即整个试验过程中试样的孔隙水压力始终为零。用直剪仪进行慢剪试验(s)时，施加垂直压力 σ 后将试样固结稳定，再以缓慢的速率施加水平剪切力，直至试样剪破。

按上述三种特定试验方法进行试验所得的成果，其表示方法是在 c、φ 符号右下角分别标以表示不同排水条件的符号，见表 8-14。

表 8-14 剪切试验成果表达

直接剪切		三轴剪切	
试验方法	成果表达	试验方法	成果表达
快剪	c_q, φ_q	不排水剪	c_{uu}, φ_{uu}
固结快剪	c_{cq}, φ_{cq}	固结不排水剪	c_{cu}, φ_{cu}
慢剪	c_s, φ_s	排水剪	c_{cd}, φ_{cd}

在土的直接剪切试验中，因无法测定土样的孔隙水压力，施加于试样上的垂直法向应力 σ 是总应力，所以土的抗剪强度表达式如式(8-40)中的 c、φ 是总应力意义上的土的黏聚力和内摩擦角，称为总应力强度指标。根据土的有效应力原理和固结理论，土的抗剪强度并不是由剪切面上的法向总应力决定，而是取决于剪切面上的有效法向应力，因此有必要按有效应力计算土的抗剪强度

$$\tau_f = c' + \sigma' \tan\varphi' \tag{8-47}$$

式中 σ'——剪切破坏面上的法向有效应力，kPa；

c'、φ'——土的有效黏聚力和有效内摩擦角，即土的有效应力强度指标。

有效应力强度指标确切地指出了土的抗剪强度的实质，是比较合理的表示方法。但由于在分析中需测定孔隙水压力，而这在许多实际工程中难以做到，因此目前在工程中存在着两套指标并用的现象。对于三轴剪切试验成果，除用总应力强度指标表达外，还可用有效应力指标 c'、φ' 表示，且对同一种土无论是用 UU、CU 或 CD 试验成果任一种，均可获得相同的 c'、φ'，它们不随试验方法而改变。CU 试验成果确定 c'、φ' 的方法，如图 8-40 所示。

将试验所得的总应力破坏莫尔应力圆(见图 8-40 中各实线圆)向坐标原点平移一相应的距离 u 值，圆的半径保持不变，就可绘出有效应力破坏莫尔应力圆(见图 8-40 中各虚线圆)。按各实线圆求得的公切线为该土的总应力抗剪强度包线，据之可确定 c_{cu} 和 φ_{cu}；按各虚线圆求得的公切线，为该土的有效应力抗剪强度包线，据之可确定 c' 和 φ'。

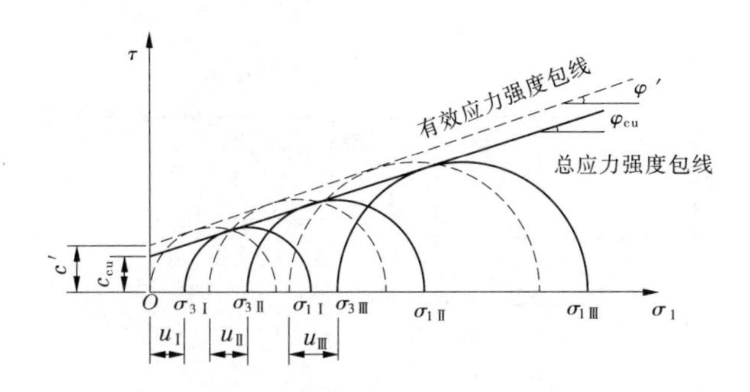

图 8-40　CU 试验成果确定 c' 、φ'

如前所述，土的抗剪强度指标随试验方法、排水条件的不同而异，因而在实际工程中应该尽可能根据现场条件决定室内试验方法，以获得合适的抗剪强度指标。一般认为，由三轴固结不排水试验确定的有效应力参数 c' 和 φ' 宜用于分析地基的长期稳定性，例如土坡的长期稳定分析，估计挡土结构物的长期土压力，位于软土地基结构物的地基长期稳定分析等。而对于饱和软黏土的短期稳定问题，则宜采用不排水剪的强度指标。但在进行不排水剪试验时，宜在土的有效自重压力下预固结，以避免试验得出的指标过低，使之更符合实际情况，见表 8-15。

表 8-15　地基土抗剪强度指标的选用

试验方法	适用条件
不排水剪或快剪	地基土的透水性和排水条件不良，建筑物施工速度较快
排水剪或慢剪	地基土的透水性好，排水条件较佳，建筑物加荷速率较慢
固结不排水剪或固结快剪	建筑物竣工以后较久，荷载又突然增大（如房屋增层），或地基条件等价于上述两种情况之间

图 8-41 表示饱和黏性土的三轴不排水剪切试验结果。图中三个实线圆 A、B、C 表示三个试样在不同 σ_3 作用下剪切破坏，虽然三个试样的周围压力 σ_3 不同，但剪切破坏时的主应力差相等，因而三个极限应力圆的直径相同，由此强度包线是一条水平线，即 $\varphi_u = 0$

$$\tau_f = c_u = \frac{1}{2}(\sigma_1 - \sigma_3) \tag{8-48}$$

所以，对于此类情况，只要能做出一个极限应力圆，就可求得其抗剪强度指标，故引入下面试验方法。

（三）无侧限抗压试验

无侧限抗压试验是三轴剪切试验的一种特例，即对正圆柱形试样不施加周围压力（ $\sigma_3 = 0$ ），而只对它施加垂直的轴向压力 σ_1 ，由此测出试样在无侧向压力的条件下，抵抗轴向压力的极限强度，称之为无侧限抗压强度。图 8-42（a）为应变控制式无侧限压缩仪，试样受力情况如图 8-42（b）所示。

对于饱和软黏土，根据三轴不排水剪切试验成果，其强度包线近似于一水平线（见图 8-41），即 $\varphi_u = 0$ 。故无侧限抗压试验适用于测定饱和软黏土的不排水强度，如图 8-42

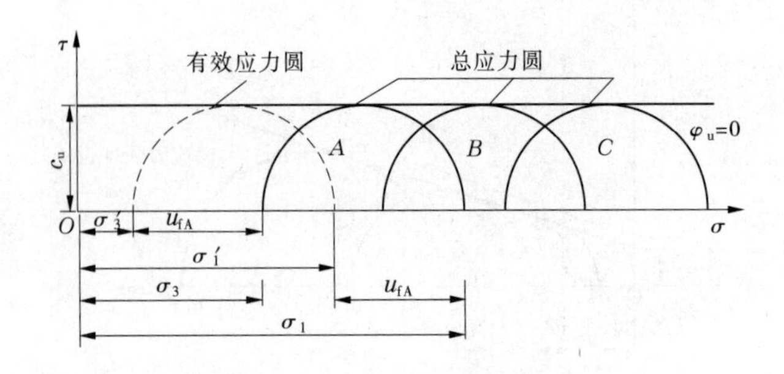

图 8-41 饱和黏性土不排水剪结果

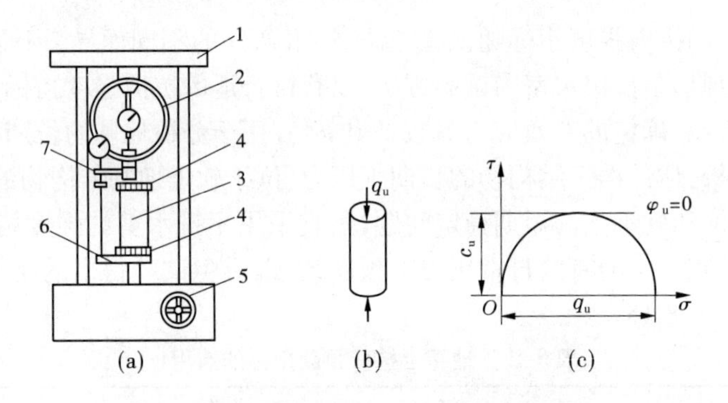

1—轴向加压架;2—轴向测力计;3—试样;4—上、下传压板;5—手动或电动转轮;6—升降板;7—轴向位移计

图 8-42 应变控制式无侧限抗压强度试验

(c)所示,在 $\sigma \sim \tau$ 坐标上,以无侧限抗压强度 q_u 为直径,通过 $\sigma_3 = 0$ 、$\sigma_1 = q_u$ 作极限应力圆,其水平切线就是强度包线,该线在 τ 轴上的截距 c_u 即等于抗剪强度 τ_f ,即

$$\tau_f = c_u = \frac{q_u}{2} \tag{8-49}$$

饱和黏性土的强度与土的结构有关,当土的结构遭受破坏时,其强度会迅速降低,工程上常用灵敏度 S_t 来反映土的结构性的强弱

$$S_t = \frac{q_u}{q_0} \tag{8-50}$$

式中 q_u ——原状土的无侧限抗压强度,kPa;

q_0 ——重塑土(指在含水率不变的条件下使土的天然结构彻底破坏再重新制备的土)的无侧限抗压强度,kPa。

根据灵敏度大小可将饱和黏性土分为三类:低灵敏度 $1 < S_t \leqslant 2$,中灵敏度 $2 < S_t \leqslant 4$,高灵敏度 $S_t > 4$。土的灵敏度越高,其结构性越强,受扰动后土的强度降低就越多。所以,在高灵敏度土上修建建筑物时,应尽量减少对土的扰动。

(四)十字板剪切试验

十字板剪切试验是一种现场测定饱和软黏土的抗剪强度的原位试验方法。与室内无侧限抗压强度试验一样,十字板剪切所测得的成果相当于不排水抗剪强度。

十字板剪切仪的主要工作部分见图 8-43。试验时预先钻孔到接近预定施测深度,清理孔底后将十字板固定在钻杆下端下至孔底，压入到孔底以下750 mm。然后通过安放在地面上的设备施加扭矩，使十字板按一定速率扭转直至土体剪切破坏。由剪切破坏时的扭矩 M_{max} 可推算土的抗剪强度。

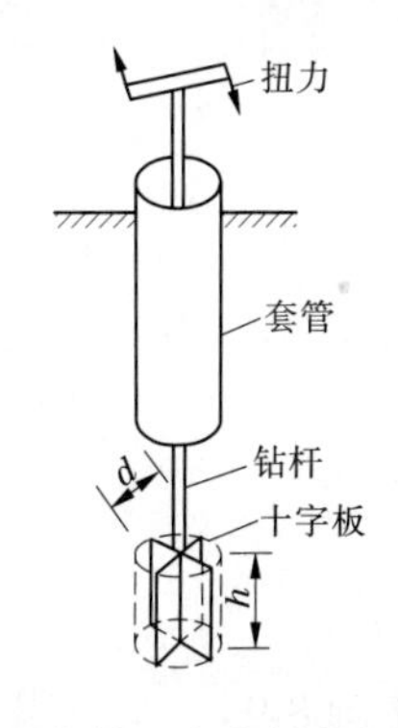

图 8-43　十字板剪切仪

土体的抗扭力矩由 M_1 和 M_2 两部分组成，即

$$M_{max} = M_1 + M_2 \tag{8-51}$$

式中　M_1 ——柱体上下平面的抗剪强度对圆心所产生的抗扭力矩，kN · m；

M_2 ——圆柱侧面上的剪应力与圆心所产生的抗扭力矩，kN · m。

$$M_1 = 2 \times \frac{\pi D^2}{4} \times \frac{2}{3} \times \frac{D}{2}\tau_{fh} \tag{8-52}$$

$$M_2 = \pi D \times H \times \frac{D}{2}\tau_{fv} \tag{8-53}$$

式中　τ_{fh} ——水平面上的抗剪强度，kPa；

D——十字板直径，m；

H——十字板高度，m；

τ_{fv} ——竖直面上的抗剪强度，kPa。

假定土体为各向同性体，即 $\tau_{fh} = \tau_{fv}$，则将式(8-52)和式(8-53)代入式(8-51)中，可得

$$\tau_f = \frac{2}{\pi D^2 H\left(1 + \frac{D}{3H}\right)}M_{max} \tag{8-54}$$

十字板剪切试验具有无需钻孔取样和使土少扰动的优点，且仪器结构简单、操作方便，因而在软黏土地基中有较好的适用性，常用以在现场对软黏土的灵敏度的测定。但这种原位测试方法中剪切面上的应力条件十分复杂，排水条件也不能严格控制，因此所测得的不排水强度与原状土的不排水剪切试验成果可能会有一定差别。

【例 8-8】　对一种黏性较大的土进行直接剪切试验，分别做快剪、固结快剪和慢剪，成果见表 8-16。试用作图方法求该种土的三种抗剪强度指标。

表 8-16　直剪试验成果

σ(kPa)		100	200	300	400
τ_f(kPa)	快剪	65	68	70	73
	固结快剪	65	88	111	133
	慢剪	80	129	176	225

解：据表 8-16 所列数据，依次绘制三种试验方法所得的抗剪强度包线，如图 8-44 所示，并由此量得各抗剪强度指标如下：

$c_q = 62$ kPa，$\varphi_q = 1.5°$；$c_{cq} = 41$ kPa，$\varphi_{cq} = 13°$；$c_s = 28$ kPa，$\varphi_s = 27°$

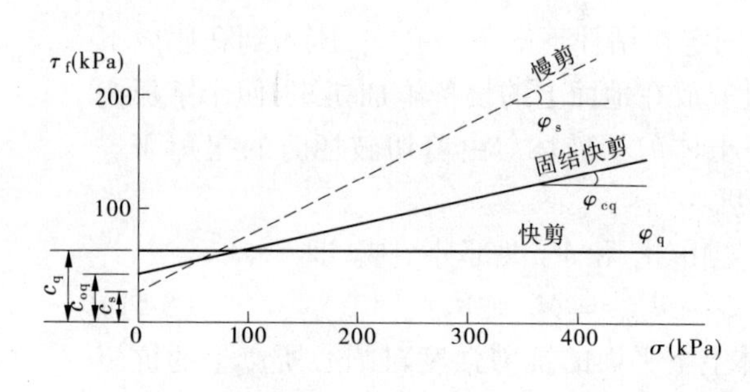

图 8-44 例 8-8 图

【例 8-9】 对某种饱和黏性土做固结不排水试验,三个试样破坏时的 σ_1、σ_3 和相应的孔隙水压力 u 列于表 8-17 中。试确定该试样的 c_{cu}、φ_{cu} 和 c'、φ',并分析用总应力法与有效应力法表示土的强度时,土的破坏是否发生在同一平面上?

表 8-17 三轴剪切试验成果

σ_1 (kPa)	σ_3 (kPa)	u(kPa)
143	60	23
220	100	40
313	150	67

解: 根据表 8-17 中 σ_1、σ_3 值,按比例在 $\tau \sim \sigma$ 坐标中绘出三个总应力极限应力圆,如图 8-45 中的实线圆,再绘出此三圆的外包线,量得 $c_{cu} = 10$ kPa,$\varphi_{cu} = 18°$。将三个总应力极限应力圆按各自测得的 u 值,分别向左平移相应的 u 值,即 $\sigma' = \sigma - u$,绘得三个有效应力极限应力圆,如图 8-45 中的虚线圆。绘出外包线,量得 $c' = 6$ kPa,$\varphi' = 27°$。

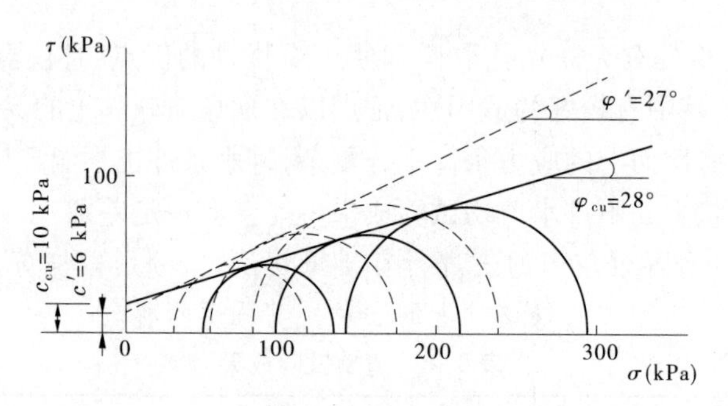

图 8-45 例 8-9 图

由土的极限平衡条件可知,剪破角 $\alpha_f = 45° + \dfrac{\varphi}{2}$,若以总应力来表示,$\alpha_f = 45° + \dfrac{18°}{2} = 54°$,而用有效应力来表示,$\alpha_f = 45° + \dfrac{27°}{2} = 58.5°$。所以,用总应力法和有效应力法表示土的强度时,其理论剪破面并不发生在同一平面上。

任务八　地基承载力

一、地基变形的阶段和破坏形式

(一)地基变形的三个阶段

对地基进行静载荷试验时,一般可以得到如图 8-46(a)所示的荷载 p 和沉降 s 的关系曲线。从荷载开始施加至地基发生破坏,地基的变形经过以下三个阶段:

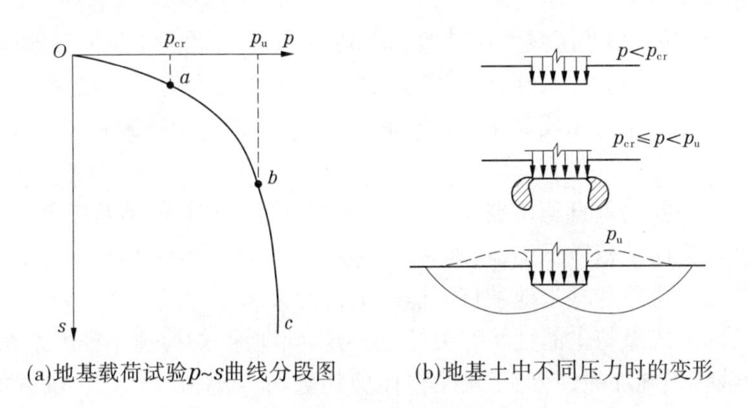

(a)地基载荷试验p~s曲线分段图　　(b)地基土中不同压力时的变形

图 8-46　地基载荷试验变形曲线及塑性区发展图

(1)线性变形阶段,相应于 $p \sim s$ 曲线的 Oa 部分。由于荷载较小,地基主要产生压密变形,荷载与沉降关系接近于直线。此时土体中各点的剪应力均小于抗剪强度,地基处于弹性平衡状态。

(2)弹塑性变形阶段,相应于 $p \sim s$ 曲线的 ab 部分。当荷载增加到超过 a 点压力时,荷载与沉降之间呈曲线关系。此时土中局部范围内产生剪切破坏,即出现塑性变形区。随着荷载增加,剪切破坏区逐渐扩大。

(3)破坏阶段,相应于 $p \sim s$ 曲线的 bc 部分。在这个阶段塑性区已发展到形成一连续的滑动面,荷载略有增加或不增加,沉降均有急剧变化,地基丧失稳定。

相应于上述地基变形的三个阶段,在 $p \sim s$ 曲线上有两个转折点 a 和 b ,如图 8-46(a)所示。a 点所对应的荷载为临塑荷载,以 p_{cr} 表示,即地基从压密变形阶段转为弹塑性变形阶段的临界荷载,当基底压力等于该荷载时,基础边缘的土体开始出现剪切破坏,但塑性破坏区尚未发展。b 点所对应的荷载称为极限荷载,以 p_u 表示,是使地基发生整体剪切破坏的荷载。荷载从 p_{cr} 增加到 p_u 的过程是地基剪切破坏区逐渐发展的过程,如图 8-46(b)所示。

(二)地基的三种破坏形式

根据地基剪切破坏的特征,可将地基破坏分为整体剪切破坏、局部剪切破坏和冲切破坏三种形式,如图 8-47 所示。

1. 整体剪切破坏

基底压力超过临塑荷载后,随着荷载的增加,剪切破坏区不断扩大,最后在地基中形

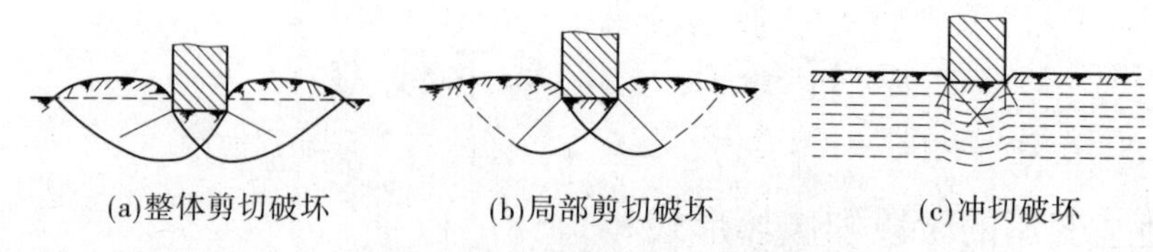
(a)整体剪切破坏　(b)局部剪切破坏　(c)冲切破坏

图 8-47　地基破坏的三种形式

成连续的滑动面,基础急剧下沉并可能向一侧倾斜,基础四周的地面明显隆起,如图 8-47(a)所示。密实的砂土和硬黏土较可能发生这种破坏形式。

2. *局部剪切破坏*

随着荷载的增加,塑性区只发展到地基内某一范围,滑动面不延伸到地面而是终止在地基内某一深度处,基础周围地面稍有隆起,地基会发生较大变形,但房屋一般不会倒塌,如图 8-47 (b)所示。中等密实砂土、松土和软黏土都可能发生这种破坏形式。

3. *冲切破坏*

基础下软弱土发生垂直剪切破坏,使基础连续下沉。破坏时地基中无明显滑动面,基础四周地面无隆起而是稍微下陷,基础无明显倾斜,但发生较大沉降,如图 8-47 (c)所示。对于压缩性较大的松砂和软土地基将可能发生这种破坏形式。

地基的破坏形式除与土的性状有关外,还与基础埋深、加荷速率等因素有关。当基础埋深较浅,荷载缓慢施加时,趋向于发生整体剪切破坏;若基础埋深大,快速加荷,则可能形成局部剪切破坏或冲切破坏。

二、地基承载力确定方法

地基承载力特征值表示正常使用极限状态计算时的地基承载力,其含义是在发挥正常使用功能时所允许采用的抗力设计值。地基承载力特征值的确定可由载荷试验或其他原位测试、公式计算,并结合工程实践经验等方法综合确定。

(一)按现场载荷试验确定地基承载力

确定地基承载力最直接的方法是现场载荷试验方法。载荷试验是一种基础受荷的模拟试验,是在现场试坑中设计基底标高处的天然土层放置一块刚性载荷板(面积为 0.25 ~0.50 m^2),然后在其上逐级施加荷载,同时测定在各级荷载下载荷板的沉降量,并观察周围土位移情况,直到地基土破坏失稳。根据试验结果可绘出载荷试验的 $p \sim s$ 曲线,按下列方法确定试验点的地基承载力特征值 f_{ak} :

(1)当 $p \sim s$ 曲线上能够明显地区分其承载过程的三个阶段,则可以较方便地定出该地基的临塑荷载 p_{cr} 和极限荷载 p_u ,此时取该临塑荷载 p_{cr} 为地基承载力特征值。

(2)当极限荷载小于对应临塑荷载的 2 倍时,取极限荷载值的 1/2 为地基承载力特征值。

(3)当 $p \sim s$ 曲线上没有明显的三个阶段时,根据《建筑地基基础设计规范》(GB 50007—2011),按载荷板沉降与载荷板宽度或直径之比,即 s/b 的值确定,可取 s/b = 0.01 ~0.015所对应的压力为地基承载力特征值,但其值不应大于最大加载量的 1/2。

同一土层参加统计的试验点不应少于三点,当试验实测值的极差不超过其平均值的

30%时，取此平均值作为该土层的地基承载力特征值f_{ak}。

（二）用理论公式计算地基承载力

根据《建筑地基基础设计规范》(GB 50007—2011)，对轴心荷载作用或荷载作用偏心距$e \leqslant 0.033b$（b为基础底面宽度）的基础，根据土的抗剪强度指标确定地基承载力特征值可按下式计算，并应满足变形要求

$$f_a = M_b \gamma b + M_d \gamma_m d + M_c c_k \tag{8-55}$$

式中　f_a——由土的抗剪强度指标确定的地基承载力特征值，kPa；

M_b、M_d、M_c——承载力系数，按表8-18查得；

γ——基础底面以下土的重度，地下水位以下取浮重度，kN/m^3；

γ_m——基础底面以上土的加权平均重度，位于地下水位以下的土层取有效重度，kN/m^3；

b——基础底面宽度，大于6 m时按6 m取值，对于砂土，小于3 m时按3 m取值，m；

d——基础埋深，m；

c_k——基底下一倍短边宽度的深度范围内土的黏聚力标准值，kPa。

表8-18　承载力系数M_b、M_d、M_c

土的内摩擦角标准值φ_k(°)	M_b	M_d	M_c
0	0	1.00	3.14
2	0.03	1.12	3.32
4	0.06	1.25	3.51
6	0.10	1.39	3.71
8	0.14	1.55	3.93
10	0.18	1.73	4.17
12	0.23	1.94	4.42
14	0.29	2.17	4.69
16	0.36	2.43	5.00
18	0.43	2.72	5.31
20	0.51	3.06	5.66
22	0.61	3.44	6.04
24	0.80	3.87	6.45
26	1.10	4.37	6.90
28	1.40	4.93	7.40
30	1.90	5.59	7.95
32	2.60	6.35	8.55
34	3.40	7.21	9.22
36	4.20	8.25	9.97
38	5.00	9.44	10.80
40	5.80	10.84	11.73

注：φ_k为基底下一倍短边宽度的深度范围内土的内摩擦角标准值(°)。

(三)承载力特征值的修正

当基础宽度大于3 m或埋深大于0.5 m时,从载荷试验或其他原位测试、经验值等方法确定的地基承载力特征值,尚应按下式修正

$$f_a = f_{ak} + \eta_b \gamma (b - 3) + \eta_d \gamma_m (d - 0.5) \tag{8-56}$$

式中 f_a ——修正后的地基承载力特征值,kPa;

f_{ak} ——地基承载力特征值,kPa;

η_b、η_d ——基础宽度和埋深的地基承载力修正系数,按基底下土的类别查表8-19;

b ——基础底面宽度,当基础宽度小于3 m时按3 m取值,大于6 m时按6 m取值,m;

d ——基础埋深,宜自室外地面标高算起,在填方整平地区,可自填土地面标高算起,但填土在上部结构施工后完成时,应从天然地面标高算起,对于地下室,如采用箱形基础或筏板基础,基础埋深自室外地面标高算起,当采用独立基础或条形基础时,应从室内地面标高算起,m;

其他符号意义同前。

表8-19 承载力修正系数

土的类别		η_b	η_d
淤泥和淤泥质土		0	1.0
人工填土 e 或 I_L 大于等于0.85的黏性土		0	1.0
红黏土	含水比 $a_w > 0.8$	0	1.2
	含水比 $a_w \leq 0.8$	0.15	1.4
大面积压实填土	压实系数大于0.95、黏粒含量 $\rho_c \geq 10\%$ 的粉土	0	1.5
	最大干密度大于2 100 kg/m^3 的级配砂石	0	2.0
粉土	黏粒含量 $\rho_c \geq 10\%$ 的粉土	0.3	1.5
	黏粒含量 $\rho_c < 10\%$ 的粉土	0.5	2.0
e 及 I_L 均小于0.85的黏性土		0.3	1.6
粉砂、细砂(不包括很湿与饱和时的稍密状态)		2.0	3.0
中砂、粗砂、砾砂和碎石土		3.0	4.4

注:1. 强风化和全风化的岩石,可参照所风化成的相应土类取值,其他状态下的岩石不修正。

2. 地基承载力特征值按《建筑地基基础设计规范》(GB 50007—2011)附录D深层平板载荷试验确定时,η_d 取0。

3. 含水比是指土的天然含水率和液限的比值。

4. 大面积压实填土是指填土范围大于2倍基础宽度的填土。

【例8-10】 已知某独立基础,基础底面面积为3.2 m×4.0 m,埋深 $d = 1.5$ m,基础埋置范围内土的重度 $\gamma_m = 17\ kN/m^3$,基础底面下为较厚的黏土层,重度 $\gamma = 18\ kN/m^3$,孔隙比 $e = 0.8$,液性指数 $I_L = 0.76$,地基承载力特征值 $f_{ak} = 140$ kPa。试对该地基的承载力进行修正。

解:已知黏土层孔隙比 $e = 0.8$,液性指数 $I_L = 0.76$,查表8-19可得:$\eta_b = 0.3$,

$\eta_d = 1.6$，代入式(8-56)得

$$f_a = f_{ak} + \eta_b\gamma(b-3) + \eta_d\gamma_m(d-0.5)$$
$$= 140 + 0.3 \times 18 \times (3.2-3) + 1.6 \times 17 \times (1.5-0.5)$$
$$= 168.28(\text{kPa})$$

小　结

1. 土中应力

由土体自身重力引起的应力称为自重应力。建筑物的荷载是通过基础传给地基的，由基础底面传至地基单位面积上的压力，称为基底压力，而地基对基础的反作用力称为地基反力。基底附加压力是上部结构和基础传到基础底面的基底压力与基础底面处原先存在于土中的自重应力之差。地基土中的附加应力是由建筑物等荷载所引起的应力增量，它是引起地基变形与破坏的主要因素。

2. 土的压缩性与地基最终沉降量

地基土在压力作用下体积减小的特性，称为土的压缩性。通过室内压缩试验可绘制出土样压缩试验的 $e \sim p$ 曲线，根据曲线可计算出 a 、E_s 等土的压缩性指标，并可评价土的压缩性大小。地基最终沉降量是指地基在建筑物荷载作用下达到压缩稳定后地基表面的沉降量。计算地基沉降量的目的在于确定建筑物最大沉降量、沉降差、倾斜和局部倾斜，并将其控制在允许范围内，以保证建筑物的安全和正常使用。计算地基最终沉降量的方法一般有分层总和法和规范推荐的应力面积法。不同类型的建筑物，对地基变形的适应性是不同的，在验算地基变形时，对不同建筑物应采用不同的地基变形特征来进行比较与控制。

3. 土的抗剪强度与地基承载力

土的抗剪强度是指土体对于外荷载所产生的剪应力的极限抵抗能力。剪切破坏是土体强度破坏的重要特点，因此土的强度问题实质上就是土的抗剪强度问题。抗剪强度的基本定律是库仑定律，φ、c 为土的抗剪强度指标，可通过土的剪切试验测定。土的极限平衡条件常用来评判土中某点的平衡状态。地基承载力特征值表示正常使用极限状态计算时的地基承载力，其含义是在发挥正常使用功能时所允许采用的抗力设计值。地基承载力特征值的确定可由载荷试验或其他原位测试、公式计算，并结合工程实践经验等方法综合确定。

思考题

1. 何谓基底压力、基底反力、基底附加压力、土中附加应力？
2. 土的自重应力和附加应力沿深度是如何变化的？
3. 地下水位的升降对土中自重应力和附加应力是怎样影响的？
4. 何谓土的压缩性？引起土压缩的主要原因是什么？工程上如何评价土的压缩性？
5. 地基变形特征有哪几种？

6. 何谓土的抗剪强度？同一种土的抗剪强度是不是一个定值？

7. 土的抗剪强度由哪两部分组成？什么是土的抗剪强度指标？

8. 什么是土的极限平衡状态？土的极限平衡条件是什么？

9. 什么是地基承载力特征值？怎样确定？

习 题

一、名词解释

地基的自重应力　地基的附加应力　饱和土的有效应力原理　基底附加应力　压缩系数　压缩模量 E_s　地基的最终沉量　库仑定律　地基的临塑荷载　地基承载力

二、计算题

1. 建筑场地的地质剖面如图 8-48 所示，试求 1、2、3、4 各点的自重应力，并绘制自重应力曲线图。

2. 某基础如图 8-49 所示，作用在基础底面的荷载为：轴向力 $F = 620$ kN，弯矩为 $M = 175$ kN · m，基础底面尺寸为 3 m×2.4 m，基础埋深为 1.5 m。试求基底平均压应力和边缘最大压应力，并绘出基础压力图。

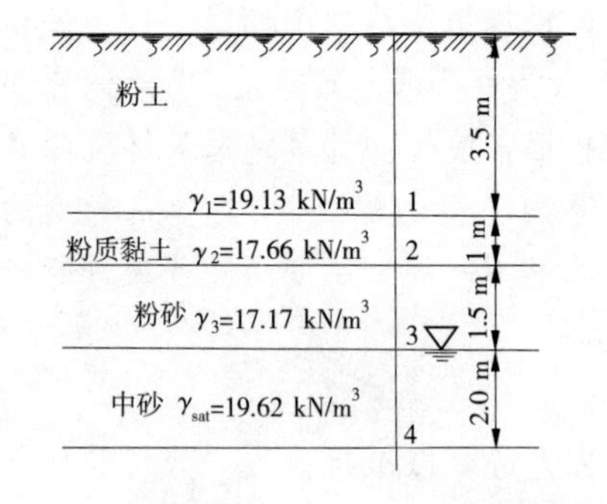

图 8-48　计算题 1 图

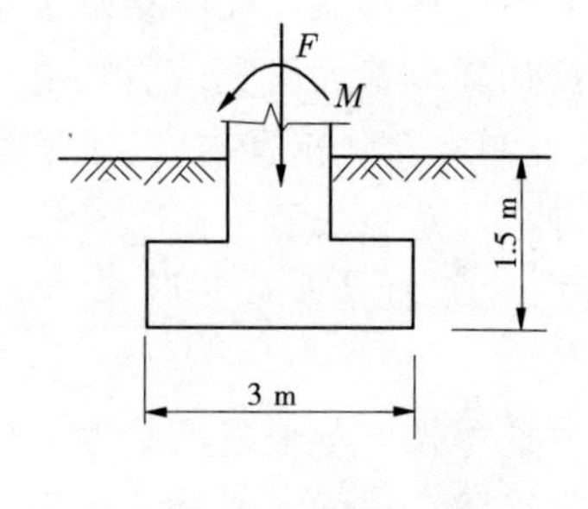

图 8-49　计算题 2 图

3. 如图 8-50 所示的矩形基础，其上作用有均布荷载 $P = 2\,100$ kN。试求 O、A、B 各点的深度 4.5 m 处的附加应力。

4. 某独立基础底面尺寸为 4 m×2.5 m，柱传至基础的荷载 2 050 kN，基础埋深为 1.5 m，地基土层分布如图 8-51 所示，已知 $f_k = 160$ kPa。试按分层总和法和应力面积法分别计算该基础的最终沉降量。

3 m
3 m
A
O
4 m
2.4 m
B
2 m

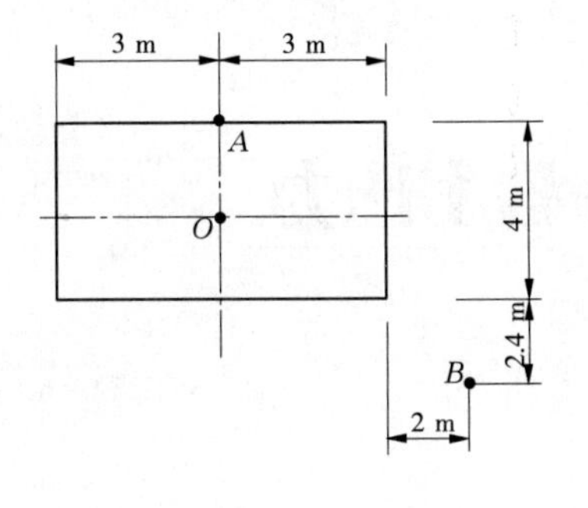

图 8-50　计算题 3 图

F=2 050 kN
黏土
γ=19.8 kN/m3
Es=4.5 MPa
2.0 m
d=1.5 m
4.0 m
粉质黏土
γ=19.5 kN/m3
Es=5.1 MPa
4.0 m
粉质黏土
γ=19 kN/m3
Es=5 MPa
1.3 m
硬黏土

图 8-51　计算题 4 图

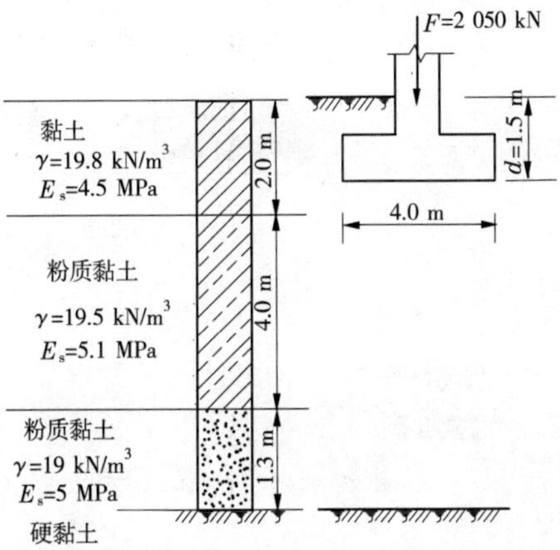

项目九　挡土墙与土压力

【情景提示】

1. 开挖基坑时，在没有边坡支护的情况下，需具有较缓的坡度，否则容易坍塌，为了减小开挖范围，需有一定的支护措施以维持土体的稳定。

2. 堆放土体时，为了减少占地，尽量堆得高些，但总会形成一自然坡度，不同的土体会形成不同的坡度，若想使得坡度更陡，就需要使用其他支挡结构来帮助土体维持稳定。

3. 某小区挡土墙突然倒塌，停在挡土墙下方的四辆轿车被砸，其中两车完全被埋挡土墙下，所幸无人员受伤。

4. 某 7 m 高的挡土墙在连续降雨过后发生了坍塌，10 m 长的一段墙体塌方后，土石直接滚落，并堆积在不远处的高压线塔下，记者在采访时发现，挡土墙的上方堆积着大量施工用土石。

【项目导读】

修筑山区公路，在山坡上开出一个路面，需要修整原有的坡体，这样可能会使原本稳定的山坡不再稳定，这时就需筑一挡土墙来支挡土体。挡土墙选取何种材料、形式及尺寸，都与土压力有直接关系，为了保证挡土墙以及土体的稳定，需要正确确定土压力。

【教学要求】

1. 了解三种土压力的概念及发生条件。

2. 理解朗肯土压力理论和库仑土压力理论的基本假设和计算原理。

3. 掌握两种理论的计算方法。

任务一　土压力类型及静止土压力计算

在水利、房屋、桥梁等工程中，常用挡土墙来维持土坡的稳定，如图 9-1 所示，土压力是指挡土墙后的土体作用给墙体的侧向压力。由于土压力是挡土墙的主要荷载，在设计挡土墙时首先要确定土压力。

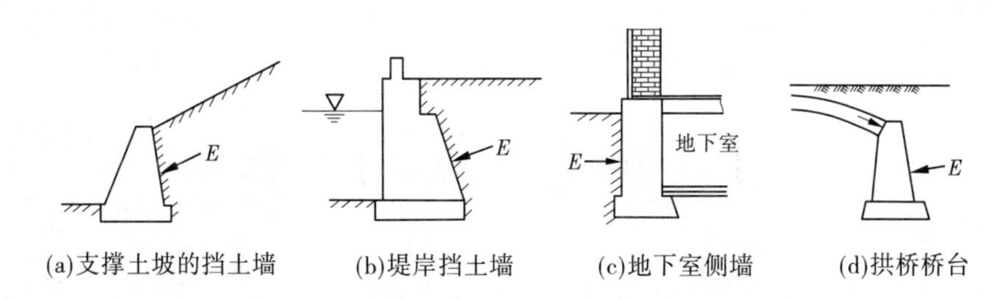

图 9-1　工程中的挡土墙

一、土压力类型

作用在挡土墙上的土压力,按挡土墙的位移方向不同,可分为静止土压力、主动土压力和被动土压力三种。

(一)静止土压力

如果挡土墙在土压力的作用下,其本身没有发生变形和任何位移(移动或转动),土体处于弹性平衡状态,则这时作用在挡土墙上的土压力称为静止土压力(见图 9-2(a))。

(二)主动土压力

挡土墙在土压力作用下向离开土体的方向位移,随着这种位移的增大,作用在挡土墙上的土压力将从静止土压力逐渐减小。当土体达到主动极限平衡状态时,作用在挡土墙上的土压力达到最小值,此时的土压力称为主动土压力(见图 9-2(b))。

(三)被动土压力

挡土墙在荷载作用下向土体方向位移,当土体达到被动极限平衡状态时,作用在挡土墙上的土压力达到最大值,此时的土压力称为被动土压力(见图 9-2(c))。

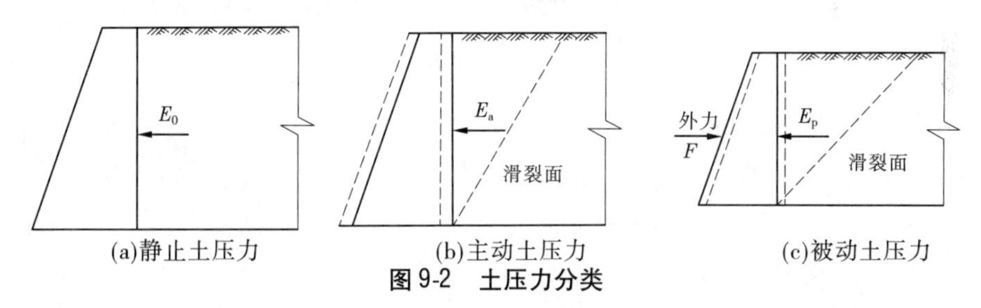

图 9-2　土压力分类

在实际工程中,大部分情况下的土压力值均介于上述两种极限状态下的土压力值之间。土压力的大小及分布与作用在挡土墙上的土体性质、挡土墙本身的材料及挡土墙的位移有关,其中挡土墙的位移情况是影响土压力性质的关键因素。图 9-3 表示了土压力与挡土墙位移之间的关系,通常,达到主动土压力所需的相对位移 ρ/H 为 0.1% ~0.5%;而达到被动土压力所需的相对位移 ρ/H 为 1% ~5%,这是一个较大的值,在实际工程中是不容许发生的,因此设计时常按被动土压力的 30% ~50% 来设计挡土墙。显然,被动土压力 > 静止土压力 > 主动土压力。

二、静止土压力计算

静止土压力可根据半无限弹性体的应力状态进行计算。在土体表面下任一深度 z 处

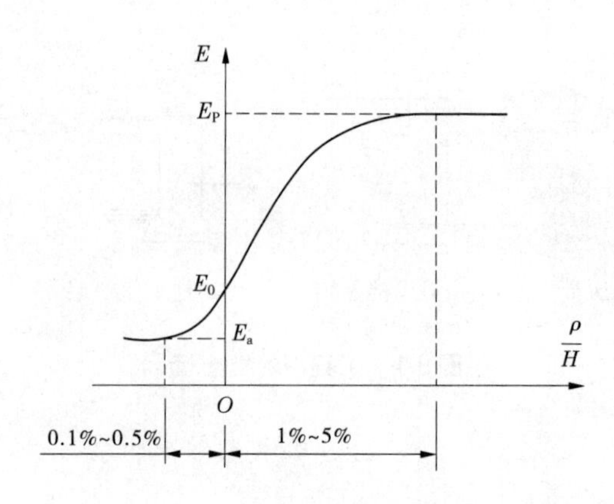

图 9-3 土压力与挡土墙相对位移$\frac{\rho}{H}$的关系

取一微元体,其上作用着竖向自重应力和侧压力(见图 9-4),这个侧压力的反作用力就是静止土压力。根据半无限弹性体在无侧移的条件下侧压力与竖向应力之间的关系,该处的静止土压力强度p_0可按下式计算

$$p_0 = K_0\gamma z \tag{9-1}$$

式中 γ——土体重度,kN/m^3;

K_0——静止土压力系数,可在室内用三轴剪力仪测得,或在原位用自钻式旁压仪测试得到。

在缺乏试验资料时,可用下述经验公式估算:砂土 $K_0 = 1 - \sin\varphi'$,黏性土 $K_0 = 0.95 - \sin\varphi'$,$\varphi'$为土的有效内摩擦角,(°)。

由式(9-1)可知,静止土压力大小沿挡土墙高度呈三角形分布,如图 9-4 所示。如果取单位挡土墙长度,则作用在挡土墙上的静止土压力合力E_0为

$$E_0 = \frac{1}{2}\gamma h^2 K_0 \tag{9-2}$$

式中 h——挡土墙高度,m。

E_0的作用点距墙底$h/3$。

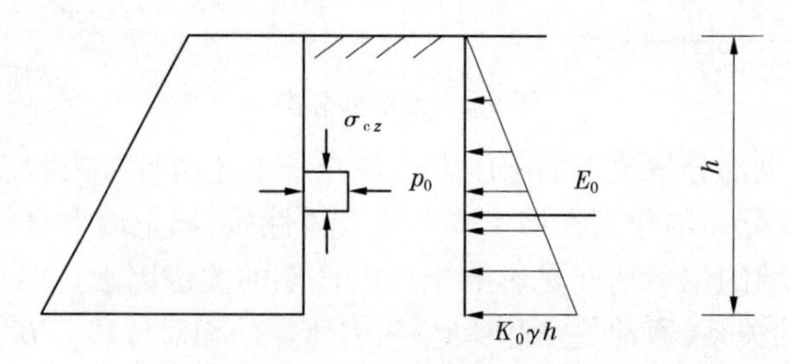

图 9-4 墙背竖直时的静止土压力

任务二　朗肯土压力理论

一、基本假定

朗肯土压力理论是朗肯于1857年提出的，该理论假定挡土墙背竖直、光滑，墙后土体表面水平并无限延伸。这时土体内的任一水平面和竖直面均为主平面（在这两个平面上的剪应力为零），作用在该平面上的法向应力即为主应力。根据墙后单元土体的极限平衡，应用极限平衡条件关系式，可推导出主动土压力和被动土压力计算公式。

二、朗肯主动土压力计算

考察挡土墙后土体表面下深度 z 处的微小单元体的应力状态变化过程。当挡土墙在土压力的作用下向远离土体的方向位移时，作用在微元体上的竖向应力 σ_{cz} 保持不变，而水平向应力 σ_x 逐渐减小，直至土体达到极限平衡状态。此时的大主应力 $\sigma_1 = \sigma_{cz} = \gamma z$，而小主应力 $\sigma_3 = \sigma_x$ 即为主动土压力强度 p_a。根据土的极限平衡条件，可推导出主动土压力强度 p_a 的计算公式如下

$$p_a = \gamma z K_a - 2c\sqrt{K_a} \tag{9-3}$$

式中　p_a——墙背任一点处的主动土压力强度，kPa；

K_a——朗肯主动土压力系数，$K_a = \tan^2\left(45° - \frac{\varphi}{2}\right)$。

由朗肯主动土压力计算公式(9-3)可知，无黏性土中主动土压力强度 p_a 与深度 z 成正比，沿墙高的土压力强度呈三角形分布（见图9-5）。作用在单位长度挡土墙上的土压力为三角形分布面积，即

$$E_a = \frac{1}{2}\gamma h^2 K_a \tag{9-4}$$

土压力作用点距墙底 $h/3$。

黏性土中的土压力强度由两部分组成：一部分是由土体自重引起的土压力 $\gamma z K_a$，另一部分是黏聚力 c 引起的负侧压力 $2c\sqrt{K_a}$，两部分的叠加结果如图9-6所示，其中 aed 部分是负侧压力，对墙背是拉应力，但实际上土与墙背在很小的拉应力作用下即会分离，故在计算土压力时，这部分的压力应设为零，因此黏性土的土压力分布仅是 abc 部分。令式(9-3)中 p_a 为零即可求得临界深度 z_0。

由 $p_a|_{z=z_0} = \gamma z_0 K_a - 2c\sqrt{K_a} = 0$，得

$$z_0 = \frac{2c}{\gamma\sqrt{K_a}} \tag{9-5}$$

单位长度挡土墙上的主动土压力可由土压力实际分布面积计算（见图9-6中 abc 部分的面积）。

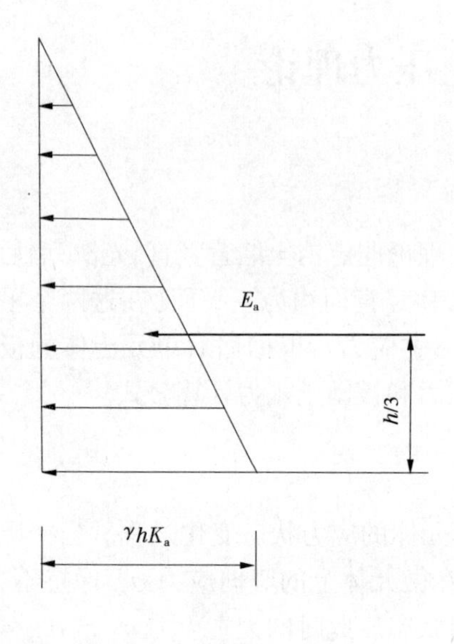

图 9-5　无黏性土的 p_a 分布

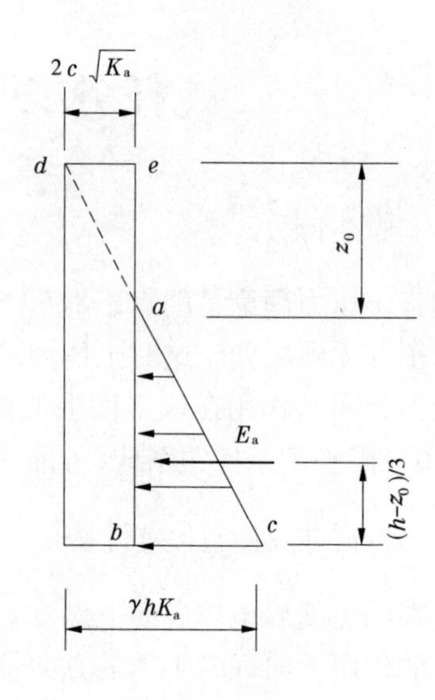

图 9-6　黏性土的 p_a 分布

$$E_a = \frac{1}{2}(\gamma hK_a - 2c\sqrt{K_a})(h - z_0) \tag{9-6}$$

主动土压力 E_0 的作用点通过三角形的形心，即作用在离墙底 $\dfrac{h-z_0}{3}$ 高度处。

【例 9-1】　有一挡土墙高 6 m，墙背竖直、光滑，墙后填土面水平，填土的物理力学指标为：$c = 15$ kPa，$\varphi = 15°$，$\gamma = 18$ kN/m³。求主动土压力及其作用点并绘出主动土压力分布图。

解：(1)计算墙顶处的主动土压力强度 p_{a1}。

$$\begin{aligned}p_{a1} &= \gamma z\tan^2\left(45° - \frac{\varphi}{2}\right) - 2c\tan\left(45° - \frac{\varphi}{2}\right)\\ &= 18 \times 0 \times \tan^2\left(45° - \frac{15°}{2}\right) - 2 \times 15 \times \tan\left(45° - \frac{15°}{2}\right)\\ &= -23.0(\text{kPa}) < 0\end{aligned}$$

(2)计算临界深度 z_0。

$$\begin{aligned}z_0 &= \frac{2c}{\gamma\sqrt{K_a}}\\ &= \frac{2 \times 15}{18 \times \tan\left(45° - \dfrac{15°}{2}\right)} = 2.17(\text{m})\end{aligned}$$

(3)计算墙底处的主动土压力强度 p_{a2}。

$$\begin{aligned}p_{a2} &= \gamma z\tan^2\left(45° - \frac{\varphi}{2}\right) - 2c\tan\left(45° - \frac{\varphi}{2}\right)\\ &= 18 \times 6 \times \tan^2\left(45° - \frac{15°}{2}\right) - 2 \times 15 \times \tan\left(45° - \frac{15°}{2}\right)\end{aligned}$$

$$= 40.60(\text{kPa})$$

(4)绘出主动土压力的分布图,如图9-7所示。

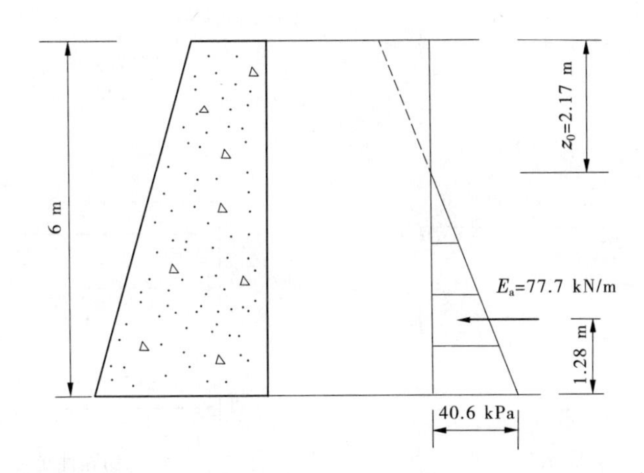

图9-7　土压力分布图

(5)计算主动土压力值。

主动土压力值按分布面积计算,得

$$E_a = \frac{1}{2} \times 40.6 \times (6 - 2.17) = 77.7(\text{kN/m})$$

主动土压力 E_a 的作用距墙底的距离为

$$\frac{h - z_0}{3} = \frac{6 - 2.17}{3} = 1.28\ (\text{m})$$

三、朗肯被动土压力计算

被动土压力是填土处于被动极限平衡时作用在挡土墙上的土压力。由朗肯土压力原理可知,被动极限平衡时小主应力为 $\sigma_3 = \sigma_z = \gamma z$,而大主应力 $\sigma_1 = \sigma_x$ 即为被动土压力强度 p_p 。代入极限平衡条件,整理后可得被动土压力强度。

$$p_p = \gamma z K_p + 2c\sqrt{K_p} \tag{9-7}$$

式中　p_p ——墙背任一点处的被动土压力强度,kPa;

K_p ——朗肯被动土压力系数, $K_p = \tan^2\left(45° + \frac{\varphi}{2}\right)$ 。

计算朗肯被动土压力时,无论何种情况,首先按式(9-7)计算出各土层上、下层面处的土压力强度 p_p ,绘出被动土压力强度分布图(见图9-8),填土为无黏性土时呈三角形分布,为黏性土时呈梯形分布。作用在单位长度挡土墙上的土压力 E_p 同样可由土压力实际分布面积计算, E_p 的作用线通过土压力强度分布图的形心。

四、几种常见情况的土压力计算

(一)成层土体中的土压力计算

一般情况下,墙后土体均由几层不同性质的水平土层组成。在计算各点的土压力时,

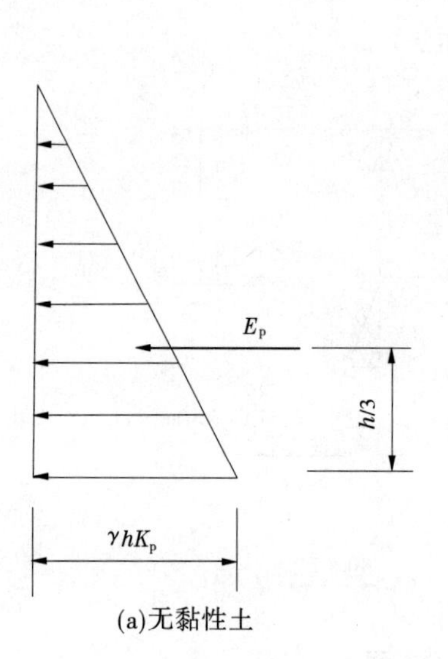

(a)无黏性土

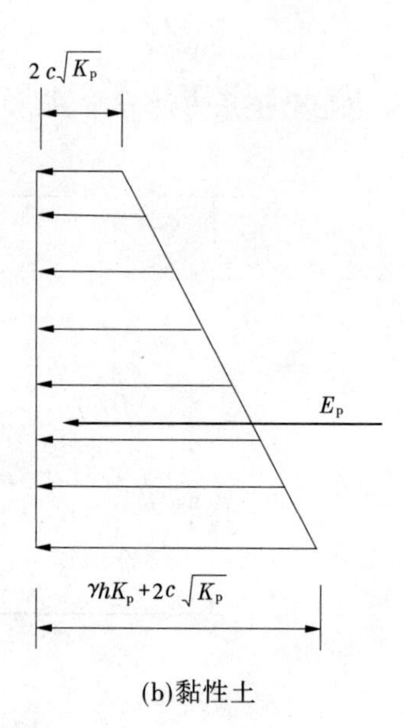

(b)黏性土

图 9-8　被动土压力分布

可先计算其相应的自重应力，在土压力公式中 $\sigma_{cz} = \sum \gamma_i h_i$，需注意的是，土压力系数应采用各点对应土层的土压力系数值。

【例 9-2】　挡土墙高 5 m，墙背竖直、光滑，墙后土体表面水平，共分二层，各层土的物理力学指标如图 9-9 所示，求主动土压力，并绘出土压力分布图。

解：(1)第一层的土压力强度：

层顶面处　$p_{a0} = 0$

层底面处

$$p_{a1} = \gamma_1 h_1 \tan^2\left(45^\circ - \frac{\varphi_1}{2}\right) = 18 \times 2 \times \tan^2\left(45^\circ - \frac{30^\circ}{2}\right) = 12(\text{kPa})$$

(2)第二层的土压力强度：

层顶面处

$$\begin{aligned} p_{a2} &= \gamma_1 h_1 \tan^2\left(45^\circ - \frac{\varphi_2}{2}\right) - 2c\tan\left(45^\circ - \frac{\varphi_2}{2}\right) \\ &= 18 \times 2 \times \tan^2\left(45^\circ - \frac{15^\circ}{2}\right) - 2 \times 10 \times \tan\left(45^\circ - \frac{15^\circ}{2}\right) \\ &= 5.85(\text{kPa}) \end{aligned}$$

层底面处

$$\begin{aligned} p_{a3} &= (\gamma_1 h_1 + \gamma_2 h_2)\tan^2\left(45^\circ - \frac{\varphi_2}{2}\right) - 2c\tan\left(45^\circ - \frac{\varphi_2}{2}\right) \\ &= (18 \times 2 + 19.5 \times 3) \times \tan^2\left(45^\circ - \frac{15^\circ}{2}\right) - 2 \times 10 \times \tan\left(45^\circ - \frac{15^\circ}{2}\right) \\ &= 40.29(\text{kPa}) \end{aligned}$$

(3)主动土压力合力为

$$
\begin{aligned}
E_a &= \frac{1}{2}p_{a1}h_1 + \frac{1}{2}(p_{a2} + p_{a3})h_2 \\
&= \frac{1}{2} \times 12 \times 2 + \frac{1}{2} \times (5.85 + 40.29) \times 3 \\
&= 81.21(\text{kN/m})
\end{aligned}
$$

主动土压力分布图如图 9-9 所示。

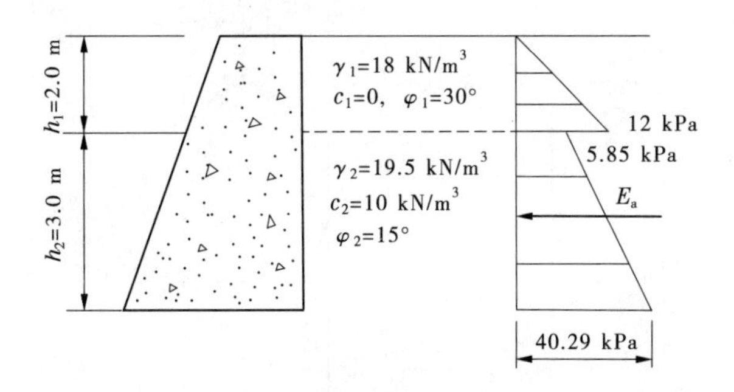

图 9-9　例 9-2 图

（二）土体表面有均布荷载 q 作用

如图 9-10 所示，当墙后土体表面有连续均布荷载 q 作用时，均布荷载 q 在土中产生的上覆压力沿墙高均匀分布，主动土压力分布强度为 qK_a。土压力的计算方法是将上覆压力 γz 换成 $\gamma z + q$ 计算即可，深度 z 处的主动土压力强度 p_a 为

$$p_a = (\gamma z + q)K_a - 2c\sqrt{K_a} \tag{9-8}$$

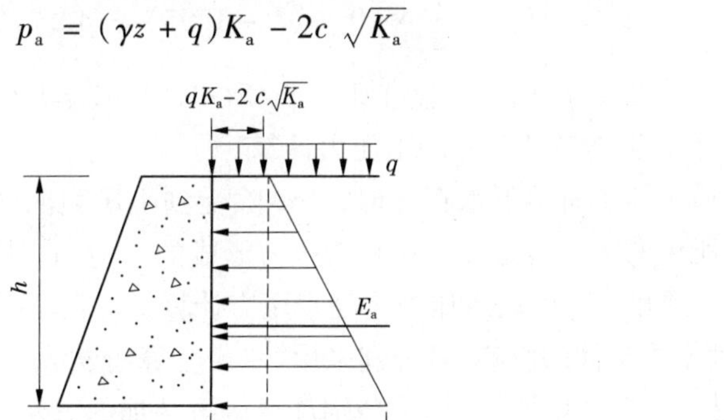

图 9-10　墙后土体表面荷载 q 作用下的土压力计算

【例 9-3】　有一挡土墙，高 5 m，墙背直立、光滑，填土面水平，填土的指标为：$c = 20$ kPa，$\varphi = 18°$，$\gamma = 18\ \text{kN/m}^3$。土表面作用着均布荷载 $q = 20$ kPa。求主动土压力合力的大小和作用点，并画出主动土压力分布图。

解：本题符合朗肯土压力条件，先求主动土压力系数

$$K_a = \tan^2\left(45° - \frac{18°}{2}\right) = 0.528$$

当 $z=z_0=\frac{2c\sqrt{K_a}-qK_a}{\gamma K_a}=\frac{2\times 20\sqrt{0.528}-20\times 0.528}{18\times 0.528}=1.95(\text{m})$ 时，$p_a=0$。

当 $z=5$ m 时

$$p_a=(q+\gamma z)K_a-2c\sqrt{K_a}=(20+18\times 5)\times 0.528-2\times 20\times\sqrt{0.528}=29(\text{kPa})$$

墙背主动土压力分布如图 9-11 所示。

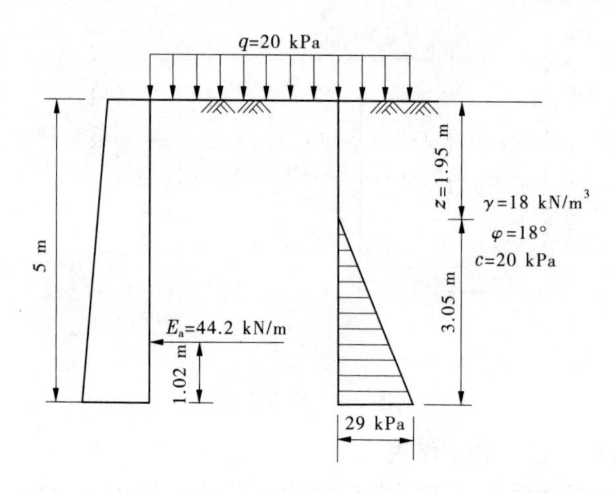

图 9-11　例 9-3 图

求合力 E_a 的大小和作用点

$$E_a=\frac{1}{2}\times 29\times(5-1.95)=44.2(\text{kN/m})$$

土压力垂直于墙背，作用点在距墙脚 $(5-1.95)/3=1.02(\text{m})$ 处。

(三)墙后土体有地下水的土压力计算

当墙后土体中有地下水存在时，墙体除受到土压力的作用外，还将受到水压力的作用。通常所说的土压力是指土粒有效应力形成的压力，其计算方法是地下水位以下部分采用土的浮重度 γ' 计算，水压力按静水压力计算。但在实际工程中计算墙体上的侧压力时，考虑到土质条件的影响，可分别采用"水土分算"或"水土合算"的计算方法。所谓"水土分算"法，是将土压力和水压力分别计算后再叠加的方法，这种方法比较适合渗透性大的砂土层情况；"水土合算"法在计算土压力时则将地下水位以下的土体重度取为饱和重度，水压力不再单独计算叠加，这种方法比较适合渗透性小的黏性土层情况。

任务三　库仑土压力理论

一、基本假定

库仑土压力理论的基本假定为：

(1)挡土墙后土体为均匀各向同性无黏性土($c=0$)。

(2)挡土墙后产生主动或被动土压力时墙后土体形成滑动土楔，其滑裂面为通过墙踵的平面。

(3)滑动土楔可视为刚体。

库仑土压力理论根据滑动土楔处于极限平衡状态时的整体平衡来求解主动土压力和被动土压力。

二、库仑主动土压力

如图9-12(a)所示,设挡土墙高为h,墙背俯斜,与垂线的夹角为ε,墙后土体为无黏性土($c=0$),土体表面与水平线夹角为β,墙背与土体的摩擦角为δ。挡土墙在土压力作用下将向远离土体的方向位移(平移或转动),最后土体处于极限平衡状态,墙后土体将形成一滑动土楔,其滑裂面为平面BC,滑裂面与水平面成θ角。

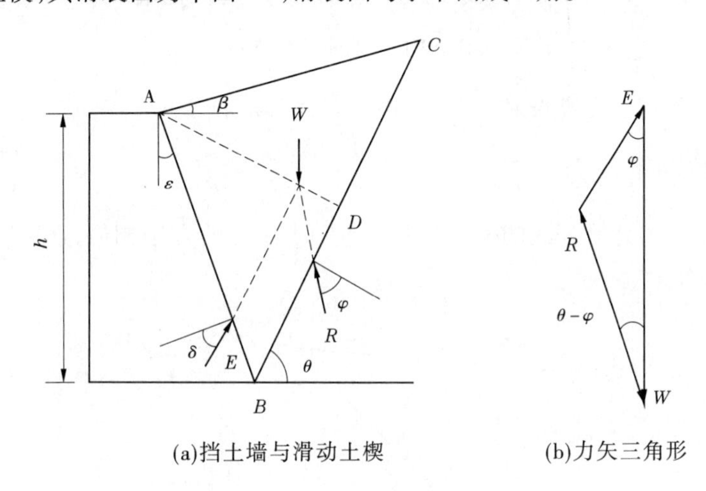

(a)挡土墙与滑动土楔　　(b)力矢三角形

图9-12　库仑主动土压力计算

沿挡土墙长度方向取1 m进行分析,并取滑动土楔ABC为隔离体,作用在滑动土楔上的力有土楔体的自重W,滑裂面BC上的反力R和墙背面对土楔的反力E(土体作用在墙背上的土压力与E大小相等、方向相反)。滑动土楔在W、R、E的作用下处于平衡状态,因此三力必形成一个封闭的力矢三角形,如图9-12(b)所示。根据正弦定理并求出E的最大值即为墙背的库仑主动土压力

$$E_a = \frac{1}{2}\gamma h^2 K_a \tag{9-9}$$

式中　K_a——库仑主动土压力系数,可以查相应规范表,或采用下式计算

$$K_a = \frac{\cos^2(\varphi-\varepsilon)}{\cos^2\varepsilon\cos(\varepsilon+\delta)\left[1+\sqrt{\frac{\sin(\varphi+\delta)\sin(\varphi-\beta)}{\cos(\varepsilon+\delta)\cos(\varepsilon-\beta)}}\right]^2}$$

δ——填土对挡土墙的摩擦角(外摩擦角),俯斜的混凝土或砌体墙取$\left(\frac{1}{2}\sim\frac{2}{3}\right)\varphi$,台阶形墙背取$\frac{2}{3}\varphi$,垂直混凝土或砌体墙取$\left(\frac{1}{3}\sim\frac{1}{2}\right)\varphi$。

库仑主动土压力强度分布图为三角形,E_a的作用方向与墙背法线逆时针成δ角,作用

点在距墙底 $h/3$ 处,如图 9-13 所示。

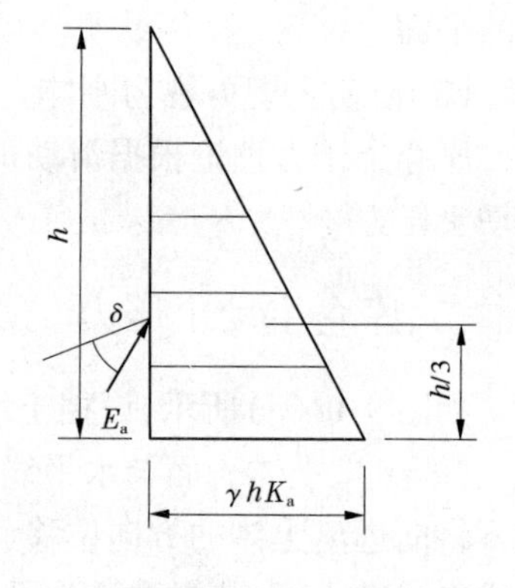

图 9-13 库仑主动土压力分布

【例 9-4】 挡土墙高 5 m,墙背倾斜角 $\varepsilon=10°$,填土坡角 $\beta=20°$,填土重度 $\gamma=18\ kN/m^3$,$\varphi=30°$,$c=0$,填土与墙背的摩擦角 $\delta=2\varphi/3$,按库仑土压力理论计算主动土压力及其作用点。

解:根据 $\varepsilon=10°$,$\beta=20°$,$\gamma=18\ kN/m^3$,$\varphi=30°$,$c=0$ 和 $\delta=2\varphi/3$ 的条件,可求得主动土压力系数 $K_a=0.540$。

由于主动土压力沿墙背垂直面为三角形分布,故主动土压力得合力为:

$$E_a=\frac{1}{2}\gamma h^2K_a=\frac{1}{2}\times18\times5^2\times0.540=121.5(kN/m)$$

主动土压力作用点在离墙底 $h/3=5.0/3=1.67(m)$ 处。

三、库仑被动土压力

库仑被动土压力计算公式的推导与库仑主动土压力的方法相似,计算简图如图 9-14 所示,计算公式为

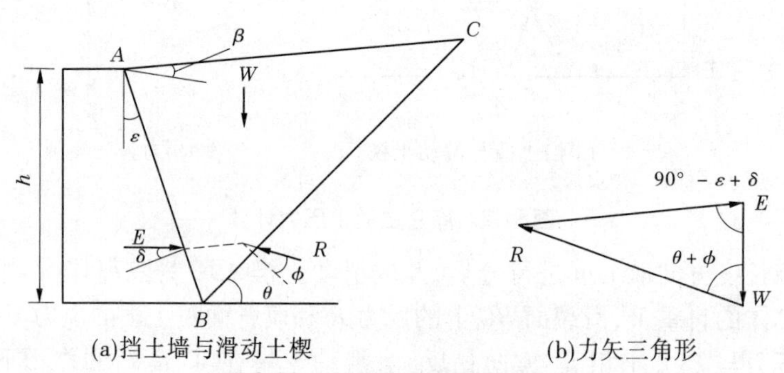

(a)挡土墙与滑动土楔 (b)力矢三角形

图 9-14 库仑被动土压力计算

$$E_p=\frac{1}{2}\gamma h^2K_p \tag{9-10}$$

式中 K_p——库仑被动土压力系数,可以查相应规范表,或采用下式计算

$$K_p=\frac{\cos^2(\varphi+\varepsilon)}{\cos^2\varepsilon\cos(\varepsilon-\delta)\left[1-\sqrt{\dfrac{\sin(\varphi+\delta)\sin(\varphi+\beta)}{\cos(\varepsilon-\delta)\cos(\varepsilon-\beta)}}\right]^2}$$

库仑被动土压力强度分布图也为三角形,E_p 的作用方向与墙背法线顺时针成 δ 角,作用点在距墙底 $h/3$ 处。

当墙背竖直($\varepsilon=0°$)、光滑($\delta=0°$)、土体表面水平($\beta=0°$)时,库仑土压力计算公式与朗肯土压力公式一致。库仑土压力理论是从无黏性土出发推导得到的,故不能直接用于计算黏性土中的土压力。

工程实践表明,墙后土体破坏时的滑动面只有主动状态下在墙背斜度不大且墙背与土体之间的摩擦角很小时才接近于平面,库仑公式的平面假设引起的误差在计算主动土压力时比较小,为2% ~10%;而在计算被动土压力时的误差较大,且误差随δ角的增大而增大,有时可达2~3倍,故工程中计算被动土压力一般不使用库仑公式。

任务四　边坡与挡土墙设计

一、边坡设计要求

《建筑地基基础设计规范》(GB 50007—2011)中规定边坡设计应满足下列要求:

(1)边坡坡度允许值,应根据岩土性质、边坡高度等情况,参照当地同类岩土的稳定坡度值确定,当地质条件良好、土质比较均匀、地下水不丰富时可按表9-1确定。

表9-1　土质边坡坡度允许值

土的类型	密实度或状态	坡度允许值(高宽比)	
碎石土	密实	1:0.35~1:0.50	1:0.50~1:0.75
	中密	1:0.50~1:0.75	1:0.75~1:1.00
	稍密	1:0.75~1:1.00	1:1.00~1:1.25
黏性土	坚硬	1:0.75~1:1.00	1:1.00~1:1.25
	硬塑	1:1.00~1:1.25	1:1.25~1:1.50

注:1.表中碎石土的充填物为坚硬或硬塑状态的黏性土。

2.对于砂土或充填物为砂土的碎石土,其边坡坡度允许值均按自然休止角确定。

(2)为确保边坡稳定性,对土质边坡或易于软化的岩质边坡,在开挖时应采取相应的排水和坡脚、坡面保护措施,并不得在影响边坡稳定的范围内积水。

(3)开挖边坡时,应注意施工顺序,宜从上到下依次进行。另外,应注意挖、填土力求平衡,对堆土位置、堆土量需事先提出设计要求,不得随意堆放。当必须在坡顶和山腰大量堆积土石方时,应进行边坡稳定性验算。

二、挡土墙设计

(一)挡土墙类型及选择

常用的挡土墙按结构形式可分为重力式、悬臂式、扶壁式、锚定板式和加筋挡土墙等,如图9-15所示。

1.重力式挡土墙

重力式挡土墙依靠墙体自重维持稳定,所需要的墙身截面较大,一般由砖石材料砌筑而成。它具有结构简单、施工方便、便于就地取材等优点,在土建工程中得到广泛应用。

重力式挡土墙根据墙背倾斜方向可分为俯斜式、直立式、仰斜式和衡重式等(见图9-16)。俯斜式挡土墙所受的土压力较仰斜式和直立式的挡土墙大。

重力式挡土墙高度通常情况下小于6 m,当墙高大于6 m时,宜采用衡重式挡土墙,

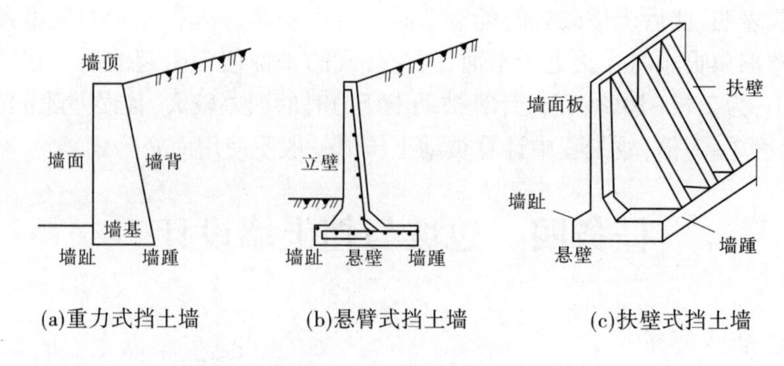

(a)重力式挡土墙　(b)悬臂式挡土墙　(c)扶壁式挡土墙

图 9-15　挡土墙的类型

如图 9-16(d)所示。

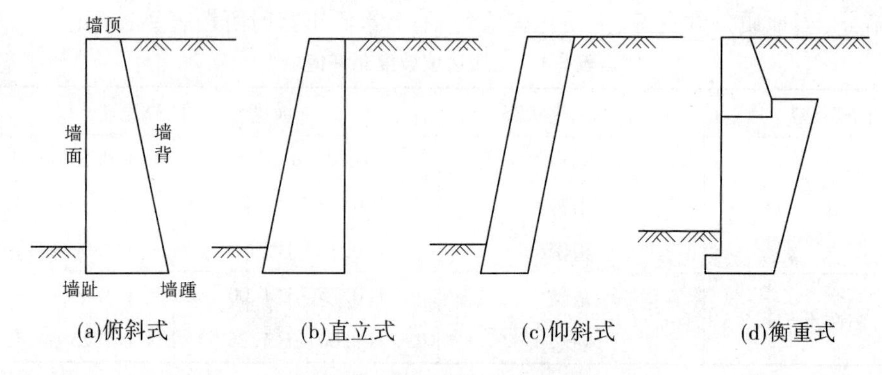

(a)俯斜式　(b)直立式　(c)仰斜式　(d)衡重式

图 9-16　重力式挡土墙的形式

2. 悬臂式挡土墙

悬臂式挡土墙一般是由钢筋混凝土制成悬臂板式的挡土墙。墙身立壁在土压力作用下受弯，墙身内弯曲拉应力由配在立板中的钢筋承担；墙身的稳定性靠底板以上的土重维持。它的优点是充分利用了钢筋混凝土构件的受力特性，墙身截面较小，如图 9-15(b)所示。

悬臂式挡土墙通常在墙高超过 5 m、地基土的土质较差且当地缺少石料时采用，通常使用在市政工程以及贮料仓库。

3. 扶壁式挡土墙

当挡土墙高度大于 10 m 时，若仍然采用悬臂式墙体就会出现墙体立壁侧移太大，常沿墙体长度方向每隔(0.3～0.6)h 设置一道加劲扶壁，以增加挡土墙立壁的刚度和受力性能，这种挡土墙称为扶壁式挡土墙，如图 9-15(c)所示。

4. 锚定板及锚杆式挡土墙

锚定板挡土墙通常由预制的钢筋混凝土墙面、立柱钢拉杆和埋在填土中的锚定板在现场拼装而成，如图 9-17 所示。锚杆式挡土墙是只有锚拉杆而无锚定板的一种挡土墙，也常作为深基坑开挖的一种经济有效的支挡结构。锚定板挡土墙所受到的主动土压力完全由拉杆和锚定板承受，只要锚杆受到的岩土摩擦阻力和锚定板的抗拔力不小于土压力值，就可保持结构和土体的稳定。

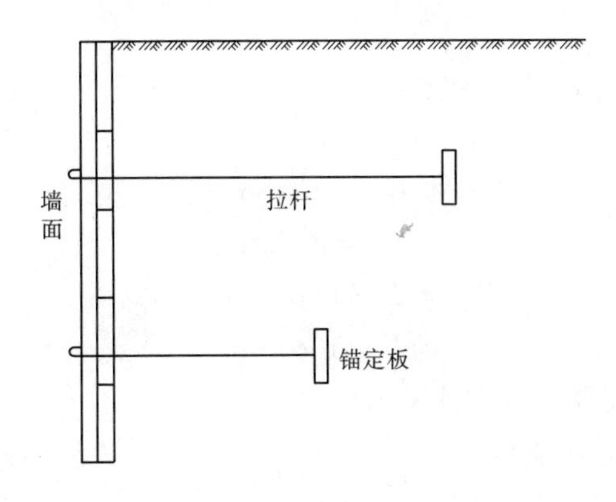

图 9-17　锚定板挡墙

(二)重力式挡土墙的设计

设计重力式挡土墙时,一般按试算法确定截面尺寸。试算时可结合工程地质、填土性质、墙身材料和施工条件等因素按经验初步确定截面尺寸,然后进行验算,如不满足可加大截面尺寸或采取其他措施,再重新验算,直到满足要求。

设计重力式挡土墙时可按平面问题考虑,即沿墙的延伸方向截取单位长度的一段计算。计算通常包括抗倾覆和抗滑移稳定性验算、地基承载力验算、墙身强度验算三方面的内容。作用在挡土墙上的荷载有主动土压力、挡土墙自重、墙面埋入土部分所受的被动土压力,当埋入土中不是很深时,一般可以忽略不计,其结果偏于安全。

1. 抗滑移稳定性验算

图 9-18 为一基底倾斜的挡土墙,挡土墙上作用有自重 G 和主动土压力 E_a,将其分解为平行和垂直于基底的分力 G_t、G_n、E_{at}、E_{an},挡土墙稳定滑移验算应满足式(9-11)的要求。

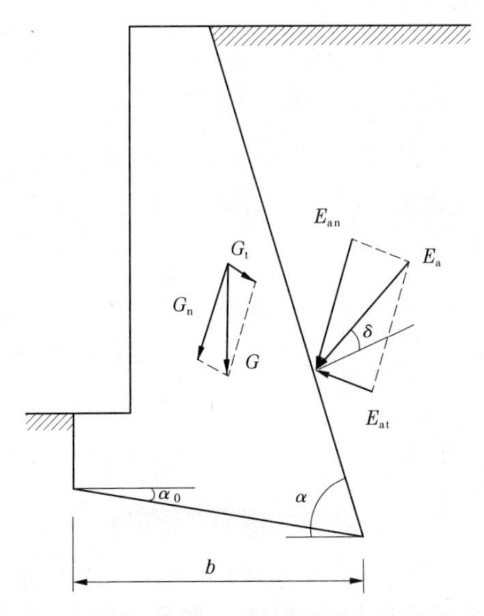

图 9-18　挡土墙抗滑移稳定验算

$$\frac{(G_n + E_{an})\mu}{E_{at} - G_t} \geq 1.3 \tag{9-11}$$

$$G_n = G\cos\alpha_0$$

$$G_t = G\sin\alpha_0$$

$$E_{an} = E_a\cos(\alpha - \alpha_0 - \delta)$$

$$E_{at} = E_a\sin(\alpha - \alpha_0 - \delta)$$

式中 G——挡土墙每延长米自重,kN/m;

α_0——挡土墙基底的倾角,(°);

α——挡土墙墙背的倾角,(°);

δ——土对挡土墙背的摩擦角,(°);

μ——挡土墙基底的摩擦系数,由试验确定,也可按表 9-2 选用。

表 9-2 土对挡土墙基底的摩擦系数

土的类别		摩擦系数 μ
黏性土	可塑	0.25~0.30
	硬塑	0.30~0.35
	坚硬	0.35~0.45
粉土		0.30~0.40
中砂、粗砂、砾砂		0.40~0.50
碎石土		0.40~0.60
软质岩		0.40~0.60
表面粗糙的硬质岩		0.65~0.75

注:1. 对易风化的软质岩和塑性指数大于 22 的黏性土,基底摩擦系数通过试验确定。

2. 对碎石土,可根据其密实程度、填充物状况、风化程度等确定。

当验算结果不能满足式(9-11)的要求,可把基底变成逆坡,这种方法经济有效,也可将基底做成锯齿状,或在墙底做成凸榫状、在墙踵后加拖板等,如图 9-19 所示。

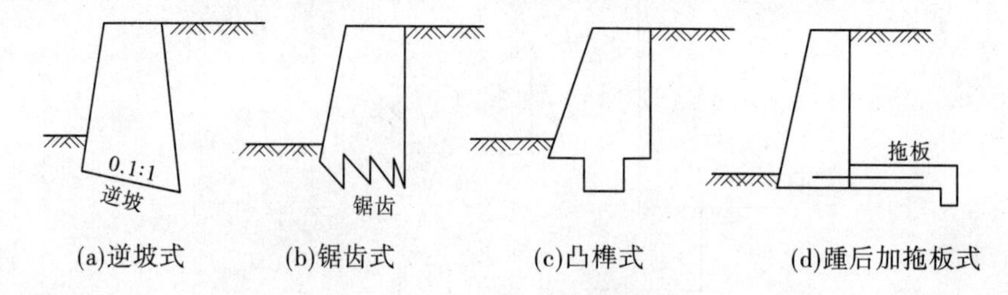

图 9-19 挡土墙抗滑移措施

2. 抗倾覆稳定验算

如图 9-20 所示为一基底倾斜的挡土墙,将主动土压力 E_a 分解为水平力 E_{ax} 和垂直力 E_{az},抗倾覆力矩与倾覆力矩之间的关系应满足式(9-12)的要求。

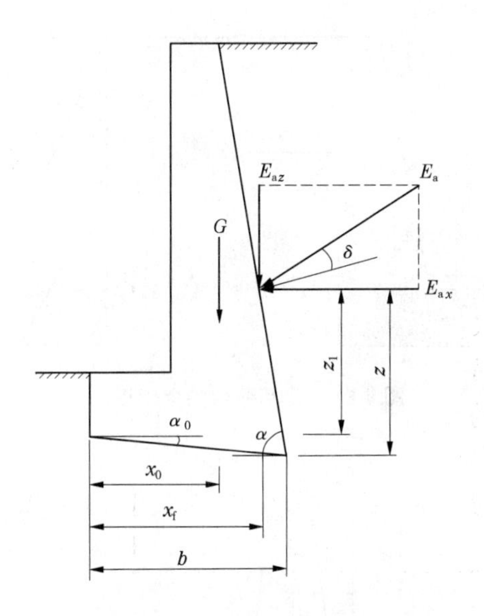

图 9-20 挡土墙抗倾覆稳定验算

$$\frac{G_{x0}+E_{az}x_f}{E_{ax}z_f}\geqslant 1.6 \tag{9-12}$$

$$E_{ax}=E_a\sin(\alpha-\delta)$$

$$E_{az}=E_a\cos(\alpha-\delta)$$

$$x_f=b-z\cot\alpha$$

$$z_f=z-b\tan a_0$$

式中 z——土压力作用点至墙踵的高度,m;

x_0——挡土墙重心至墙趾水平距离,m;

b——基底的水平投影宽度,m。

若验算结果不能满足式(9-12)要求,可采取下列措施:

(1)增大挡土墙断面尺寸,加大 G,但所用材料和工程量增加,修筑成本上升。

(2)将墙背做成倾斜式,以减少侧向土压力。

(3)在挡土墙后做卸荷台,如图 9-21 所示。由于卸荷台以上土的自重相当于增加了挡土墙的自重,减少了土侧向压力,从而增大了抗倾覆力矩。

如图 9-22 所示,挡土墙地基应满足下式要求

$$\left.\begin{aligned}p_{kmax}&\leqslant 1.2f_a\\p_{kmin}&\geqslant 0\end{aligned}\right\} \tag{9-13}$$

$$\begin{matrix}p_{kmax}\\p_{kmin}\end{matrix}=\frac{W+E_{ay}}{B}\left(1\pm\frac{6e}{B}\right) \tag{9-14}$$

式中 p_{kmax}、p_{kmin}——挡土墙地面边缘处的最大和最小压应力,kN/m^3;

f_a——挡土墙底面下地基土修正后承载力特征值,kN/m^3;

e——荷载作用于基础底面上的偏心距,m,

W——挡土墙单位长度的自重,kN。

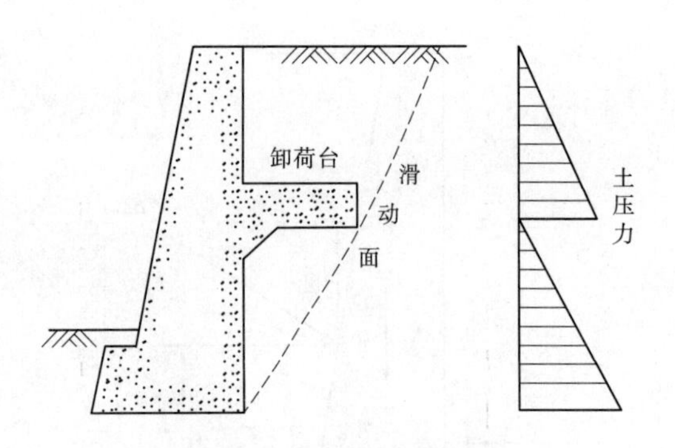

图 9-21　有卸荷台的挡土墙

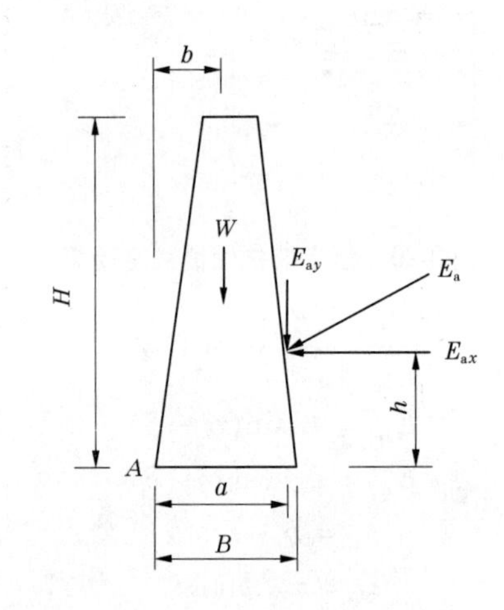

图 9-22　挡土墙的地基承载力验算

当基底压力超过修正后的地基承载力特征值时,可设置墙趾台阶,如图 9-18 所示。墙趾台阶对于提高挡土墙抗滑移和抗倾覆稳定性效果明显。墙趾的高宽比可取 2∶1,且墙趾水平的水平段长度不得小于 20 cm。

3. 墙身强度验算

取若干有代表性的截面(截面突变和转折处)验算,通常墙身和基础结合处的强度能满足,其上部截面强度通常也能满足要求。

(三)重力式挡土墙的构造措施

(1)重力式挡土墙适用于高度小于 6 m、地层稳定、开挖土石方时不会危及相邻建筑物安全的地段。

(2)重力式挡土墙的基础埋深应根据地基承载力、水流冲刷、岩石裂隙发育及风化等因素来确定。在特别强冻胀地区应考虑冻胀的影响。在土质地基中,基础埋深不宜小于 0.5 m;软质岩地基中,基础埋深不宜小于 0.3 m。

(3)重力式挡土墙可在基底设置逆坡。对于土质地基,基底逆坡坡度不宜大于 1∶10;对于岩质地基,基底逆坡坡度不宜大于 1∶5。

(4)挡土墙的截面尺寸:一般重力式挡土墙的墙顶宽约为墙高的 1/12,且块石挡土墙墙顶宽度不小于 400 mm,混凝土挡土墙墙顶宽度不宜小于 200 mm。底宽为墙高的 1/3 ~

1/2。

(5)重力式挡土墙应每隔 10 ~ 20 m 设置一道伸缩缝,当地基有变化时宜加设沉降缝在挡土结构的拐角处,应采取加强的构造措施。

(6)挡土墙排水措施:应在挡土墙上设排水孔,如图 9-23 所示。对于可以向坡外排水的挡土墙,应在挡土墙上设排水孔。排水孔应沿着横竖两个方向设置,其间距宜取 2 ~ 3 m,排水孔外斜坡度宜大于等于 5%,孔眼尺寸不宜小于 100 mm。挡土墙后面应做好滤水层,必要时应做排水暗沟。挡土墙后面有山坡时,应在坡脚设置截水沟。对于不能向坡外排水的边坡,应在挡土墙后面设置排水暗沟。

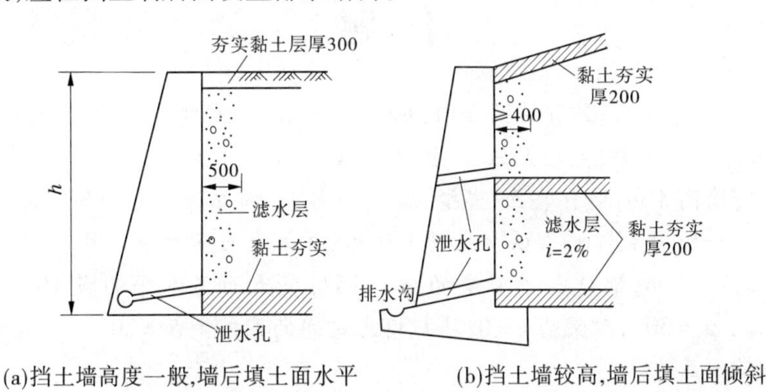

(a)挡土墙高度一般,墙后填土面水平　　(b)挡土墙较高,墙后填土面倾斜

图 9-23　挡土墙的排水措施　(单位:mm)

(7)挡土墙后填土的土质要求:墙后填土应选择透水性强(非冻胀)的填料,如粗砂、砂、砾、块石等,能显著减小主动土压力,而且它们内摩擦角受浸水的影响也小,当采用黏性土时,应适当混以块石。墙后填土必须分层夯实,以确保质量满足要求。

小　结

本项目主要介绍了土压力的形成过程与土压力计算的朗肯土压力理论和库仑土压力理论。要求熟练掌握主动土压力计算方法。

土压力是支挡结构和其他地下结构中普遍存在的受力形式。土压力的大小与支挡结构位移有很大的依存关系,并由此形成了三种土压力:静止土压力、主动土压力和被动土压力。静止土压力的计算方法由水平向自重应力计算公式演变而来,而朗肯土压力计算公式是由单元土体的极限平衡条件推导得出的,库仑土压力公式则是由滑动土楔整体的静力平衡条件推导得出的。各种土压力公式都有其适用条件,在实际中应注意选择使用。

边坡坡度应根据岩土性质、边坡高度等情况,参照当地同类岩土的稳定坡度值确定;对土质边坡或易于软化的岩质边坡,在开挖时应采取相应的排水和坡脚、坡面保护措施;开挖边坡时,应注意施工顺序,宜从上到下依次进行。

常用的挡土墙按结构形式可分为重力式、悬臂式、扶壁式、锚定板式和加筋挡土墙等,重力式挡土墙的设计通常包括抗倾覆和抗滑移稳定性验算、地基承载力验算、墙身强度验算等内容。

思考题

1. 土压力有哪几种类型？它们产生的条件是什么？比较三者数值的大小？
2. 朗肯土压力理论与库仑土压力理论的假定条件是什么？
3. 地下水位升降对土压力的影响如何？
4. 重力式挡土墙截面尺寸怎样确定？验算内容有哪些？

习 题

1. 高为5 m，墙背直立、光滑的挡土墙，填土表面水平，重度$\gamma=18\ kN/m^3$，$\varphi=30°$，$c=0$，试分别求静止土压力、主动土压力、被动土压力($K_0=0.4$)。

2. 某挡土墙墙高4 m，墙背直立、光滑，填土面水平，内摩擦角$\varphi=30°$，黏聚力$c=10$ kPa，填土重度$\gamma=18.4\ kN/m^3$。试求主动土压力，并画出土压力分布图。

3. 某挡土墙高7 m，墙背与垂直夹角$\varepsilon=15°$，填土面与水平面成10°。填土重度$\gamma=18.4\ kN/m^3$，$\varphi=30°$，黏聚力$c=0$，墙与填土之间的摩擦角$\delta=20°$。试用库仑土压力理论求墙背主动土压力。

项目十　地基处理

【情景提示】

1. 如果地基出了问题，工程会受到什么影响？地基到底会出现什么问题呢？

2. 地基如果出了问题，要不要处理？如果处理，又有哪些纠正措施呢？

【项目导读】

在工程建设中，不可避免地会遇到地质条件不良或软弱地基，若在这样的地基上修筑建筑物，则不能满足其设计和正常使用的要求。随着科学技术的不断发展，高层建筑不断涌现，建筑物的荷载日益增大，对地基变形的要求越来越严格。因此，即使原来一般可被评价为良好的基础，也可能在特定的条件下必须进行地基加固。地基处理是指对不满足承载力和变形要求的软弱地基进行人工处理，也称为地基加固。软弱地基是指主要由淤泥、淤泥质土、冲填土、杂填土和其他高压缩性土层构成的地基。

【教学要求】

1. 了解常用地基处理方法的原理与适用范围。
2. 熟悉复合地基设计的概念。
3. 掌握换土垫层的设计要点。

任务一　概　述

一、地基处理的目的

衡量地基好坏的一个主要标准就是看其承载力和变形性能是否满足要求。地基是否需要处理？处理到什么程度？用什么手段处理？这类问题的答案并不是唯一不变的，从这一点上说地基的处理具有复杂性和多变性。地基处理的目的是利用换填、夯实、挤密、排水、胶结和加筋等方法对地基进行加固，用以改良地基土的特性。

工程实际中建筑地基所需处理的问题表现在以下几个方面。

(一)地基的强度与稳定性问题

当地基的抗剪强度不足以支承上部结构传来的荷载时,地基就会产生局部剪切或整体滑移破坏,它不仅影响建筑物的正常使用,还将对建筑的安全构成很大威胁,以至于造成灾难性的后果。

(二)地基的变形问题

地基在上部荷载作用下,产生严重沉降或不均匀沉降时,就会影响建筑物的正常使用,甚至引起建筑物整体倾斜、墙体开裂、基础断裂等事故。

(三)地基的渗漏与溶蚀

水库一类构筑物的地基发生渗漏就会使库内存水渗漏,严重的会引起溃坝等破坏。溶蚀会使地面塌陷。

(四)地基振动液化与振沉

强烈地震会引起地表以下一定深度范围内含水饱和的粉土和砂土产生液化,使地基丧失承载力,造成地表、地基或公路发生破坏。强烈地震会造成软弱黏性土发生振沉现象,导致地基下沉。例如,1976 年 7 月 28 日的唐山 7.8 级强烈地震造成唐山矿业学院书库振沉一层,就是振沉引起破坏的典型实例。

建筑物的天然地基,存在上述四类问题之一时,就必须采取地基处理措施,以确保建筑物的安全性、适用性和耐久性。

二、软弱地基处理的对象

《建筑地基基础设计规范》(GB 50007—2011)规定,软弱地基是指主要由淤泥、淤泥质土、冲填土、杂填土或其他高压缩性土构成的地基。

(一)软土

淤泥、淤泥质土总称为软土。软土的特性是含水率高、孔隙比大、渗透系数小、压缩性高、抗剪强度低。在外荷载作用下,软土地基承载力低、地基变形大,不均匀变形也大,且变形稳定历时较长。在比较深厚的软土层上,建筑物基础的沉降往往要持续数年甚至数十年。软土地基是工程实践中遇到最多需要人工处理的地基。

(二)冲填土

在整治和疏浚江河航道时,用挖泥船通过泥浆将夹有大量水分的泥沙吹到江河两岸而形成的沉积土,称为冲填土或吹填土。冲填土的工程性质主要取决于其自身的颗粒组成、均匀性和排水固结条件,如以黏土为主的冲填土往往是欠固结的,其强度较低且压缩性较高,通常需经过人工处理才能作为建筑物地基。以砂土和其他粗颗粒为主组成的冲填土,其工程性质与砂土相似,可按砂性土考虑是否需要进行地基处理。

(三)杂填土

杂填土是由人类活动所形成的建筑垃圾、工业废料和生活垃圾等无规则堆积物。其组成成分复杂,组成物质杂乱,分布极不均匀,结构松散且无规律性。其重要特性是强度低、压缩性高及均匀性差,即便是在同一建筑场地的不同位置,其地基承载力和压缩性也有很大的差异。杂填土未经处理一般不能作为建筑物的地基。

（四）其他高压缩性土

饱和松散粉细砂及部分砂土，在强烈地震和机械振动等的重复荷载作用下，有可能在含水饱和情况下发生液化或振陷变形。另外，在基坑开挖时，也可能会产生流砂或管涌，因此对于这类地基土，往往需要根据有关专门规范的要求进行处理，以满足受力和变形的要求。

三、地基处理方案的确定与施工注意事项

（一）地基处理方案的确定

1. 准备工作

收集详勘资料和地基基础设计资料是准备工作的第一步。了解采用天然地基存在的主要问题，弄清楚是否可用建筑物移位、修改上部结构设计或其他简单措施来解决；明确地基处理的目的、处理的范围和要求处理后达到的技术经济指标等，论证地基处理的必要性是准备工作的第二步。调查了解本地区已建成建筑物地基施工条件和地基处理的经验是准备工作的第三步。

2. 确定地基处理方法的步骤

（1）方案初选。根据结构类型、荷载大小及使用要求，结合地形地貌、地层结构、土质条件、地下水及环境情况和对邻近建筑物的影响进行选择。

（2）最佳方案选择。对初选的各个方案，从加固原理、适用范围、预期处理效果、材料来源与消耗机具条件、施工进度和对环境影响方面，进行全面技术经济比较，从中选择一个最佳的地基处理方案。最佳方案的确定通常是集中和选取各方案的优点，采用一个综合处理的方案。

（3）现场试验。对已选定的地基处理方案的具体处理方法，按建筑物安全等级和场地复杂程度，选择代表性的场地试验并进行必要的测试。检验处理效果，必要时修改处理方案。

（二）地基处理施工注意事项

地基处理是一项技术复杂、难度较大的非常规工程，必须精心组织、周密安排、精心施工，并注意以下几个环节。

1. 技术交底与质量监理

在地基处理工作开始前，应对施工人员进行技术交底，讲明地基处理方法的原理、技术标准和质量要求，技术交底最好为示范处理、边干边讲，以期达到最佳效果。地基处理施工过程应有专门技术和管理人员跟班，负责质量监督和管理工作。

2. 做好监测工作

在地基处理施工过程中，应有计划地进行监测工作，根据监测结果指导下一阶段的工作，不断提高技术水平和地基处理质量。

3. 处理效果检验

在地基处理施工完成后，经必要的时间间隔，采取多种手段检验地基处理的效果。同一地点用地基处理前后定量的指标发生的变化加以说明。例如，通过地基承载力提高，c、φ 及 E_s 增加，地基变形是否已满足设计要求，液化是否被消除等来评价。

四、地基处理方法

地基处理的方法分为:根据处理时间分为临时处理和永久处理;根据处理深度分为浅层处理和深层处理;根据被处理土的特性,分为砂土处理和黏土处理,饱和土处理和不饱和土处理。根据地基处理的原理分类,能充分体现各种处理方法自身的特点,分类方法较为妥当、合理,因此现阶段一般按地基处理的作用机制对地基处理方法进行分类。

(一)机械压实法

机械压实法通常采用机械碾压法、重锤夯实法、平板振动法。这种处理方法利用了土的压实原理,把浅层地基土压实、夯实或振实,属于浅层处理。适用地基土为碎石、砂土、粉土、低饱和度的粉土与黏性土、湿陷性黄土、素填土、杂填土等地基。

(二)换土垫层法

换土垫层法,通常的处理方式是采用砂石垫层、碎石垫层、粉煤灰垫层、干渣垫层、土或灰土垫层置换原有软弱地基土来对湿陷地基处理的。其原理就是挖除浅层软弱土或不良土,回填碎石、粉煤灰、干渣、粗颗粒土或灰土等强度较高的材料,并分层碾压或夯实,提高承载力和减少变形,改善特殊土的不良特性,属于浅层处理。这种处理方法适用于淤泥、淤泥质土、湿陷性黄土、素填土、杂填土地基及暗沟、暗塘等的浅层处理。

(三)排水固结法

排水固结法,是采用天然地基和砂井及塑料排水板地基的堆载预压、降水预压、电渗预压等方法进行地基处理的。其原理是通过在地基中设置竖向排水通道并对地基施以预压荷载,加速地基土的排水固结和强度增长,提高地基稳定性,提前完成地基沉降,属于深层处理。适用于深厚饱和软土和冲填土地基,对渗透性较低的泥炭土应慎用。

(四)深层密实法

深层密实法,是通过采用碎石桩、砂桩、砂石桩、石灰桩、土桩、灰土桩、二灰桩、强夯法、爆破挤密法等对软弱地基土处理的一种方法。这种方法的原理是采用一定的技术方法,通过振动和挤密,使土体孔隙减少,强度提高,在振动挤密的过程中,回填砂、碎石、灰土、素土等,形成相应的砂桩、碎石桩、灰土桩、土桩等,并与地基土组成复合地基,从而提高强度,减少变形;强夯即利用强大的夯实功能,在地基中产生强烈的冲击波和动应力,迫使土体动力固结密实(在强夯过程中,可填入碎石,置换地基土);爆破则为引爆预先埋入地基中的炸药,通过爆破使土体液化和变形,从而获得较大的密实度,提高地基承载力,减少地基变形。这类地基处理方法属深层次处理。这种方法适用于松砂、粉土、杂填土、素填土、低饱和度黏性土及湿陷性黄土,其中强夯置换适用于软黏土地基的处理。

(五)胶结法

这种方法是对地基土注浆、深层搅拌和高压旋喷等使地基土土体结构改变,从而达到改善地基土受力和变形性能的处理方法。这类处理方法是采用专门技术,在地基中注入泥浆液或化学浆液,使土粒胶结,提高地基承载力,减少沉降量,防止渗漏等;或在部分软土地基中掺入水泥、石灰等形成加固体,与地基土组成复合地基,提高地基承载力,减少变形,防止渗漏;或高压冲切土体,在喷射浆液的同时旋转,提升喷浆管,形成水泥圆柱体,与地基土组成复合地基,提高地基承载力,减少地基沉降量,防止砂土液化、管涌和基坑隆起等。这类处理方法适用于淤泥、淤泥质土、黏性土、粉土、黄土、砂土、人工填土地基;注浆法还适用于岩石地基。

(六)加筋法

加筋法是采用土工膜、土工织物、土工格栅、土工合成物、土锚、土钉、树根桩、碎石桩、砂桩等对地基土加固的一种方法。它的原理是将土工聚合物铺设在人工填筑的堤坝或挡土墙内起到排水、隔离、加固、补强、反滤等作用;土锚、土钉等置于人工填筑的堤坝或挡土墙内可提高土体的强度和自稳能力;在软弱土层上设置树根桩、碎石桩、砂桩等,形成人工复合土体,用以提高地基承载力,减少沉降量和增加地基稳定性。这类方法适用于软黏土、砂土地基、人工填土及陡坡填土等地基的处理。

任务二　浅层地基处理

一、换土垫层法

换土垫层法是将基础下一定深度范围内的软弱土层全部或部分挖除,然后分层回填砂、碎石、素土、灰土、粉煤灰、高炉干渣等强度较大、性能稳定和无侵蚀性材料,并夯实的地基处理方法。

当软弱地基承载力和变形不能满足建筑物要求,且软弱土层的厚度又不很大时,换土垫层法是一种较为经济、简单的软土地基浅层处理方法。不同的材料形成不同的垫层,如砂垫层、碎石垫层、素土或灰土垫层、粉煤灰及煤渣垫层等。

换土深度较大时,经常出现开挖过程中地下水位高而不得不采取降水措施,坑壁放坡占地面积大或需要基坑支护,施工土方量大、弃方多等问题,从而使地基处理费用增高、工期延长,因此换土垫层法的处理深度常控制在 3 ~ 5 m。但是,当换土垫层厚度较薄时,则其作用不够明显,因此处理深度也不应小于 0.5 m。

换土垫层法处理软土地基,其作用主要体现在以下几个方面:提高浅层地基承载力;减少地基沉降量;加速软弱土层的排水固结,即垫层起排水作用;防止土的冻胀,即粗颗粒材料垫层起隔水作用;减少或消除土的胀缩性。换土垫层法在处理一般地基时,其可起的作用主要为前面三种,在某些工程中可能几种作用同时发挥,如提高垫层强度、减少沉降量和排水等几种作用同时发挥。

换土垫层法适用于淤泥、淤泥质土、湿陷性黄土、素填土、杂填土地基及暗沟、暗塘等的浅层处理。

(一)砂(碎石)垫层设计要点

砂(碎石)垫层设计的主要内容是确定断面的合理厚度和宽度。根据建筑物对地基变形和稳定的要求,对于垫土层,既要求有足够厚度置换可能被剪切破坏的软土层,又要有足够的宽度以防止砂垫层向两侧挤动。对于排水垫层,一方面要求有一定的厚度和宽度,防止加荷过程中产生局部剪切破坏;另一方面要求形成一个排水层,促进软弱土层的固结。较为常用的砂垫层设计方法如下。

1. 砂(碎石)垫层厚度的确定

砂(碎石)垫层厚度应满足在上部荷载作用下本身不产生剪切破坏,同时通过垫层传递至下卧软弱层的应力也不会使下卧层产生剪切破坏,即应满足对下卧层验算的要求。砂(碎石)垫层的压力扩散角 θ 按表 10-1 取用。

表 10-1　垫层的压力扩散角 θ

z/b	换土材料		
	中砂、粗砂、砾砂、圆砾、角砂石屑、卵石、碎石、矿渣	粉质黏土、粉煤灰	灰土
0.25	20°	6°	28°
≥0.50	30°	23°	

注:1. 当 $z/b<0.25$ 时,除灰土取 $\theta=28°$ 外,其余材料均取 $\theta=0°$,必要时,宜由试验确定。

2. 当(碎石)$0.25<z/b<0.5$ 时,θ 值可内插求得。

计算时,先假设一个垫层厚度,然后验算,如不符合要求则改变厚度,重新验算直到满足要求。一般砂垫层的厚度为 1 ~ 2 m,垫层厚度过小(小于 0.5 m)时,则施工较困难。

2. 砂垫层宽度的确定

砂垫层的宽度,一方面满足应力扩散的要求,另一方面防止垫层两边挤动。砂垫层宽度的确定,通常采用当地某些经验数据(考虑垫层两侧土的性质)或按经验方法确定,常用的是经验角法。

砂垫层顶面宽度可从垫层两侧向上,按基坑开挖期间保持边坡稳定的当地放坡经验确定。垫层顶面每边超出基础底边不小于 300 mm。

砂垫层断面确定后,对于重要的建筑物还要验算基础的沉降,以便使建筑物基础的最终沉降值小于建筑物的允许沉降值。验算时一般不考虑砂垫层本身的变形。但对沉降要求严或垫层厚的建筑应计算垫层本身的变形。以上这种按应力扩散设计砂垫层的方法比较简洁,故设计中经常被使用。砂(碎石)垫层剖面如图 10-1 所示。

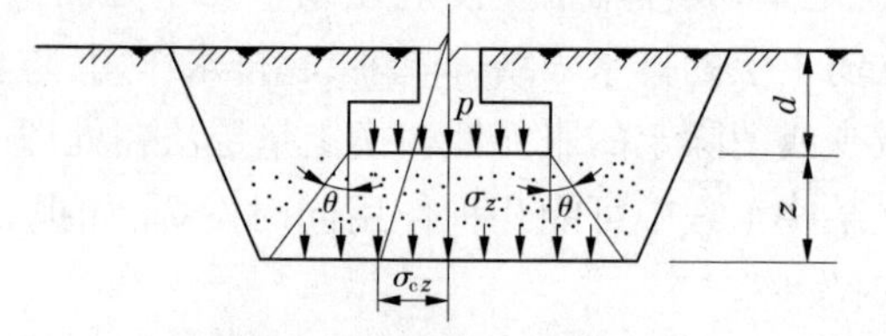

图 10-1　砂(碎石)垫层剖面图

(二)砂(碎石)垫层的施工要点

(1)砂垫层的砂料必须具有良好的压实性,以中、粗砂为好,也可使用碎石。细砂虽然也可以用作垫层,但不易压实,且强度不高。垫层所用砂料不均匀系数不能小于 5,有机质含量、含泥量和水稳定不良的物质不宜超过 3%,且不宜掺入大块石。

(2)砂垫层施工的关键是如何将砂加密至设计要求。加密的方法常用的有水振动法、水撼法、碾压法。上述方法都要求控制一定的含水率,分层铺砂厚度 200 ~ 300 mm,逐层振密或压实。通常以湿润到接近饱和状态时为好。

(3)开挖基坑铺设砂垫层时,必须避免扰动软土层表面和破坏坑底土的结构。因此,基坑开挖后应立即回填,不应暴露过久或浸水,更不得任意践踏坑底。

(4)当采用碎石垫层时,为了避免碎石挤入土中,应在坑底先铺一层砂,再铺碎石垫层。

二、抛石挤淤法

抛石挤淤法是强迫换土的一种形式。通过在软黏土中抛入较大的片石、块石,使片石、块石强行挤出黏土并占据其位置,以此来提高地基承载力,减少沉降量,提高土体的稳定性。

抛石挤淤法一般适用于厚为 3 ~4 m 的软土层和常年积水且不易抽干的湖、塘、河流等积水洼地,以及表层无硬壳、软土的液性指数大、厚度较薄、片石能沉入下卧层的情况。由于抛石挤淤法施工简单,不用抽水,不用挖淤,施工迅速,所以现场经常采用。

抛石挤淤法施工时,抛石顺序应自基础中部开始,然后逐次向两旁展开,使淤泥向两侧挤出。当抛入的片石露出水面后,用重锤夯实或用压路机碾压密实,然后在其上铺反滤层再进行填土,如图 10-2(a)所示。当下卧岩石层面具有明显的横向坡度时,抛石应从下卧层高的一侧向低的一侧扩展,并且在低的一侧适当高度范围内多抛填一些,以增加其稳定性,如图 10-2(b)所示。

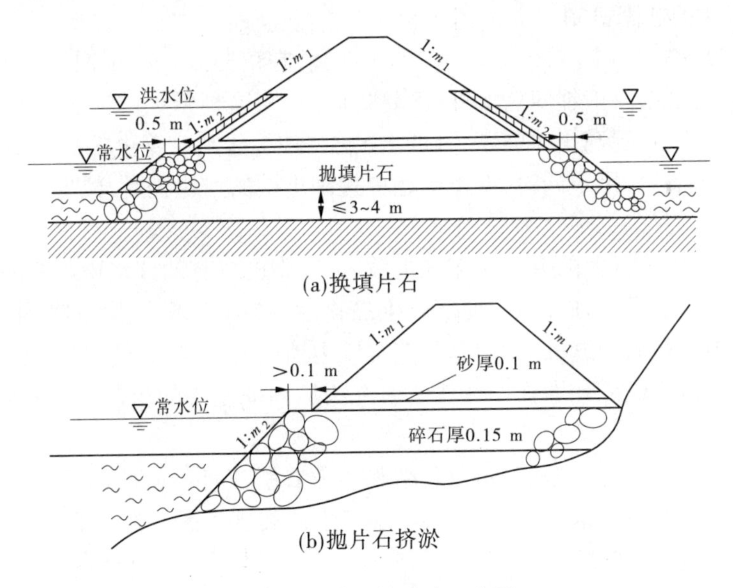

图 10-2　抛石挤淤法示意图

三、重锤夯实法

重锤夯实法是用起重机械将夯锤提升到一定高度,然后使重锤自由下落并重复夯击,使浅层土体变得密实,地基得以加固。重锤夯实法既是一种独立的地基浅层处理方法,也是换土层法压实的一种手段。

重锤夯实法适用于地下水位距地表 0.8 m 以上稍湿的黏性土、砂土、湿陷性黄土、杂填土及分层填土等。但在有效夯实深度范围内有软黏土层时不宜采用。

重锤夯实的影响深度和效果与锤重、锤底直径、落距以及土质条件等因素有关。一般夯锤采用圆台形，锤重宜大于 20 kN，锤底直径宜根据锤的单位静压力为 15 ~ 20 kPa 确定，夯锤落距一般应大于 4 m。

重锤夯击宜一夯接一夯顺序进行。在独立基础坑内，宜先外后内进行夯击。同一基坑底面标高不同时，应按先深后浅的顺序进行夯实。一般当最后两遍夯沉量达到黏性土及湿陷性黄土小于 1.0 ~ 2.0 cm，砂土小于 0.5 ~ 1.0 cm 时可停止夯击。

对于具体工程，为了确定最小的夯击遍数、最后两遍平均夯沉量和有效夯实深度等，需事先进行现场试验。对于稍湿和湿、稍密到中密的建筑垃圾杂填土，如采用 15 kN、锤底直径 1.15 m 的锤击后，地基承载力特征值一般可达到 100 ~ 150 kPa。通常正常夯击的有效夯实深度一般可达 1 m 左右，并可消除 1.0 ~ 1.5 m 厚湿陷性黄土的湿陷性。

四、强夯法

1969 年，法国人梅纳首创了强夯地基加固法。它是用几吨甚至十几吨的重锤从高处落下，反复多次夯击地面，对地基加固夯实。工程实践证明，加固的效果是显著的，强夯后的地基承载力可提高 2 ~ 5 倍，压缩性可降低 200% ~ 500%，影响深度 10 m 以上。这种方法具有施工工艺简单、速度快、节省材料等特点，受到工程界的广泛欢迎。

（一）强夯法的加固机制

强夯是通过一般 8 ~ 30 t，最终可达 200 t 夯锤，在落距 8 ~ 30 m 时，对地基土施加很大的冲击波和冲击能，一般能量为 500 ~ 8 000 kN · m，这种强大的夯击力在地基中产生的冲击波和动应力，可提高土体强度，降低土的压缩性，起到改善土的振动液化性和消除湿陷性黄土的湿陷性作用。同时，夯击能还可提高土层的均匀程度，减少房屋建成后的地基不均匀沉降。

夯击过程中，由于巨大的夯击能和冲击波，土体中已含有的许多可压缩的微气泡很快被压缩，土体承受几十厘米的沉降，局部产生液化后，结构破坏、强度下降到最小值，随后在夯击点周围出现径向裂缝，成为加速孔隙水压力消散的主要通道。黏性土具有触变性，使降低了的强度得到恢复和增强。这就是强夯法加固地基土的机制，这一机制的实质是动力密实。

强夯法加固地基有动力密实、动力固结和动力置换三种不同的加固机制。具体工程中究竟采用哪种机制对地基土夯实，主要取决于土的类别和强夯施工工艺。

（二）强夯法设计计算

1. 有效加固深度

有效加固深度既是确定地基处理方法的重要依据，又是反映处理效果的重要参数。一般可按下式估算有效加固深度

$$H \approx \alpha \sqrt{Mh/10} \tag{10-1}$$

式中 H——有效加固深度，m；

M——夯锤重，t；

α——折减系数，黏性土取 0.5，砂土取 0.7，黄土取 0.35 ~ 0.50；

h——落距，m。

2. 夯锤和落距

在设计时，根据需要加固深度，初步确定采用的单击夯击能，然后根据机具条件，因地制宜地确定锤落距和锤重。

3. 夯击点布置及间距

（1）夯击点布置。夯击点布置一般为三角形或正方形。强夯处理范围应大于建筑物基础范围，具体的放大范围，可根据建筑物类型和重要性等因素确定，对一般建筑物，每边超出基础外缘的宽度宜为基础埋深的1/2～2/3，并不宜小于3 m。

（2）夯击点间距。夯击点间距的确定，一般根据地基土的性质和要求处理的深度而定。第一遍夯击点间距通常为5～15 m，以保证使夯击能量传递到深处和保护夯坑周围所产生的辐射向裂缝为基本原则。

4. 夯击击数与遍数

（1）夯击击数。各夯击点的夯击数，应使土体竖向压缩最大，而侧向位移最小为原则，一般为4～10击。

（2）夯击遍数。夯击遍数应根据土的性质和平均夯击能确定。一般情况下可采用1～8遍，对于粗颗粒土夯击遍数可少些，而对细颗粒土夯击遍数可多些。

最后一遍是以低能量"搭夯"，即锤印彼此搭接。

5. 垫层铺设

强夯前拟加固的场地必须具有一层稍硬的表层，使其能支承起重设备，并便于对所施工的"夯击能"得到扩散；同时也可加大地下水位与地表面的距离。因此，有时必须铺设垫层，垫层厚度一般为0.5～2 m，铺设的垫层不能含有黏土。

6. 间歇时间

锤击各遍间的间歇时间取决于加固土层中孔隙水压力消除需要的时间。对砂性土，孔隙水压力峰值出现在夯完后的瞬间，可连续夯击。对黏性土，其间歇时间取决于孔隙水压力的消散情况，一般为2～4周。

强夯法适用于处理砂土、碎石土、低饱和度的黏性土、粉土、湿陷性黄土等。在饱和软弱土地基采用强夯法时，应通过现场试验获得效果后才宜采用。这种方法不足之处是施工振动大，噪声大，影响附近建筑物，所以在建筑物稠密的大中城市不宜采用。

任务三　排水固结法

排水固结法是指预先施加荷载，为加快地基中水分的排出速度，同时在地基中设置竖向和横向排水通道，使得土体中水分排出，逐步固结，以达到提高地基承载力和稳定性、减少沉降量目的的一种地基处理方法（见图10-3）。

排水固结法由排水系统和加压系统两部分组成。设置排水系统的目的，主要在于改变地基原有的排水边界条件，缩短孔隙水排出的路径，缩短排水固结时间。

排水系统由竖向排水体和水平向排水体构成，竖向排水体有普通砂井、袋装砂井和塑料排水板，水平排水体为砂垫层。加压系统主要作用是给地基增加固结压力，使其产生固

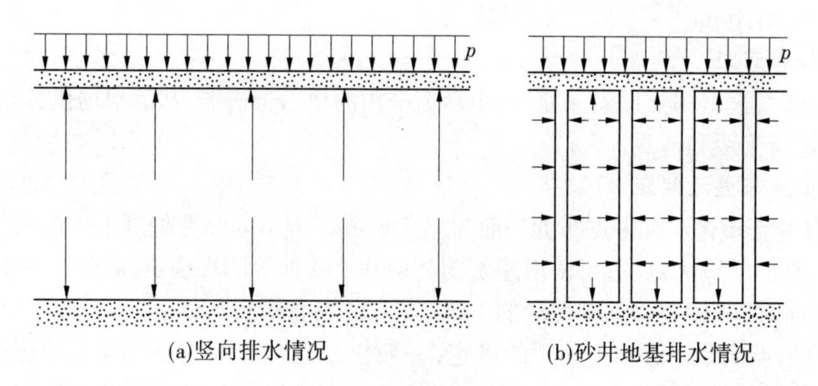

图 10-3 竖向排水体设置原理

结。加压的方式通常可利用建筑物(如房屋)或构筑物(如路堤、堤坝等)自重、专门堆积固体材料(如砂和石料、钢材等)、充水(如油罐充水)及抽真空施加负压力荷载等。

排水固结法主要适用于处理淤泥、淤泥质土和冲填土等饱和黏性土地基。对于含水平砂层的黏性土,因其具有较好的横向排水性能,所以处理时土体中不设竖向排水体(如砂井等),也能获得良好的固结效果。

砂井预压是排水固结法中一种常用的地基加固方法。砂井预压是指在软弱地基中用钢管打孔、灌砂设置砂井(包含袋装砂井)作为竖向排水通道,在砂井顶部设置砂垫层作为水平排水通道,并在砂垫层上部堆载,使土体中孔隙水较快地排出,从而达到加速土体固结,提高地基土强度的目的。

砂井预压设计中应注意以下问题。

一、砂井间距和平面布置

由砂井固结理论可知,缩小砂井间距比增大砂井直径具有更好的排水效果,因此为加快土体中孔隙水的排出速度,减少地基排水固结时间,宜采用“细而密”的原则选择砂井间距和直径。具体施工中,砂井直径太细,则难以保证其施工质量;砂井间距太密,会对周围土体产生扰动,降低土的强度和渗透性,影响加固效果。所以,实际工程中砂井的间距不宜小于1.5 m。

砂井在平面上的布置形式通常为等边三角形或正方形,一根砂井的有效圆柱体的直径 d_e 和砂井间距 s 的关系可按下式计算:

等边三角形布置

$$d_e = \sqrt{\frac{2\sqrt{3}}{\pi}}s = 1.05s \tag{10-2}$$

正方形布置

$$d_e = \sqrt{\frac{4}{\pi}}s = 1.128s \tag{10-3}$$

砂井的平面布设范围应稍大于基础范围,通常由基础的轮廓线向外增大 2 ~4 m,为使沿砂井排至地面的水能迅速、顺利地排离到场地以外,在砂井顶部应设置排水垫层或纵横连通砂井的排水砂沟，砂垫层及砂沟的厚度一般为0.5～1.0 m，砂沟的宽度可取砂井直径的2倍。

二、砂井的直径和长度

砂井直径的确定，需考虑能否顺利排水、实际施工时砂井质量等问题，目前工程中常用的砂井直径为30～40 cm，通常砂井的间距可按井径比 $n=s/d_w$ 确定。普通砂井的井径比可按 $n=6\sim8$ 选用；砂袋砂井或塑料排水带的井径比可按 $n=15\sim20$ 选用。

土层分布情况、地基中附加压力的大小、压缩层厚度以及地基可能发生滑动的深度等都是砂井长度的影响因素。如软土层厚度不大，则砂井宜穿透软弱土层；反之，则可根据建筑物对地基的稳定性和沉降量要求决定砂井长度，此时砂井长度应考虑穿越地基的可能滑动面或穿越压缩层。

三、分级加荷大小及某一级荷载作用下的停歇时间

砂井地基在预压过程中，实际的预压荷载往往是分级施加的。因此，需要确定每级荷载大小和该级荷载作用下的停歇时间，即制订加荷计划。制订加荷计划的依据是地基土的排水固结程度和地基抗剪强度的增长情况。

任务四　散体材料桩复合地基

散体材料桩复合地基是指在软弱地基土中用振动或冲击的方法挤土成孔，然后在孔中充填碎石、砂、炉渣等材料，分别形成所谓的碎石桩、砂桩及炉渣桩等。这些散体材料与地基土一起形成复合地基，共同承受外荷载，抵抗变形，达到加固软弱地基的目的。本节简要介绍砂桩和碎石桩地基。

一、砂桩

在软弱地基土中用一定方式成孔，并往孔中充填砂料，在地基中形成一根砂柱体，即为砂桩。挤密砂桩目前常用于路堤、原料堆场、堤防码头、油罐及厂房等地基的加固。

挤密砂桩一般适用于松散砂土和人工填土地基的加固处理；在软黏土地基中，由于黏性土渗透性小，在成桩过程中，引起的超孔隙水压力难以迅速消散，故挤密效果差，同时黏性土灵敏度高，结构性强，施工时极易破坏地基土的天然结构，造成土的抗剪强度下降，从而影响其固结效果。因此，采用砂桩处理饱和软黏土地基时应慎重，最好加固前能进行现场试验研究，以获得必要的资料加以论证。

砂桩的加固机制可从以下几个方面加以说明。

（一）加固松散砂土地基

加固松散砂土地基时，由于砂桩施工时，采用振动或冲击的方式往土中下沉桩管，桩管将地基中等于桩管体积的砂土挤向桩管周围的土层，使其孔隙比减少，密度增加，起到了对松散砂土的挤密作用，一般这种有效挤密范围可达3～4倍的桩径。通过挤密松散砂土，可以防止地基土的振动液化，提高地基土的抗剪强度，减少沉降和不均匀沉降。

(二)加固软弱黏性土地基

在软弱黏性土地基中设置砂桩,其作用为:密实的砂桩取代了与其同体积的软弱黏性土,起到了置换作用;同时砂桩与地基土一起构成了复合地基。软弱黏性土中的砂桩起到了砂井排水的作用,缩短了孔隙水排出的路径,加快了地基土的固结沉降。

(三)砂桩技术参数

(1)材料。用于砂桩的砂一般宜为中粗混合砂,含泥量不大于5%,并不宜含有大于50 mm 的颗粒;砂桩主要起排水作用时,含泥量不大于3%。

(2)桩位平面布置形式及其范围。砂桩的平面布置形式常为等边三角形或正方形。等边三角形布置一般适用于大面积处理,而正方形布置一般适用于独立基础和条形基础下的地基处理。

砂桩挤密地基的宽度应超出基础宽度,每边放宽不应少于1~3 排,砂桩用于防止砂层液化时,每边放宽不宜小于处理深度的1/2,并不应小于5 m。当可液化层上覆盖有厚度大于3 m 的非液化层时,每边放宽不宜小于液化层厚度的1/2,并不应小于2 m。

(3)砂桩的直径。砂桩直径应根据土质情况和成桩设备等因素确定,一般砂桩直径可采用300~800 mm,对于饱和黏性土地基宜选用较大直径。

(4)砂桩间距。砂桩间距应通过现场试验确定,但不宜大于4 倍桩径。

二、碎石桩

在软弱地基中采用一定方式成孔并向孔中填入碎石,并在地基中形成一根碎石桩体,称为碎石桩。碎石桩施工时,以起重吊装振冲器,启动潜水电机后带动偏心块,使振冲器产生高频振动,同时开动水泵,使高压水通过喷嘴喷射高压水流,在振动力和高压水流的作用下,在土层中形成孔洞,直至设计标高,然后经过清孔,用循环水带出稠泥浆后向桩孔中逐段填入碎石,每段填料均在振冲器振动作用下振挤密实,达到要求的密实度后就可以上提,重复上述操作步骤直至地面,从而在地基中形成一根具有相应直径的密实碎石柱体,即碎石桩。由于上述施工方法为边振边冲,即在土中成孔,振冲过程中也使土体得以振动密实,故也称为振动水冲法,这里所说的碎石桩也称为振冲碎石桩。

振冲碎石桩一般适用于松散砂土的加固处理,也可适用于黏性土的加固处理,但过程应用中必须十分慎重。因为碎石桩为散体材料,在承受荷载后,其抵抗荷载的能力完全依赖桩周土体的径向支撑力,由于软黏土的天然抗剪强度低,所以往往难以提供碎石桩需要的足够的径向支撑力,因此不能获得满意的效果,甚至造成加固处理的完全失败。一般当软土地基的天然不排水强度小于20 kPa 时,常不能取得满意的效果。

碎石桩加固地基土的机制可从以下几个方面说明:

(1)松散砂土地基。振冲碎石加固砂土地基,除振冲成孔将砂土挤压密实外,碎石桩体因孔隙大,排水性能好,在地基中起到排水减压作用,可加快地基土的排水固结;另外,施工振冲产生的振动力,使砂土地基产生预振的效应。上述作用使加固后的地基承载力提高,沉降量减少,可有效防止砂土的振动液化。

(2)黏性土地基。由于黏性土的渗透性差,振冲不能使饱和土中的孔隙水迅速排除而减少孔隙比,振冲时振动力主要是把添加料碎石振密并挤压到周围的软土中,形成粗大密实的碎石桩,碎石桩置换部分软黏土并与软黏土一起组成非均匀的复合地基。由于地基土和桩体碎石变形模量不同,故土中应力会向碎石桩集中,于是在没有提高软黏土承载力的情况下,整个地基土的承载力得以提高,沉降量得以下降。

一般认为,无论松散砂性土还是软黏土,振冲碎石桩加固地基的作用概括起来有四种,即挤密、置换、排水和加筋。

碎石桩的平面布置通常为等边三角形或正方形,桩径一般为0.7~1.2 m,碎石桩的平面布置范围、桩长和桩间距及单根桩每米的填碎石量的确定方法,与砂桩的确定方法相同。

小 结

本项目主要介绍了地基处理的目的和几种不同类型地基的处理方法。要求掌握常见的地基处理方法。

地基处理的方法:根据处理时间可分为临时处理和永久处理;根据处理深度可分为浅层处理和深层处理;根据被处理土的特性,可分为砂土处理和黏土处理,饱和土处理和不饱和土处理。根据地基处理的原理分类,能充分体现各种处理方法自身的特点,较为妥当、合理。因此,现阶段一般按地基处理的作用机制对地基处理方法进行分类,有机械压实法、换土垫层法、排水固结法、深层密实法、胶结法、加筋法等。

习 题

一、名词解释

软弱地基　机械压实法　换土垫层法　排水固结法　重锤夯实法　强夯法　散体材料桩复合地基

二、问答题

1. 地基处理的对象和目的是什么?

2. 换土垫层法、强夯法的作用、适用范围各是什么?它们的设计要点各有哪些?

3. 什么是砂土的振动液化?它有哪些危害?

4. 垫层的作用是什么?

项目十一 土力学试验

任务一 土的含水率试验

一、试验目的

测定土的含水率,了解土的含水情况,是计算土的孔隙比、液性指数和其他物理力学性质不可缺少的一个基本指标。适用范围:粗粒土、细粒土、有机质土和冻土。

二、试验方法和适用范围

(1)烘干法:室内试验的标准方法,一般黏性土都可以采用。

(2)酒精燃烧法:适用于快速简易测定细粒土的含水率。

(3)比重法:适用于砂类土。

本试验采用烘干法。

三、试验原理

土的含水率是土在温度 105 ~ 110 ℃下烘干到恒重时失去的水分质量与达到恒重后干土质量的比值,以百分数表示。

四、试验设备

烘箱:保持温度 105 ~ 110 ℃的自动控制的电热烘箱、电子分析天平(称量 200 g,分度值 0.01 g)、铝质称量盒、削土刀等。

五、试验步骤

(1)称量好带有编号的盒盖、盒身的两个铝盒,分别记录质量数值为 m_0,并填入表中。

(2)取代表性试样(原状或扰动)中,黏性土为 15 ~ 30 g,砂性土、有机质土为 50 g,放入质量为 m_0 的称量盒内,立即盖上盒盖,称湿土加盒(包括盒盖和盒身)总质量 m_1,精确至 0.01 g。

(3)打开盒盖,将试样和盒放入烘箱,在温度 105 ~ 110 ℃的恒温下烘干。烘干时间与土的类别及取土数量有关。黏性土、粉土不得少于 8 h;砂类土不得少于 6 h;对含有机质超过10%的土，应将温度控制在65～70 ℃的恒温下烘至恒量。

(4)将烘干后的试样和盒取出，盖好盒盖放入干燥器内冷却至室温，称干土加盒质量m_2，精确至0.01g。

六、计算整理

按下式计算

$$\omega = \frac{m_w}{m_s} = \frac{m_1 - m_2}{m_2 - m_0} \times 100\%$$

七、注意事项

(1)含水率要求计算至0.1%。

(2)本试验需进行2次平行测定，取其算术平均值，允许平行差值应符合表11-1的规定。

表11-1　允许平行差值取值范围

含水率(%)	<10	10～40	>40
允许平行差值(%)	0.5	1.0	2.0

八、试验记录及计算

班级：　　　　学号：　　　　姓名：　　　　日期：

土样编号	土样说明	盒号	盒质量(g)	盒+湿土质量(g)	盒+干土质量(g)	水质量(g)	干土质量(g)	含水率(%)	平均含水率(%)
			(1)	(2)	(3)	(4) = (2) - (3)	(5) = (3) - (1)	(6) = $\frac{(4)}{(5)}$	(7)

任务二　土的密度试验

一、试验目的

了解土体内部结构的密实情况，工程中需要以干密度表示时，将实测湿密度值根据含水率换算成干密度即可。

二、试验方法与适用范围

一般黏性土，宜采用环刀法易破碎、难以切削的土，可采用蜡封法，对于砂土与砂砾土，可用现场的灌砂法或灌水法。

本试验采用环刀法。

三、试验原理

土的单位体积质量称为土的密度。在天然含水率情况下的密度称为天然密度。

四、试验设备

环刀（内径61.8 mm、高20 mm、面积30 cm^2），天平（分度值为0.01 g），切土刀、凡士林等。

五、操作步骤

(1)调整天平平衡，称量环刀的质量 m_1 ，并填入表中。

(2)按工程需要取原状土或制配所需状态的扰动土，整平两端，且保证其直径和高度略大于环刀。

(3)环刀取土：在环刀内壁涂一薄层凡士林，将环刀刃口向下放在土样上，随即将环刀垂直下压，边压边削，直至土样上端伸出环刀。将环刀两端余土削去修平（严禁在土面上反复涂抹），然后擦净环刀外壁。（剩余土样可以测定含水率）

(4)将取好土样的环刀放在天平上称量，记下环刀与湿土的总质量 m_2 。

六、计算整理

按下列公式计算湿密度和干密度

$$\rho = \frac{M}{V} = \frac{m_2 - m_1}{V} \qquad \rho_d = \frac{\rho}{1 + \omega}$$

七、注意事项

密度试验应进行两次平行测定，两次测定的差值不得大于0.03 g/cm^3，取两次试验结果的平均值。

八、试验记录及计算

班级：　　　　　学号：　　　　　姓名：　　　　　日期：

土样编号	土样类别	环刀号	湿土质量 (g)	体积 (g)	湿密度 (g/cm^3)	含水率 (%)	干密度 (g/cm^3)	平均干密度 (g/cm^3)
			(1)	(2)	(3) $=\frac{(1)}{(2)}$	(4)	(5) $=\frac{(3)}{1+(4)}$	(6)

任务三　土的界限含水率试验

一、试验目的

细粒土由于含水率不同，分别处于流动状态、可塑状态、半固体状态和固体状态。液限是细粒土呈可塑状态的上限含水率；塑限是细粒土呈可塑状态的下限含水率。

本试验的目的是测定细粒土的液限、塑限，计算塑性指数，给土分类定名，供设计、施工使用。

二、试验方法和适用范围

土的液、塑限试验：采用液、塑限联合测定法。

土的塑限试验：采用搓滚法。

土的液限试验：采用碟式仪法。

三、液、塑限联合测定法试验

（一）试验原理

用 76 g 圆锥仪测定在 5 s 时的不同含水率与圆锥下沉深度的关系曲线，从直线上查得下沉深度分别为 17 mm 和 2 mm 的相应含水率为液限和塑限。

（二）试验设备

液、塑限联合测定仪，如图 7-16 所示：圆锥仪（锥质量为 76 g，锥角 30°），读数显示（光电式）；试样杯：直径 40 ~ 50 mm，高 30 ~ 40 mm；天平：称量 200 g，分度值 0.01 g；其他：烘箱、干燥器、铝盒、调土刀、孔径 0.5 mm 的筛、凡士林等。

（三）操作步骤

液、塑限联合试验，原则上采用天然含水率的土样制备试样，但也允许采用风干土制备试样。

(1)当采用天然含水率的土样时,应剔除大于0.5 mm的颗粒,然后分别按接近液限、塑限和二者之间状态制备不同稠度的土膏,静置湿润。静置时间可视原含水率的大小而定。当采用风干土样时,取过0.5 mm筛的代表性土样约200 g,分成3份,分别放入3个盛土皿中,加入不同数量的纯水,使分别接近液限、塑限和二者中间状态的含水率,调成均匀土膏,然后放入密封的保湿缸中,静置24 h。

(2)将制备好的土膏用调土刀调拌均匀,密实地填入试样杯中,应使空气逸出。高出试样杯的余土用刮土刀刮平,随即将试样杯放在仪器底座上。

(3)取圆锥仪,在锥体上涂一薄层凡士林,接通电源,使电磁铁吸稳圆锥仪。

(4)调节屏幕准线,使初读数为零。调节升降座,使圆锥仪锥尖接触试样面,指示灯亮时圆锥在自重下沉入试样内,与此同时,时间音响发出"哆!哆!"的声音。当测量时间一到,叫声停止,此时显示屏上显示出5 s的入土深度值,记录该读数填入表中。

(5)调节升降旋钮改变锥尖与土的接触位置,取下试样杯,然后从杯中取10 g以上的试样2个,测定含水率。

(6)按以上(2)~(5)的步骤,测试其余2个试样的圆锥下沉深度和含水率。

注:第一次测量时,以下沉深度3~4 mm为宜,第二次测量时,以下沉深度7~9 mm为宜,第三次测量时,以下沉深度15~17 mm为宜。

四、计算与制图

(1)计算含水率

$$\omega = \frac{m_w}{m_s} = \frac{m_1 - m_2}{m_2 - m_0} \times 100\%$$

式中 m_0——烘干盛土皿质量,g;

m_1——烘干前盛土皿及土样质量,g;

m_2——烘干后盛土皿及土样质量,g。

(2)绘制圆锥下沉深度h与含水率ω的关系曲线。

以含水率为横坐标,圆锥下沉深度为纵坐标,在双对数纸上绘制$h \sim \omega$的关系曲线。

①三点连一条直线。

②当三点不在一直线上,通过高含水率的一点分别与其余两点连成两条直线,在圆锥下沉深度为2 mm处查得相应的含水率,当两个含水率的差值小于2%时,应以该两点含水率的平均值与高含水率的点连成一线。

③当两个含水率的差值大于或等于2%时,应补做试验。

(3)确定液限、塑限。

在圆锥下沉深度h与含水率ω关系图上,查得下沉深度为17 mm所对应的含水率为液限ω_L;查得下沉深度为2 mm所对应的含水率为塑限ω_P,以百分数表示,取整数。

(4)计算塑性指数和液性指数。

$$I_P = \omega_L - \omega_P \qquad I_L = \frac{\omega - \omega_P}{I_P}$$

(5)按规范规定确定土的名称。

五、注意事项

(1)拿出试样杯和锥尖时应注意保护好锥尖,以免损坏。

(2)拿仪器时应注意轻拿轻放,保证仪器的安全。

(3)电路上可调元件不能随便调动,否则精度及线形都无法保证。

(4)锥尖在使用(拧上或卸下)时要特别小心,用手捏着慢慢旋动,切勿碰伤锥尖。用后擦干泥土,涂少许凡士林,备用锥尖等妥善保管。

六、试验记录及计算

班级:　　　　　　学号:　　　　　　姓名:　　　　　　日期:

试样编号								
圆锥下沉深度(mm)								
盒号								
盒质量(g)								
盒+湿土质量(g)								
盒+干土质量(g)								
湿土质量(g)								
干土质量(g)								
水质量(g)								
含水率(%)								
平均含水率(%)								
液限 ω_L (%)								
塑限 ω_P (%)								
塑性指数 I_P								
液性指数 I_L								
土的名称								

任务四　土的固结试验

一、试验目的

本试验的目的是测定试样在侧限与轴向排水条件下的变形和压力,或孔隙比和压力的关系,变形和时间的关系,以便计算土的压缩系数、压缩指数、压缩模量、固结系数及原状土的先期固结压力等。

二、试验方法和适用范围

本试验适用于饱和的黏质土(当只进行压缩试验时,允许用于非饱和土)。

试验方法:标准固结试验;快速固结试验:规定试样在各级压力下的固结时间为 1 h,

仅在最后一级压力下，除测记1 h的量表读数外，还应测读达压缩稳定时的量表读数。

三、标准固结试验

（一）试验原理

土的破坏都是剪切破坏，土的抗剪强度是土在外力作用下，其一部分土体对于另一部分土体滑动时所具有的抵抗剪切的极限强度。土体的一部分对于另一部分移动时，便认为该点发生了剪切破坏。无黏性土的抗剪强度与法向应力成正比；黏性土的抗剪强度除和法向应力有关外，还取决于土的黏聚力。剪切破坏是强度破坏的重要特点。土的摩擦角 φ、黏聚力 c 是土压力、地基承载力和土坡稳定等强度计算必不可少的指标。土的强度为土木工程的设计和验算提供理论依据和计算指标。

（二）试验设备

固结容器，加压设备，变形测量设备，其他：刮土刀、天平、秒表等。

（三）试验步骤

（1）根据工程需要，切取原状土试样或制备给定密度与含水率的扰动土样。

（2）测定试样的密度及含水率。对于试样需要饱和时，按规范规定的方法将试样进行抽气饱和。

（3）在固结容器内放置护环、透水板和薄滤纸，将带有环刀的试样小心装入护环内，然后在试样上放薄滤纸、透水板和加压盖板，置于加压框架下，对准加压框架的正中，安装量表。

（4）施加1 kPa的预压压力，使试样与仪器上下各部分之间接触良好，然后调整量表，使指针读数为零。

（5）确定需要施加的各级压力。加压等级一般为12.5 kPa、25.0 kPa、50.0 kPa、100 kPa、200 kPa、400 kPa、800 kPa、1 600 kPa、3 200 kPa。最后一级压力应大于上覆土层的计算压力100 ~200 kPa。

（6）如为饱和试样，则在施加第1级压力后，立即向水槽中注水至满。如为非饱和试样，须用湿棉围住加压盖板四周，避免水分蒸发。

（7）测记稳定读数。当不需要测定沉降速率时，稳定标准规定为每级压力下固结24 h。测记稳定读数后，再施加第2级压力。依次逐级加压至试验结束。

（8）试验结束后，迅速拆除仪器部件，取出带环刀的试样。（如系饱和试样，则用干滤纸吸去试样两端表面上的水，取出试样，测定试验后的含水率）

四、计算与制图

（1）按下式计算试样的初始孔隙比 e_0

$$e_0 = \frac{\rho_w G_s(1 + \omega_0)}{\rho_0} - 1$$

式中 ρ_0——试样初始密度，g/cm^3；

ω_0——试样的初始含水率(%)。

（2）按下式计算各级压力下固结稳定后的孔隙比 e_i

$$e_i = e_0 - (1 + e_0)\frac{\Delta h_i}{h_0}$$

式中　Δh_i——某级压力下试样高度变化，即总变形量减去仪器变形量，cm；

h_0——试样初始高度，cm。

(3)按下式计算某一级压力范围内的压缩系数 a

$$a = \frac{e_i - e_{i+1}}{p_{i+1} - p_i}$$

(4)绘制 $e \sim p$ 的关系曲线。

以孔隙比 e 为纵坐标，压力 p 为横坐标，将试验成果点在图上，连成一条光滑曲线。

(5)要求：用压缩系数判断土的压缩性。

五、试验记录与计算

班级：　　　　　　学号：　　　　　　姓名：　　　　　　日期：

时间经过	压力(kPa)							
	50		100		200		300	
	日期	量表读数(0.01 mm)	日期	量表读数(0.01 mm)	日期	量表读数(0.01 mm)	日期	量表读数(0.01 mm)
0								
0.25 min								
1 min								
2.25 min								
4 min								
36 min								
42.25 min								
60 min								
23 h								
24 h								
总变形量(mm)								
仪器变形量(mm)								
试样变形量(mm)								

注：如果采用快速法与标准方法的区别是在各级压力下的压缩时间为 1 h，仅在最后一级压力下，除测记 1 h 的量表读数外，还应测读达到压缩稳定时的量表读数。稳定标准为量表读数每小时变化不大于 0.005 mm。

各级压力下试样校正后的总变形量按下式计算

$$\sum \Delta h_i = (h_i)_t \frac{(h_n)_T}{(h_n)_t} = K(h_i)_t$$

固结试验计算表

班级： 学号： 姓名： 日期：

荷载（kPa）	试样颗粒净高度 h_s(mm)	土样变形量（mm）	试样颗粒实际高度（mm）	空隙比 e_i	压缩系数 a_i	压缩模量 E_{si}
50	20					
100	20					
200	20					
300	20					

任务五　土的剪切试验

一、试验目的

直接剪切试验是测定土的抗剪强度的一种常用方法。通常采用4个试样，分别在不同的垂直压力 p 下，施加水平剪切力进行剪切，测得剪切破坏时的剪应力 τ。然后根据库仑定律确定土的抗剪强度指标：内摩擦角 φ 和黏聚力 c。

二、试验方法与适用范围

试验方法有慢剪、固接快剪、快剪。本试验常用方法：快剪。

（1）慢剪：先使土样在某一级垂直压力作用下排水固结变形稳定，排水固结变形稳定16 h后，缓慢施加水平剪应力。在施加剪应力过程中，使土样始终不产生空隙水压力，如用几个土样在不同垂直压力下进行慢剪，将会得到有效应力下的抗剪强度参数 c 和 φ。该试验历时时间较长，一般不用。

（2）固结快剪：先使土样在某荷载下固结，再以较快速度施加剪力，直至剪坏，一般3 ~5 min内完成。由于时间短，剪力所产生的超静水压力不会转化为土颗粒间的有效应力；这样就使得库仑公式中的 τ 和 p 都被控制着。如用几个土样在不同的 p 作用下进行试验便能求得 c 和 φ 值，这种 c 和 φ 值称为总应力法强度参数。

（3）快剪：尽量采用原状土样或接近现场的土样，然后在较短的时间3 ~5 min内完成，这种方法将使土颗粒间有效应力维持原状，不受试验时外力的影响，但由于这种颗粒间有效应力的数值无法求得，所以试验结果只能得出（$p\tan\varphi_q + c_q$）的混合值。快速法适合于测定黏性土天然强度，但 φ_q 角将会偏大。

三、试验设备

(1)ZJ－1、ZJ－2 型等应变直剪仪。本试验采用应变控制式直接剪切仪,由上盒及下盒、垂直加压框架、量力环、剪切传动装置等组成,试样置于剪力盒中,通过在垂直应力作用下施加水平力,使上下两盒错动导致试样被剪坏。上匣固定,下匣可以在水平方向移动,且下匣放在钢珠上,目的是避免由于钢珠而导致滚动摩擦力影响。加压原理采用杠杆传动,杠杆比 1∶12。

(2)环刀。试样底面面积为 30 cm^2,高度为 2 cm,环刀内径为 6.18 cm。

(3)应变圈附加百分表也叫测力计,根据编号查测力计校正系数,每台设备系数不同。百分表作用:读出剪切变形量。

(4)切土刀。作用:削土样用。

(5)钢丝锯。作用:锯断土样。

(6)滤纸。作用:吸取试样两端的表面水。

(7)圆玻璃片。作用:放在试样的两端防止水分蒸发。

(8)透水石。作用:土样受压时以便空隙水排除。

手摇应变控制式直剪仪结构如图 8-35 所示。

四、操作步骤

(1)试样制备。从原状土样中切取原状土试样或制备给定干密度和含水率的扰动土试样。按规范规定,测定试样的密度及含水率。对于扰动土样需要饱和时,按规范规定的方法进行抽气饱和。

(2)试样安装。

对准上下盒,插入固定销。在下盒内放湿滤纸和透水板,将装有试样的环刀平口向下,对准剪切盒口,在试样顶面放湿滤纸和透水板,然后将试样徐徐推入剪切盒内,移去环刀。

转动手轮,使上盒前端钢珠刚好与测力计接触。调整测力计读数为零。依次加上加压盖板、钢珠、加压框架,安装垂直位移计,测记起始读数。

(3)施加垂直压力:一个垂直压力相当于现场预期的最大压力 p,一个垂直压力要大于 p,其他垂直压力均小于 p,但垂直压力的各级差值要大致相等。也可以取垂直压力分别为 100 kPa、200 kPa、300 kPa、400 kPa,各级垂直压力可一次轻轻施加,若土质软弱,也可以分级施加以防试样挤出。

(4)如为饱和试样,则在施加垂直压力 5 min 后,往剪切盒水槽内注满水;如为非饱和试样,仅在活塞周围包以湿棉花,以防止水分蒸发。

(5)在试样上施加规定的垂直压力后,测记垂直变形读数。当每小时垂直变形读数变化不超过 0.005 mm 时,认为已达到固结稳定。

(6)试样达到固结稳定后,拔去固定销,开动秒表,以 0.8～1.2 mm/min 的速率剪切(每 4～6 r/min 的均匀速度旋转手轮),使试样在 3～5 min 剪损。

剪损的标准:①当测力计的读数达到稳定,或有明显后退时表示试样剪损;②一般宜剪切至剪切变形达到 4 mm;③若测力计的读数继续增加,则剪切变形达到 6 mm 为止。

(7)剪切结束后,吸去剪切盒中积水,倒转手轮,尽快移去垂直压力、框架、钢珠、加压盖板等。取出试样,测定剪切面附近的含水率。

五、试验记录与计算

(一)计算

按下式计算试样的剪应力

$$\tau = \frac{CR}{A_0} \times 10$$

式中 C——测力计率定系数,N/0.01 mm;

R——测力计读数,0.01 mm;

A_0——试样断面面积,cm^2;

10——单位换算系数。

(二)制图

(1)以剪应力为纵坐标,剪切位移为横坐标,绘制剪应力 τ 与剪切位移 Δl 关系曲线。

(2)以抗剪强度 τ_f 为纵坐标,垂直压力 p 为横坐标,绘制抗剪强度 τ_f 与垂直压力 p 的关系曲线。选取剪应力 τ 与剪切位移 Δl 关系曲线上的峰值点或稳定值作为抗剪强度 τ_f;若无明显峰值点,则可取剪切位移 Δl 等于 4 mm 对应的剪应力作为抗剪强度 τ_f。

班级: 学号: 姓名: 日期:

试样编号: 剪切前固结时间: min

仪器编号: 剪切前压缩量: mm

垂直压力: kPa 剪切历时: min

测力计率定系数 C = N/0.01 mm 抗剪强度: kPa

手轮转数(转)	测力计读数(0.01 mm)	剪切位移(0.01 mm)	剪应力(kPa)	垂直位移(0.01 mm)
(1)	(2)	(3)=(1)×20-(2)	(4)=$\frac{(2)\times C\times 10}{A_0}$	(5)

任务六　土的颗粒分析试验

一、试验目的

颗粒分析试验是测定干土中各种粒组所占该土总质量的百分数,借以明确颗粒大小分布情况,确定土的级配,借以确定土的种类及评价土的工程性质。

二、试验方法与适用范围

(1)筛析法:适用于粒径大于0.075 mm的土。

(2)密度计法:适用于粒径小于0.075 mm的土。

(3)移液管法:适用于粒径小于0.075 mm的土。

(4)若土中粗细兼有,则联合使用筛析法及密度计法或移液管法。

三、筛分法试验

(一)试验原理

利用一套孔径不同的标准筛,来分离一定量的砂性土中与筛孔相应的粒组,而后称重,计算各粒组的重量百分比,确定砂性土的粒度成分。

(二)试验设备

试验筛应符合GB 6003—2012的要求,粗筛:圆孔,孔径为60 mm、40 mm、20 mm、10 mm、5 mm、2 mm;细筛:孔径为2.0 mm、1.0 mm、0.5 mm、0.25 mm、0.1 mm、0.075 mm。天平:称量1 000 g与称量200 g。台秤:称量5 kg。振筛机:应符合DL/T 0118—1994的技术条件。其他:烘箱、研钵(附带橡皮头研杵)、瓷盘、毛刷、木碾等。

(三)操作步骤(无黏性土的筛分法)

(1)从风干、松散的土样中,用四分法按下列规定取出代表性试样:

粒径小于2 mm颗粒的土取100~300 g。

最大粒径小于10 mm的土取300~1 000 g。

最大粒径小于20 mm的土取1 000~2 000 g。

最大粒径小于40 mm的土取2 000~4 000 g。

最大粒径小于60 mm的土取4 000 g以上。

称量精确至0.1 g;当试样质量多于500 g时,精确至1 g。

(2)将试样过2 mm细筛,分别称出筛上和筛下土质量。当筛下的试样质量小于试样总质量的10%时,不做细筛分析;筛上的试样质量小于试样总质量的10%时,不做粗筛分析。

(3)取2 mm筛上试样倒入依次叠好的粗筛的最上层筛中,取2 mm筛下试样倒入依次叠好的最上层筛中,进行筛析。细筛宜放在振筛机上振摇,振摇时间一般为10~15 min。

(4)由最大孔径筛开始,顺序将各筛取下,在白纸上用手轻叩摇晃,如仍有土粒漏下,应继续轻叩摇晃，直至无土粒漏下。漏下的土粒应全部放入下级筛内，并将留在各筛上的试样分别称量，精确至0.1g。

(5)各细筛上及底盘内土质量总和与筛前所取2 mm筛下土质量之差不得大于1%；各粗筛上及2 mm筛下的土质量总和与试样质量之差不得大于1%。

注：若2 mm筛下的土小于试样总质量的10%，则可省略细筛筛析；若2 mm筛上的土小于试样总质量的10%，则可省略粗筛筛析。

四、计算与制图

(1)计算小于某粒径的试样质量占试样总质量的百分数

$$x = \frac{m_A}{m_B} d_x$$

式中 x——小于某粒径的试样质量占试样总质量的百分数(%)；

m_A——小于某粒径的试样质量，g；

m_B——当细筛分析时或用密度计法分析时所取试样质量(粗筛分析时则为试样总质量)，g；

d_x——粒径小于2 mm或粒径小于0.075 mm的试样质量占总质量的百分数，如试样中无大于2 mm粒径或无小于0.075 mm的粒径，在计算粗筛分析时则$d_x = 100\%$。

(2)绘制颗粒大小分布曲线。以小于某粒径的试样质量占总质量的百分数为纵坐标，以粒径颗粒直径为横坐标(对数坐标)，用所有数据点绘成曲线，即得到颗粒级配曲线。

(3)计算级配指标。

不均匀系数

$$C_u = \frac{d_{60}}{d_{10}}$$

曲率系数

$$C_c = \frac{d_{30}^2}{d_{60} d_{10}}$$

五、注意事项

(1)试验时应仔细检查分析筛叠放是否正确。

(2)试验时多振动，严格按要求操作。

(3)筛分时要细心，避免土样洒落，影响试验精度。

六、试验记录及计算

班级： 学号： 姓名： 日期：

风干土质量 = g；粒径小于 0.075 mm 的土占总土质量百分数 d_x = %

2 mm 筛上土质量 = g；粒径小于 2 mm 的土占总土质量百分数 d_x = %

2 mm 筛下土质量 = g；细筛分析时所取试样质量 = g

筛号	孔径（mm）	累积留筛土质量（g）	小于该孔径的土质量（g）	小于该孔径的土质量百分数（%）	小于该孔径的总土质量百分数（%）

项目十二 工程地质试验

任务一 主要造岩矿物鉴别

一、实习要求与目的

通过本次实习，要求同学们学会使用一些简单的工具来确定矿物的一般物理性质，最后达到能够用肉眼鉴别主要造岩矿物的目的。正确鉴别矿物是为下一步鉴别各类岩石打下基础。

二、实习的主要内容和方法

(1)使用简单的工具：小刀、指甲、瓷板、放大镜、稀盐酸等，认识矿物的一般物理性质，如硬度、解理、颜色、形态、条痕、比重、磁性、断口、光泽、透明度及与稀盐酸反应等。标本盒中的常见矿物标本的各项物理特征见表12-1。

表12-1 主要造岩矿物的物理性质

编号	颜色	形态	条痕	光泽	硬度	解理	断口	比重	其他	矿物名称
1	白色	块状	无	油脂	7	无	贝壳状	2.5~2.8	半透明	石英
2	肉红色	板状	无	玻璃	6~6.5	2组	阶梯状	2.57		正长石
3	灰白色	板状	无	玻璃	6~6.5	2组	阶梯状	2.6~2.8		斜长石
4	白色	薄片状	无	珍珠	2~3	1组	锯齿状	2.7~3.1	薄片具有弹性	白云母
5	黑色	薄片状	浅黑	珍珠	2.5~3	1组	锯齿状	2.7~3.1	薄片具有弹性	黑云母
6	黑绿色	长柱状	浅绿	玻璃	5.5~6	2组	参差状	3.1~3.3		普通角闪石
7	黑色	短柱状	棕红	玻璃	5~6	2组	参差状	3.2~3.6		普通辉石
8	浅黄色	粒状	无	玻璃	6.5~7	无	贝壳状	3.3~3.5		橄榄石

续表 12-1

编号	颜色	形态	条痕	光泽	硬度	解理	断口	比重	其他	矿物名称
9	白色	菱面体	无	玻璃	3	3 组		2.6～2.8	滴盐酸起泡	方解石
10	白色	块状	无	玻璃	3.5～4	3 组	参差状	2.0～2.1	镁试剂变蓝	白云石
11	灰白色	鳞片状	白色	油脂	1	1 组		2.7～2.8	有滑感	滑石
12	白色	纤维状	白色	玻璃	2	1 组	锯齿状	2.3		石膏
13	白色	土状	白色	无	1	无	土状	2.58～2.6	遇水可塑	高岭石

(2)掌握主要造岩矿物的鉴定特征。一种矿物与其他矿物相比较,该矿物所特有的某些物理性质称为它的鉴定特征。例如,白云母为具有弹性的薄片状,方解石与稀盐酸反应起泡等。

按标本盒里的标本顺序,依次描述各矿物的物理性质并完成作业。最后经过对比掌握常见矿物的鉴定特征。

三、注意事项

(1)观察矿物的颜色、条痕、光泽以及测试硬度时,必须在矿物的新鲜面上进行,才能得出正确结论。

(2)本次实习从矿物的一般物理性质着手,但不要求把这些物理性质都死记硬背下来,而是通过对比牢记这些主要矿物的鉴定特征。

四、试验记录

主要造岩矿物鉴别报告表

班级:　　　　　　学号:　　　　　　姓名:　　　　　　日期:

编号	颜色	形态	条痕	光泽	硬度	解理	断口	比重	其他	矿物名称

任务二 常见岩浆岩的鉴别

一、实习的目的与要求

通过手标本肉眼鉴定方法，根据矿物成分、结构和构造来认识各种主要的岩浆岩，牢记主要岩浆岩的鉴定特征。

二、实习的内容及方法

(1)鉴别岩浆岩中的各种矿物成分。

岩浆岩中的矿物成分反映了该岩浆岩的化学性质，其中二氧化硅的含量具有决定性的作用。当二氧化硅的含量大于65%时，为酸性岩浆岩，其主要特征是富含石英；当二氧化硅的含量饱和，即为65% ~52%时，为中性岩浆岩，其特征为少含或不含石英，而富含长石；当二氧化硅的含量较少，即为52% ~40%时，为基性岩浆岩，其特征为不含或少含石英，除长石外，开始出现大量深色铁镁矿物；当二氧化硅的含量极少，即少于40%时，则为超基性岩浆岩，其特征为既不含石英，也不含长石，以大量深色铁镁矿物为主。因此，我们可以按照顺序观察石英、长石和铁镁矿物的含量大致确定岩石属于哪一类岩浆岩，且熟记各类岩浆岩中常见的几种矿物成分。

(2)鉴别岩浆岩的结构和构造。

由于岩浆岩生成的条件不同，所以反映这种生成条件的结构和构造也并不相同。

肉眼鉴别岩石结构主要观察其结晶程度、晶粒大小及晶粒间组合方式。

结晶程度可分为全晶质(分显晶质、隐晶质)、半晶质、非晶质(玻璃质)三种。全晶质(指显晶质)的岩石又可根据晶粒大小分为粗粒(晶粒直径大于5 mm)、中粒(1 ~5 mm)、细粒(小于1 mm)三种；按晶粒间组合方式可分为等粒和斑状结构两种。

岩浆岩的构造大多数为致密块状，少数为气孔状、杏仁状、流纹状。

(3)岩浆岩的颜色。

对于结晶不好或没有结晶的岩浆岩，应当根据其颜色来判断它所含的矿物成分和化学成分。酸性岩浆岩主要成分是石英和长石，颜色较浅，包括浅灰、玫瑰、红、黄等色；基性岩浆岩主要成分为铁镁矿物，颜色较深，如深灰、深黄、棕、深绿、黑等色。根据岩浆岩的上述主要特征，经仔细观察，标本盒里的岩浆岩的主要矿物成分、结构和构造见表12-2。

(4)根据标本盒中的标本顺序，仔细观察，依次描述每块岩浆岩的矿物成分、结构和构造，最后经过对比掌握每种岩浆岩的鉴定特征。

三、注意事项

(1)实习前应复习教材上的岩浆岩分类表，通过实习加深对此表的理解与记忆。

(2)实习中要注意按教材中分类表上所列的岩石的行和列进行对比，同一行的岩石，其结构、构造应当相似，而矿物成分不同。同一列的岩石，其矿物成分相同，而结构、构造不相同。

表 12-2 主要岩浆岩特征

编号	主要矿物成分	结构	构造	岩石名称
1	石英、正长石、斜长石、角闪石、黑云母	粗粒结构	块状	粗粒花岗石
2	石英、正长石、斜长石、角闪石、黑云母	中粒结构	块状	中粒花岗石
3	石英、正长石、斜长石、角闪石、黑云母	细粒结构	块状	细粒花岗石
4	石英、正长石、斜长石、黑云母	(紫红)隐晶质结构	流纹状	流纹岩
5	斜长石、角闪石	中粒结构	块状	闪长岩
6	正长石、斜长石	斑状结构	块状	正长斑岩
7	斜长石、角闪石	斑状结构	块状	闪长玢岩
8	斜长石、角闪石	黑绿色隐晶质结构 含少量斜长石斑晶	块状	安山岩
9	斜长石、辉石	中粒结构	块状	辉长岩
10	斜长石、辉石	微粒结构(辉绿结构)	块状	辉绿岩
11	斜长石、辉石	黑色隐晶质结构	块状	玄武岩
12	火山灰	灰绿色隐晶质	块状	火山泥球岩
13	火山玻璃	非晶质结构	块状	黑曜岩
14	火山玻璃	非晶质结构	多孔状	浮岩
15	斜长石、辉石	灰绿色隐晶质	气孔状	气孔状玄武岩

四、试验记录

常见岩浆岩鉴别报告表

班级: 学号: 姓名: 日期:

编号	矿物成分	结构	构造	岩石名称	编号	矿物成分	结构	构造	岩石名称

任务三　常见沉积岩的鉴别

一、实习的目的与要求

通过对手标本的肉眼鉴定，根据矿物成分、结构和构造来认识各种主要的沉积岩，牢记主要沉积岩的鉴定特征。

二、实习的内容及方法

(1)由于沉积岩多为碎屑或隐晶的，故沉积岩的结构侧重于它的颗粒大小和形状。颗粒直径大于0.005 mm者为碎屑岩类，小于0.005 mm者为黏土岩类。在碎屑岩中，颗粒直径大于2 mm者为砾状结构，据颗粒形状又可分为磨圆度较好的圆砾状结构和磨圆度不好的角砾状结构；直径在2～0.005 mm的是砂状结构。按直径大小又可分为粗、中、细、粉砂状结构四级；直径小于0.005 mm者为泥状结构。颗粒大小及形状对碎屑岩及黏土岩的定名及性质起决定性作用，而对化学岩的重要性则小得多。化学岩多为隐晶结构。

(2)沉积岩的构造特征可从宏观(大构造)和微观(小构造)两个方面来看：大构造主要指层状构造，除非是薄层的沉积岩，一般不易在手标本上观察到，多在野外进行观察；小构造则指层理构造、尖灭或透镜构造、层面构造及均匀块状构造等。总地说来，构造特征是区别三大类岩石中的沉积岩的最重要的特征之一，但对于鉴别具体沉积岩的名称及性质作用较小。

(3)沉积岩的矿物成分和胶结物是决定沉积岩的名称和性质的另一个重要特征。

对于碎屑岩来说，颗粒的矿物成分和胶结物的矿物成分是同等重要的，例如某种粗砂颗粒主要由长石组成，胶结物为炭质，则定名为炭质粗粒长石砂岩。胶结物为硅质，则定名为硅质粗粒长石砂岩。两者工程性质相差较大。对于泥质页岩及泥岩来说，由于其颗粒直径多在0.005 mm以下，颗粒矿物多为黏土类矿物如高岭石等，故其命名和性质在很大程度上取决于胶结物。按鉴别矿物的方法对各种常见的胶结物进行鉴别，其特征见表12-3。

表12-3　胶结物主要特征鉴别

胶结物类型	颜色	硬度	其他特征
硅质	色浅(灰白等)	坚硬，小刀划不动	
钙质	色浅(灰白等)	较硬，小刀可划动	滴盐酸起泡
铁质	色深(紫红等)	较硬，小刀可划动	
泥质	色深(紫红等)	软，易刻划，易碎	

对于化学岩及生物化学岩来讲，矿物成分则是最重要的鉴别特征。现按室内实习的要求，对每块标本进行仔细观察，它们的矿物成分、胶结物成分、结构和构造见表12-4。

表 12-4　主要沉积层的鉴定特征

编号	主要矿物成分	胶结物	结构	构造	岩石名称
1	石灰岩碎屑	钙质	角砾状	块状	角砾岩
2	石英、燧石	硅质	圆砾状	块状	砾岩
3	石英	硅质	粗砂状	块状	粗砂岩
4	石英	硅质	中砂状	块状	石英中砂岩
5	石英	铁、钙质	细砂状	块状	红砂岩
6	石英	铁质	细砂状	层理	细砂岩
7	黏土矿物	铁质	泥状	层理	紫色白云质页岩
8	黏土矿物	炭质	泥状	层理	炭质页岩
9	黏土矿物	钙质	泥状	层理	黑色钙质页岩
10	方解石	钙质	竹叶状	块状	竹叶状灰岩
11	方解石	钙质	鲕状	块状	鲕状灰岩
12	方解石、生物碎屑	钙质	生物化学结构	块状	生物碎屑灰岩
13	二氧化硅		化学结构	块状	燧石
14	方解石、黏土矿物	泥质	化学结构	块状	泥灰岩
15	方解石		化学结构	块状	石灰岩

(4)按标本盒里的标本编号顺序,依次描述每块沉积岩的矿物成分、胶结物、结构和构造特征。最后经过对比找出每种沉积岩的鉴定特征。

三、注意事项

(1)注意观察颗粒大小与颗粒矿物成分的关系,随着颗粒逐渐减小,深色矿物首先消失,然后是长石,最后剩下的多为细小的石英颗粒。这与沉积物的形成、搬运过程对碎屑物风化、侵蚀有关。

沉积岩碎屑颗粒的矿物成分如石英、长石、云母等都是原岩经过风化后保留下来的。此外,在沉积岩生成过程中又产生了一些新矿物,称沉积矿物。最常见的沉积矿物有方解石、白云石、石膏、高岭石、燧石等,含有这些沉积物是沉积岩鉴定特征之一。

(2)在观察碎屑岩类时,结合复习教材有关部分的内容,注意观察沉积的碎屑岩系与火山碎屑岩系的异同。

(3)沉积岩覆盖地球表面 3/4,是野外工作中遇到的最多的岩石,故要求牢记砾岩、角砾岩、砂岩、页岩、石灰岩、白云岩、燧石等几种最常见沉积岩的鉴定特征。

(4)关于松散土的鉴别不进行室内实习,有关的鉴别方法及特征参看教材有关内容,具体实践结合野外实习进行。

四、试验记录

常见岩浆岩鉴别报告表

班级：　　　　　　学号：　　　　　　姓名：　　　　　　日期：

编号	矿物成分	结构	构造	岩石名称	编号	矿物成分	结构	构造	岩石名称

任务四　变质岩鉴别及三大岩类鉴别

一、实习的要求与目的

通过变质岩实习理解并掌握各种主要变质岩的鉴别特征，通过三大岩类实习后，要求能够把岩浆岩、沉积岩及变质岩清楚地区别开，然后正确地定出岩石的名称。

二、实习的内容及方法

（一）变质岩内常见的矿物

浅色的：石英、长石、白云母、绢云母、方解石及滑石等。

深色的：角闪石、辉石、黑云母、绿泥石等。

其中除绢云母、滑石及绿泥石等为变质作用生成的变质岩所特有的矿物外，其余的为原岩所具有的矿物。

（二）变质岩的结构

变质岩中除少数岩石（如板岩、千枚岩等轻变质岩）具有隐晶结构外，其余大多数变质岩均为显晶结构。因此，可根据矿物鉴别特征把每种岩石中的主要矿物成分鉴别出来。结晶程度的好坏反映了岩石变质程度的深浅。

（三）变质岩的构造

变质岩的构造特征是变质岩区别于其他岩石的最重要的特征。除石英、大理岩为块状构造外，其余均以片理构造为特征。具片理构造的称片岩，具片麻状构造的称片麻岩，具千枚状构造的称千枚岩，具板状构造的称板岩。这四种片理构造的特征对比如下：

（1）片状。多为一种主要矿物（片状、针状、柱状）占绝对优势，并以此矿物命名，可有少量粒状矿物。岩石中的矿物（片状、针状、柱状）呈平行定向排列，一般颜色较杂，硬度较低。

（2）片麻状。多为两种以上既有深色又有浅色的矿物组成，其中粒状矿物占多数，常为浅色。片状、针状、柱状矿物呈平行定向排列，一般颜色较深。岩石硬度较高。

在片麻岩中，若个别浅色矿物颗粒聚集成呈眼球状（两眼球角连线方向与变质作用受力方向垂直),则称眼球状构造。若片麻岩中矿物沿受力垂直的方向平行延伸排列,矿物颗粒深浅颜色有较明显的变化,呈相间排列,则此时称条带状构造。

(3)千枚岩和板岩为轻变质岩石,原岩中的矿物成分未能全部结晶出来,故其矿物成分不易辨认,但千枚状构造及板状构造则能把它们与其他岩石区别开来。

对于变质岩的鉴定,通过仔细观察,正确地鉴别岩石的矿物成分、结构和构造,其主要鉴定特征见表12-5。

表12-5　主要变质岩特征

编号	主要矿物成分	结构	构造	岩石名称
61	黏土矿物、绢云母等	变余结构	板状	板岩
62	石英、绢云母、绿泥石	显微鳞片变晶结构	千枚状	千枚岩
63	角闪石、石英	中粒柱状变晶结构	片状	角闪石片岩
64	黑云母、石英	中粒片状变晶结构	片状	黑云母片岩
65	白云母、石英	中粒片状变晶结构	片状	白云母岩
66	滑石	中粒片状变晶结构	片状	滑石片岩
67	绿泥石	中粒片状变晶结构	片状	绿泥石片岩
68	角闪石、石英、长石	粗粒变晶结构	片麻状	闪长片麻岩
69	角闪石、石英、长石	粗粒变晶结构	片麻状	花岗片麻岩
70	角闪石、石英、长石	粗粒变晶结构	条带状	条带状片麻岩
71	石英	粗粒变晶结构	块状	石英岩
72	方解石、白云石	粗粒变晶结构	块状	大理岩

(4)在室内实习中,按标本盒里的标本编号顺序,依次描述每块变质岩的矿物成分、结构和构造特征。最后经过对比找出每种变质岩的鉴定特征。

三、注意事项

由于片理构造使岩石具有明显的方向性,故在观察标本时,必须注意观察岩石面与片理构造方向的关系。例如闪长片麻岩,其主要矿物成分为角闪石、石英、长石,角闪石为长柱状矿物,当观察面与其片理面平行、垂直、斜交时,角闪石分别呈长柱状、点状、短柱状。而黑云母片岩和金云母片岩主要由云母组成,在垂直云母薄片的面上能观察到其片状特征,而在平行云母片的面上则不能观察到这种特征。

四、试验记录

班级：　　　　学号：　　　　姓名：　　　　日期：

编号	矿物成分	结构	构造	岩石名称	编号	矿物成分	结构	构造	岩石名称

任务五　地质图及其阅读

一、实习的要求与目的

通过本次实习，要求能够基本掌握阅读地质图的基本方法，能够编制简单的地质剖面图。其具体步骤和方法见教材有关内容。

二、实习的内容及方法

（1）阅读朝松岭地区地质图（见图 12-1、图 12-2）。

（2）制作地质剖面图。

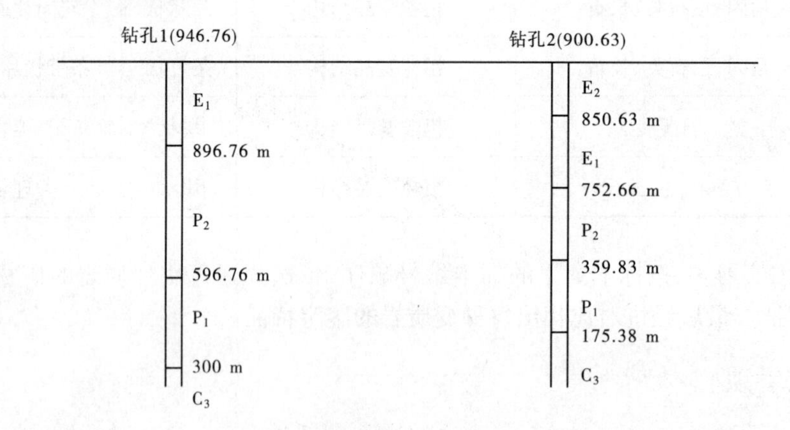

图 12-1　朝松岭地区地质钻孔分析结果

三、注意事项

（1）地质图阅读步骤分为图名、比例尺、方位地形、水系、图例、地质内容（地层岩性及接触关系、地质构造、地质历史）。

（2）地质剖面图的制作。

选择剖面方位。
确定剖面图的比例尺。
制作地形剖面图。
制作地质剖面图。

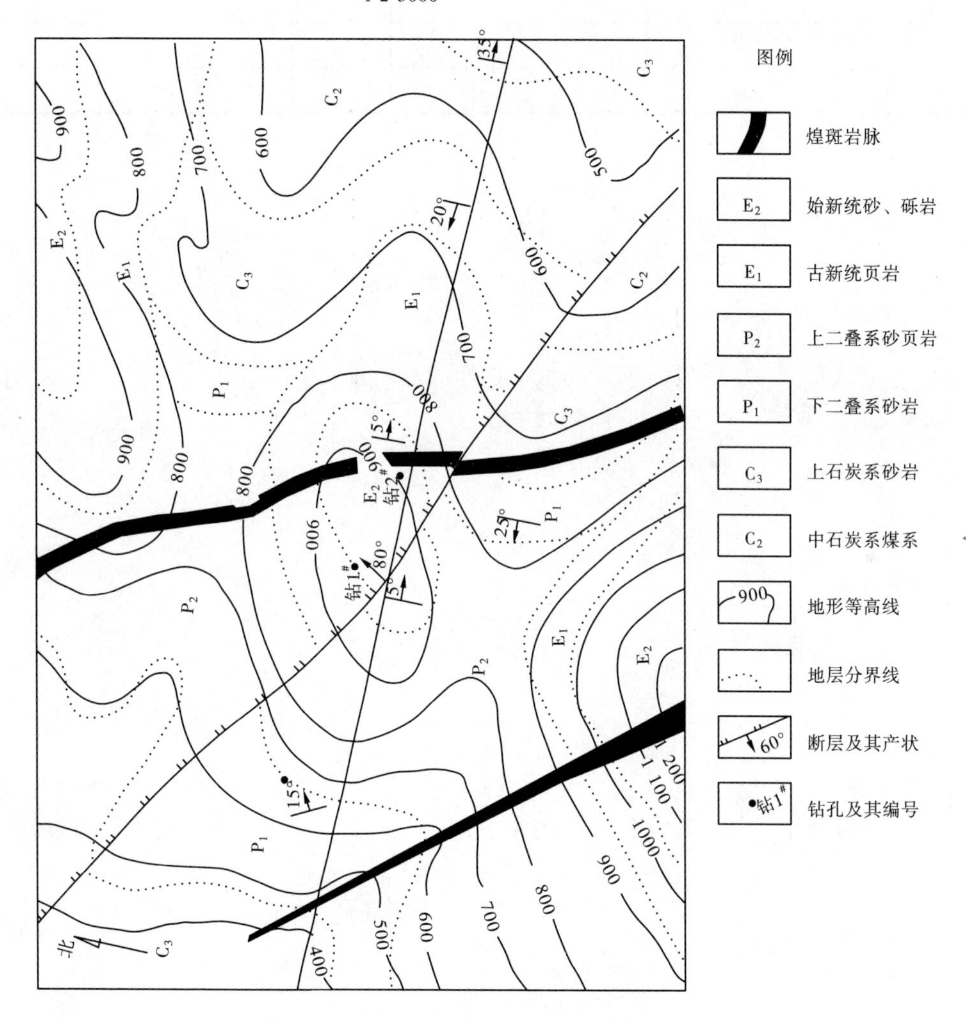

图 12-2　朝松岭地区地质图

四、试验记录

班级：　　　　　　学号：　　　　　　姓名：　　　　　　日期：

编号										

参考文献

[1] 王秀丽,白良.基础工程 [M].3 版.重庆:重庆大学出版社,2012.
[2] 中国建筑科学研究.建筑基坑支护技术规程[S].北京:中国建筑工业出版社,2012.
[3] 赵明华,俞晓.土力学与基础工程 [M].3 版.武汉:武汉理工大学出版社,2019.
[4] 王雅丽.土力学与地基基础[M].3 版.重庆:重庆大学出版社,2010.
[5] 王启亮,刘亚军. 工程地质与土力学[M].北京:中国水利水电出版社,2007.
[6] 刘福臣,张海军,侯广贤.工程地质与土力学[M].2 版.郑州:黄河水利出版社,2016.
[7] 张军红. 高职院校专业课授课方式浅析 ——以《工程地质与土力学》为例[J]. 时代教育,2014(1):154-155.
[8] 舒乔生,谢立亚,张军红. 水电高职《工程地质与土力学》通俗化教学的反思[J].中国职工教育,2014(2):151-152.
[9] 张军红. 高职院校课程项目化教学模式浅析[J].课程教育研究,2014(29):41-42.
[10] 陈希哲.土力学地基基础[M].4 版.北京:清华大学出版社,2007.
[11] 张力霆. 土力学与地基基础[M].北京:高等教育出版社,2004.
[12] 陕西省计划委员会.GB 50025—2004 湿陷性黄土地区建筑规范[S].北京:中国建筑工业出版社,2004.
[13] 中华人民共和国住房和城乡建设部.GB 50112—2013 膨胀土地区建筑技术规范[S].北京:中国建筑工业出版社,2013.